U0921292

光尘
LUXOPUS

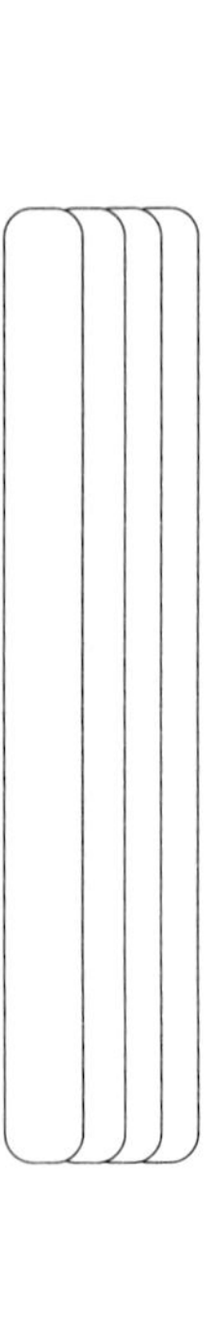

LA FORCE DES ÉMOTIONS

François Lelord　Christophe André

我们与生俱来的七情

[法] 弗朗索瓦·勒洛尔　克里斯托夫·安德烈 著　王资 译

生活·讀書·新知 三联书店　生活書店出版有限公司

LA FORCE DES EMOTIONS. Amour, colère, joie...by François LELORD and Christophe ANDRE © ODILE JACOB, 2001. This Simplified Chinese edition is published by arrangement with Editions Odile Jacob, Paris, France, through Dakai Agency.

图书在版编目（CIP）数据

我们与生俱来的七情 /（法）弗朗索瓦·勒洛尔，（法）克里斯托夫·安德烈著；王资译．— 2 版．— 北京：生活书店出版有限公司，2022.3

ISBN 978-7-80768-356-8

Ⅰ．①我… Ⅱ．①弗… ②克… ③王… Ⅲ．①情绪－通俗读物 Ⅳ．① B842.6-49

中国版本图书馆 CIP 数据核字（2022）第 045506 号

策划编辑 李 娟
执行策划 邓佩佩
责任编辑 杨学会
特约编辑 袁晓芳
出版统筹 慕云五 马海宽
封面设计 潘振宇
版式设计 申亚文化
封面插画 罗可一
责任印制 孙 明
出版发行 生活書店出版有限公司
（北京市东城区美术馆东街22号）
图 字 01-2022-0695
邮 编 100010
经 销 新华书店
印 刷 北京中科印刷有限公司
版 次 2022年3月北京第2版
2022年3月北京第1次印刷
开 本 880毫米×1230毫米 1/32 印张14.125
字 数 210千字
印 数 00,001-10,000册
定 价 68.00元
（印装查询：010-69590320；邮购查询：15718872634）

序言

“情绪是限制、是负担……”

“不然！有情绪才有生活！”

“不是吧？它让人喘不过气来、心跳加快、手心出汗……”

“它使人感到喜悦、沐浴爱中……”

“它被愤怒捆绑、被羡慕吞没……”

“它使人热情焕发、温柔如水……”

“它还会让人焦虑、抑郁、消沉……”

“还会兴奋不已、精力充沛……”

“还会一蹶不振、丧失理智……”

“还会灵感迸发、思如泉涌……”

这样的争论可以无休止地进行下去，双方都不无道理。

没有了情绪，幸福会是什么样子？人追求幸福，不正是在寻求达到某个情绪状态吗？同样地，所谓不幸，不正是那些阴暗的负面情绪在作怪，甚至把你击垮吗？

再者，“一时的情绪冲动”造成了多少错误！但与此同时，有许多错误又因我们对自己或别人情绪的关注而得以避免。

情绪使我们坠入痛苦的深渊或沉醉于狂喜之中，直接或间接地导致了我们的成功和失败。

我们无法否认情绪的力量，也无法否认它对我们的选择、我们的人际关系，以及我们的健康所产生的影响。

因此，学习掌握并驾驭这种力量——这便是本书的用意所在。

第一章“情绪啊，情绪”列举了持不同观点的当今学者对情绪的定义，并提炼出了一些建议，以便使读者对情绪有更好的认知。

随后，本书的每一章都围绕一种基本情绪展开：愤怒、羡慕、喜悦、悲伤、羞耻、嫉妒、恐惧，还有爱。每章除了对某种基本情绪的剖析以外，还会阐释与此相近或相关的情绪状态，例如，在“喜悦”部分，书中将谈到快乐、满足以及幸福。

针对每一种基本情绪，我们将：

- 展现它的各种形式，助您深入认知这一情绪；
- 解析它的效应，尤其是它在人际关系中的作用；
- 探究它将如何加强或削弱我们的判断力；
- 为您提出一系列建议，使您更好地认识它、使用它，与它和谐相处，优化您的生活。

值得一提的是，“爱”虽然并不属于基本情绪中的一种（具体原因将在后文详述），但我们仍然认为它值得用一整章的篇幅来讲述，因为它正是那些最为激烈的情绪永不枯竭的源泉。

目录

第一章　情绪啊，情绪

第二章　愤怒

第三章 羡慕

第四章 喜悦、快乐、幸福……

第五章 悲伤

第六章 羞耻

第七章 嫉妒

第八章 恐惧

第九章 爱？

第十章 如何与情绪共处

第一章

情绪啊，情绪

Émotions, émotions

嘿，老兄，瞧你一副闷闷不乐的样子！你现在最需要的就是来一粒“索马”，说着，本尼托一只手探进右边的裤兜，摸出一个小药瓶，“小小一粒，百种心绪去无踪。”

——赫胥黎《美丽新世界》

（Aldous Huxley，*Le Meilleur des mondes*）

在《美丽新世界》中，赫胥黎描绘的世界不仅充斥着克隆人和试管婴儿，而且也禁止人们表露任何负面的或太过激烈的情绪，包括爱。

在这个世界里，不论如何，只要有人感觉到一丝不安、苦涩、沮丧、嫉妒或隐约的爱恋——因为即使在那样一个完美的新世界里，人类老套的情绪还是一窝蜂卷土重来了——“索马”就是万能灵药：只需一剂，就能给人好心情，同时又不损伤机体能力。人们尽可以继续高效地主持会议，或按照原计划继续开他的直升机。

如果有人给您一粒“索马”，您会作出怎样的决定呢？会一口吞下胶囊，摆脱所有烦扰您的情绪吗？当然，您的回答取决于您对自己情绪的看法——它究竟是使您寸步难行的敌人，还是给您增添活力的盟友。

情绪过度

在您看来，下文中的安妮会不会考虑试试“索马”？

我从小就是一个过于情绪化的人，经常冷不防一碰就被惊吓。小的时候，别人总拿我开玩笑：哥哥姐姐们尤其喜欢把我吓一大跳或者听我尖叫。在学校里，只要老师让我去黑板上答题，我就变得极其恐慌，而事实上我是尖子生（焦虑使我学习特别努力）。在友谊方面，这种过度敏感让我从儿时起就尴尬不断：即便是最轻微的玩笑，我也会把它看成是对我的伤害，从此我只能和别人保持距离，像个孤儿一样被遗忘在一旁。在那个年龄的孩子该玩的小游戏面前，我始终觉得失去了保护，完全没有安全感。所幸后来我交到了几个闺蜜。不过，你可以想象之后我的情感生活会是怎样一番情景：一段关系才刚刚开始没多久，我就控制不住自己，深深地坠入爱河。紧接着，因为害怕被抛弃，我生活在巨大的恐惧之中，一看到我爱的男人和其他女性说话，就心如刀绞。我基本处于极端低谷的情绪状态中，偶尔会出现几次狂喜的高峰。朋友们说，我能活出这么大的热情很难得——确实，我的生活紧张而不安。她们有她们的道理，但有时我真觉得自己很受折磨。除了我的焦虑以外，我还意识到有愤怒的问题，因为我发现，每当我压力大的时候，我会因为一点点琐事就爆发，之后又后悔不迭。即使是在美好、正面的时刻，我这种情绪泛滥问题也还是会带来麻烦：因为知道自己动不动就会哭，我不得不时时管住自己，千万不要在温情的时刻或亲友重逢的时候掩面而泣。有时甚至让我叙述一部感人的电影情节，我都会立刻泪眼婆娑。这一切的结果就是：我平时会避免谈及许多主题。但我也在想，这样一来，我和别人的对话会不会没那么有意思了？

安妮恰好代表了那些所谓具有“过分敏感型气质”的人，所有情绪在她身上都以激烈的、高强度的形式表现出来。而对另外一些人而言，他们的人格则是被某一种基本情绪占据，由此，他们可能被其他人或他们自己定位为胆小的、易怒的、嫉妒心强的、忧伤的、羞耻心重的，等等，而他们有时也会为此寻求心理健康专家的帮助。

对于所有这些受过度情绪所害的人而言，一粒“索马”岂不是绝妙？甚至我们每个人都可以问自己这样的问题，因为谁能说自己从未受过某个难以控制的情绪的折磨呢？这些情绪，可能是恐惧、愤怒、羞耻，也可能是悲伤或嫉妒。

想象一下，一天，有人向您推荐某种药，声称可以抹去所有我们无法控制的情绪，那么，吞下这药后的新生活会怎样呢？以下便是立竿见影的效果：

- 公众场合演讲不再怯场，真情表白也不在话下！这些场合里，您都将淡定地现身，平静沉稳的气质叫人佩服不已；
- 即将爆发的怒气不见了踪影，您不会再一时口快说出不可挽回的话，而那些积压在心头的愤怒也会烟消云散；

- 面对失败，您不再伤心，也不感到受挫，变得冷静而沉着；
- 当您看到别人成功时，心里不再是羡慕；有了恋情后，不再怀疑、猜忌；
- 走错一步时，不再尴尬慌张，您不再为自己外在和内在的弱处而心生羞愧；
- 从此告别心悸、流泪、头疼腹痛、脸色羞红或发白、手心出汗、双手发抖等由激动诱发的体征；
- 爱情或喜悦都不再使您盲目，您也不会再因“一时冲动”而犯下过失。

既然有这么多好处，想必您迫不及待地要吞下它了吧？且慢！别忘了，它可得经过医药部门的审批才能上市，所以，包装盒上肯定印着：“长期使用本品可能导致如下副作用”：

- 漠不关心，毫无热情，置若罔闻；
- 做出危害自己或他人的行为；
- 记忆力衰退、判断力减弱；
- 发生人际关系障碍，表现出不恰当的社交行为。

这“未来之星”似的特效药好像忽然变得没那么有用了。不过，凭什么我们能如此肯定地列出这些“副作用”呢？

情绪麻木

就在不久前，埃利奥特还是大家公认的好丈夫和好爸爸，事业上也颇受认可。不过，最近他变了，就算有人提出再尖刻无礼的问题，他也保持微笑、以礼相待。这种招牌式的不变笑容让人费解，尤其是当他的生活已经破败不堪、被妻子抛弃又快被公司辞退的时候，这微笑就显得有些可怕了。经测试，埃利奥特的智力和记忆力都很好，但不知为何，他完全失去了工作的主动性，必须被人一再催促才能勉强开始干活。而一旦开始工作，面对着诸如文件审核和整理之类的任务，他又变得毫无组织性：干到一半，会突然停下，花上整整一天去钻研某一份文件；他也会忽然改变整理方法，全然不顾那些已经完成的部分，且毫无时间概念。埃利奥特的社交也一反常态，和许多人都一拍即合，但由于他照单全收，那些曾经利用过他的人又重新缠上了他。有人告诉他这些问题，他一一承认，而招牌式的笑容依旧挂在脸上。与受情绪过度困扰的人相反，他完全感受不到自己的情绪。这可不是过度服用“索马”引起的，而是大脑前额叶皮质轻微受损的结果。埃利奥特的这种病症在著名神经科专家安东尼奥·达马西奥（Antonio Damasio）的《笛卡尔的错误》（*L'Erreur de Descartes*）一书中也有描述。当神经系统单独受损后，病人便失去了感知情绪的能力，但身体的其他机能仍然正常工作。他们当中的大多数都表现为长时间维持某种单一的心情。虽然他们通常都会给人随和亲切的感觉，但他们已经无法制订计划或按时间表行事，不知道自己想要什么，难以选择用恰当的办法解决简单的问题，也丧失了对工作的积极性。情感方面，他们可能对人际关系愈发淡漠，也可能对此表现出过分热情或过度投入——这两种极端都会导致对他人的伤害，因为在自身情绪麻木的同时，他们感知不到他人的情绪，从而分寸全无，判断力尽失。

事实上，由于忽略、轻视了自己或他人的某些情绪，我们每个人都在不时地犯下过错，而上述的病人只是以极端和持续的形式表现着这个问题。由此，安东尼奥·达马西奥总结道：“不论情绪是好是坏，表达并感知它们的能力是人类理性的一部分。”情绪，即使是最让人不适的情绪，对我们而言都无比重要！

那么，情绪究竟是什么呢？

情绪初定义

为情绪定义并非易事。在撰写本书之初，我们的访问对象基本都是身边的人。大多数受访者最后都绕开了这个难题，转而列举各种情绪。很快，他们就举出了诸如喜悦、悲伤、恐惧、愤怒等情绪，但是，爱是不是一种情绪呢？羞耻呢？厌烦呢？

嫉妒呢？他们当中的某些人则尝试以区分的手法来定义情绪，论述它与感觉、心情和热忱的不同之处。

根据最早的法语词典之一——《菲雷蒂埃词典》(*Dictionnaire de Furetière*，1690 年编撰）的解释，“情绪”就是：

一种使身体或精神兴奋的非常态变动，影响人的性情或仪态。体温开始上升，心跳愈发加快，变得激动不安。当人在经历某些剧烈冲击后，便会感觉到整个身体都激动起来。情郎迎向爱人时、胆怯者遇到仇人时，皆是如此。

之所以这一年代已久的定义至今仍被人熟记于心，正是因为它恰好与现代科学的研究结果吻合，道出了“情绪”的几大重要特征：

- 情绪是一种“变动”，即相对于初始阶段的平静状态而言发生的改变。原先我们心无波澜，但忽然之间我们激动了起来。
- 情绪引发的生理反应表现在“整个身体”上，特别是心跳加速（有时则是心跳变缓）。现代的专业词典纷纷强调情绪的这一生理组成部分。
- 情绪同时也影响着人的精神世界，使人以不同寻常的方式思考，学者称此现象为情绪的认知部分。有时它打乱人的理性思考能力，有时却激发、支撑后者。

- 情绪是对事件的一种“反应”。《菲雷蒂埃词典》引用了爱侣相见和仇人相见的例子来阐释情绪如何触动人的内心，但我们还将看到，在许多情形之下，我们的情绪可能一触即发。
- 最后，即使上述定义中并未提及，我们仍然能够想象，在面对深爱的女子时，情绪催促我们靠近她的身旁；而在与仇人狭路相逢时，情绪则让我们燃起战斗的念头，或者若我们不够勇敢，它便使我们想要逃之夭夭。情绪不仅让我们准备，更能促使我们采取行动——这就是情绪的行为组成部分。

综上所述，情绪可以说是人整个机体的应激反应，包含着生理（即身体）、认知（即精神层面）和行为（即我们的行动）三大组成部分。

这一定义并没有谈及情绪的种类，那么，到底存在多少种情绪呢？是1872年查尔斯·达尔文所说的六种？是当代心理学家保罗·艾克曼（Paul Ekman）提出的十六种？还是其他人声称的无数种？情绪的种类会因我们生长的社会背景的不同而改变吗？身处巴黎、吉隆坡、北极冰山和亚马孙森林中的人感受到的情绪是相同的吗？

在列举情绪的种类之前，让我们首先来看四大权威理论分别是如何看待情绪本身的。

四种理论

以下的理论中，每一个都有它的历史先驱，也有现代的拥护者们，更有各自的实用性，让读到它们的人可以更好地管理自己的情绪、优化自己的生活。我们将从每个理论的假设基础开始一一加以分析。

假设一："我们的情绪是与生俱来的。"

这一观点的支持者主要是进化心理学家，即达尔文的现代拥护者们。他们认为，我们能够感受愤怒、喜悦、悲伤、恐惧等各种情绪，就像我们能够站立、取物一样，使人类在这个自然界中更好地生存下来，并繁衍生息。这些情绪在人类的进化过程中通过优胜劣汰而延续了下来，如同"脑组织"般存在于人类当中，并继续通过遗传一代一代地沿袭下去。进化心理学家们如此解释道：

- 情绪拯救人类：人类最基本的情绪反应正是在有关生存与地位的关键情形之下发生的。例如，恐惧迫使我们逃离危险，愤怒促使我们勇于挑战，爱慕则推动我们去寻找配偶、生养后代。因此，情绪在人类祖先的身上起到了协助生存、促进繁衍的作用，而这也解释了情绪延续至今的原因。
- 我们的"近亲"也有情绪：令人惊讶的是，在人类的"近亲”灵长类动物身上，也能看到这些情绪的表征。灵长目学专家通过众多实验与观察，发现在黑猩猩等类人动物身上，有着与人类的情绪生活非常相似的现象。它们在群居生活中，同样有着结合、冲突、竞争与和解，所有的一切都如同镜子一样映射着人类的日常情绪。

婴儿也有情绪：愤怒、恐惧等情绪反映在婴儿诞生后不久（喜悦：三个月；愤怒：四到六个月）便显露出来了，由此进一步支持了情绪在人类遗传中的“规划”之说，而这些遗传特征本身就是进化的产物。

查尔斯·达尔文（Charles Darwin，1809–1882）

英国维多利亚时期的博物学家。与人们通常认为的不同，达尔文并不是物种进化论的发现者。早在达尔文出生前一年，法国生物学家拉马克（Lamarck）就已经提出了这一假设。

达尔文发现的并不是进化理论，而是其机制——自然选择理论。由于自发性的突变，同一物种的动物有了不同的身型、重量、体貌特征和代谢机能。在某个既定环境中，某些遗传性突变对动物个体的生存或繁殖产生了帮助作用，而具备这些遗传特征的动物的后代得以更多地存活下来，并最终在此环境中成为该物种的代表。

例如，末次冰期逐渐到来的过程中，长毛猛犸象最后成为了唯一存留下来的物种代表，因为一次又一次的突变使它们的皮毛不断增厚，使它们能够更好地适应愈发寒冷的气候；而其他未曾经历突变或突变稍弱的物种则一个个灭绝了。达尔文大胆推测，大自然在不经意间、在人类难以想象的漫长时间里做着类似饲养员和园丁的工作，以某些标准筛选着一些物种。这一推测并不代表达尔文在道德上拥护自然选择机制，就如同专门研究抗衰老问题的专家并不会为人们（包括他自己）的老去而高兴一样。

自然界是不具有道德性的，自然选择更是如此，但这并不意味着研究它的学者们都是不道德的。

为了更好地解释进化派理论，我们将在本书中反复援引原始社会中狩猎采集者的生活方式。我们的再三引述可能会引发疑问，但正如贾雷德·戴蒙（Jared Diamond）所说，我们曾经在长达八百万年的时间里一直是以狩猎、采集维生的灵长动物。直到十万年前，我们才进化成猿人，而我们的农耕历史也只有短短的一万年左右，并且仅仅是在世界上的寥寥几处而已。因此，99% 的人类历史都是以狩猎、采集为主导的。现如今，这种生活方式已几近消失，但我们每个人身上的大量生理和心理特征却是为了适应它而形成的。

假设二："我们的情绪源自身体的应激反应。"

我们可以用一句标语式的广告词来概括美国心理学家威廉·詹姆士（William James，1842—1910）的理论："情绪即感觉。"我们常常以为，我们发抖是源于恐惧，哭泣是源于悲伤；但对詹姆士而言，事实恰恰相反：是身体的颤抖让我们觉得恐惧，是眼中的泪水使我们感到悲伤。

这样的假定乍看之下与普遍观点大相径庭，但越来越多的研究结果都指向了它的成立。比如，在某些情况下，我们的身体率先作出反应，随后才完整地经历种种情绪。举一个简单的例子，当我们侥幸躲过一场撞车事故时，我们通常会在之后才感到害怕，但我们的身体却在事情发生当下的瞬间就发生变化，肾上腺素飙升，心跳加速。

达尔文、马克思和弗洛伊德

马克思曾致信恩格斯："虽然这本书（《物种起源》）写得有点儿英国式的粗糙，但它包含了支持我们观点的自然历史基础。"

弗洛伊德也读过达尔文的著作，并曾数次援引其内容，尤其是在他的《图腾与禁忌》（*Totem et tabou*）中，弗洛伊德大段引用了达尔文对原始部落的描写，即父系社会中，支配一切的男性出于嫉妒而阻止后代接近女性（从而导致后代弑父并立下法规，于是便有了人类文明）。此后，弗洛伊德还写就了论述亲属关系和有关他和达尔文对人性的不同看法的书籍。在《精神分析五讲》（*Cinq essais de psychanalyse*）里，他更是明显地以进化论式的论述方法讲解了利他主义倾向的形成和其遗传性。

撇开如今弗洛伊德和达尔文的拥护者在学术上的距离不谈，他们两位的理论都因为相似的原因被人摒弃：他们都揭示了人类是在完全不自知的情况下由非主观的、从久远过去遗传的机制推动演变而来的；然而，人们却更愿意相信自己是自由的、有着清醒意志的生物。此外，这两位大思想家都并未因自己的巨大发现而沾沾自喜。他们均在个人生活中恪守道德，并都忠告同时代的人应当如此行事。

我们将看到，这种动物性的传承实为一笔宝贵的财富：达尔文的观点告诉我们，我们的情绪从来都是有用的，因此应当对它们给予关注。

另外，我们的情绪若失去了来源于身体的知觉，便成为了空洞的情绪。安东尼奥·达马西奥提到了一种躯体标记，当某种情绪产生时，这些标记就会通知我们的思想，并帮助我们以最快的速度作出决定。例如，躯体与恐惧相连的不适感觉将帮助我们快速作出反应，避开危险的情境。

对于那些无法感知这些标记的病人来说，恐惧是不存在的。这在某些情况下会带来益处，但同时也具有极大的风险。

神情决定心情

詹姆士的理论中最为惊人的内容要数面部反馈（facial feedback）理论。对不同情绪对应的面部表情进行刻意模仿后，便会产生相应的身体反馈，甚至会导致相应的心情变化。瑜伽信徒们信奉的微笑法则不无道理：微笑确实能让心情变好！不过这样做只能带来有限而短暂的效果，对于深度的悲伤，甚至是抑郁而言，再热情的笑容也难以治愈。

假设三："我们的情绪源自我们的思想。"

比如，您给朋友留了言但他却没有回电，此时，您可能认为他再也不想见您（即悲伤），可能觉得他正陷于热恋中（即为他喜悦或羡慕他），也可能设想他是否出了事故（即忧愁）。在这三种思虑下，您的情绪是不同的。

"我们的情绪源自我们的思想。"——这一假定是最容易让人信服的，因为每个人都更喜欢把自己看成是理性的。这一假定也被称作情绪的认知性。支持它的人认为，人们总是不断地把遇到的事情按照一种树状决定模式进行分类，分成让人愉快的／让人不快的、可预见的／不可预见的、可控的／不可控的、自己造成的／他人造成的。当不同类别彼此组合后，便产生了不同的情绪。例如：

不可预见的＋让人不快的＋可控的＋他人造成的＝愤怒

可预见的＋让人不快的＋可控的＝焦虑

这些理论在各种心理治疗中得到了具体而广泛的实践，特别是在认知心理治疗中尤为多见，用于帮助病人转换思考方式。比如，一位患忧郁症的病人倾向于将负面的事件归类为"不可控的"和"自己造成的"。若对这样的思考定式进行分析，就可以帮助病人渐渐脱离刻板的思维方式，减轻他的悲伤和焦虑情绪。

这一理论的倡导者大多为哲学家，其中最突出的是古希腊时期的斯多葛主义者，如爱比克泰德（Épictète）曾说："人们的困扰，不是来自事情的本身，而是来自他们对事情的看法。"

假设四："我们的情绪源自所处的文化。"

我们为最喜爱的俱乐部输掉了比赛而伤心不已，或为加薪不成而气愤不已，这都是因为我们已经习得了所处的社会环境中某些情况下适用的情绪反应。周遭的任何人都不会为我们的这些情绪吃惊，也不会因我们的情绪表达——垂头丧气或满面怒容地出现在办公室——而讶异，因为每个人都早已习得了这些情绪成分，都能辨认出它们。

对于这一所谓的"文化主义"假定的支持者来说，情绪首先是一种社会角色，是我们每个人在所处的社会环境中成长时习得的。换言之，成长于不同的社会环境中的人感受到并表达出来的情绪是不同的。在地球的五大洲，人类的情绪如同各族群的语言一样，极为丰富多样。倘若将这一假定极端化，我们可以设想，某些种族很可能完全不了解我们的部分情绪，诸如因爱生妒、悲伤等。本书的后文将提到，人们确实对此进行了系统性的观察研究，但没有任何一项实验能找到这种理想化的"荒蛮族群"。

詹姆斯·艾弗里尔（James Averill）是文化主义心理学家的杰出代表，他也强调：情绪的这种社会角色使人可以接受某些在其他情境中无法接受的行为。例如，别人更容易主动原谅我们在“气急败坏”时脱口而出的伤害性话语；别人也更能容忍我们在“深陷爱河”时的行为（诸如反复叙述恋情的片段或完全无视各种细节，高兴得手舞足蹈或突然号啕大哭）。当然，在其他社会环境里，这些行为表现可能仍被视为不正常或不可理喻。

情绪的文化主义假设提醒我们，当我们在表达某种情绪或解读他人情绪之前，应当注意自己所处的情境。比如，某些文化中，在公共场合哭泣会引起善意的关注和同情；但在其他文化里，这意味着缺乏男子气概或自控能力不佳。

美国人和日本人

一项著名的心理学实验为情绪表达在不同文化中的差异提供了实例：研究人员分别在一群美国学生和一群日本学生的面前播放一段重大手术的录像。两批学生表现出了相似的焦虑和反感情绪。研究人员再次播放录像，并请到一位年长的教授来到现场。此时，美国学生的情绪表达在长者在场的情况下依旧激烈，而日本学生则变得镇定许多，有的甚至微笑起来。

1928 年，玛格丽特 · 米德（Margaret Mead）的一项著名研究阐释了这一文化主义假设。在她的著作中，她赞扬了大洋洲数个部落的生生不息，并从中得出结论，认为文化对人类的心理机制有着重要的影响，尤其表现在两性道德和精神疾病上。

然而，各项现代研究和其他三种针对情绪的假设都挑战了文化主义假设长期占据的优势地位。我们将在后文看到，如今，我们越来越难以断言所有的情绪都具有文化性。

情绪的四大理论

学说流派	主张	创立者或代表人物	生活忠告
进化论派	我们的情绪与生俱来	查尔斯 · 达尔文（1809—1882）	应当关注情绪，它们是有用的
生理学派	我们的情绪源自身体的反应	威廉 · 詹姆士（1842—1910）	控制身体方能控制情绪
认知派	我们的情绪源自思想	爱比克泰德（55—135）	换种方式思考，情绪尽在掌握之中
文化主义	我们的情绪源自文化	玛格丽特 · 米德（1901—1978）	表达或解读某些情绪前，应当关注所处情境

博采众长

大家都赢了，而且都有奖品。

——刘易斯 · 卡罗《爱丽丝梦游仙境》

（Lewis Carroll，*Alice au pays des merveilles*）

有人可能会认为，上述四种关于情绪的理论互相矛盾，它们的拥护者们也各自为政、互不相干。实则不然。在各种以情绪为主题的研讨会上，他们时常见面交流，甚至合作撰写著作的不同章节，每个人都慷慨分享自己的见解。本书末尾所引用的两篇论文巨作正是这样完成的。

的确，这些理论彼此都有明显的区别，而这些区别是由每种理论对情绪的某一面特别侧重而产生的，并未否认情绪的其他侧面。

- 即便是最坚定的进化论派心理学家（即“我们的情绪与生俱来”的提倡者）也认为，不同的文化情境下，引发情绪的条件和情绪的表达体系可能是多样化的。同样，一些现代的文化主义者也不否认，人类确实存在着某些普遍的情绪。
- 认知派学者（即“我们的情绪源自思想”的提倡者）承认，一些情绪反应的触发与思想并无关联。
- 生理学派的学者（即“我们的情绪源自身体的反应”的提倡者）主动承认，在某些复杂的情境之下，我们的情绪首先源自于我们的思想。

所以，在本书中，我们将在解析每一种情绪时尽力从这四个角度全面地论述。这并不是为了求大同，而是因为每一个角度对于情绪这种如此复杂的事物来说，都有着独特的意义。

在某些章节，我们会重点解释四种理论中最晚创立的进化派理论，因其思想尚未被人熟知，须以更多的注释谨慎讲解。

如何鉴别基本情绪?

一种情绪，若被冠以“基本”或“基础”之名，那么它必须符合以下几个条件：

- 突然发生。情绪是对某起事件或某个思想的瞬间反馈。
- 持续时间短。持续悲伤的状态并不能被视为一种情绪，而是一种心情或感受。
- 与其他情绪区别明显，就如红色与蓝色的区别一样明显。愤怒与恐惧可能会交织在一起，但它们仍是两种非常不同的情绪。不过，恐惧、不安、恐慌则属于同一类情绪。
- 在婴儿时期就显现，并表现出与其他情绪的明显区别。
- 使身体产生相应的反应。每种基本情绪都应当伴有相对应且不同于其他形式的身体应激反应。例如，恐惧与愤怒会引起心跳加速，但愤怒会使手指表皮的温度升高，而恐惧却使其变冷。现代的探测科技，如正电子扫描、核磁共振等，使人越发了解各式各样的身体反应，甚至可以了解到大脑的变化，比如悲伤与喜悦时，大脑的兴奋区域是不同的。

此外，进化理论学者附加了三项条件：

- 导致某种所有人类共有的面部表情。这一点曾在很长的一段时期内引起了广泛争论。

- 由普遍、常见的情境所触发。例如，通常当一个巨大的物体迎面而来时，会触发恐惧，而失去亲人通常会引发悲伤。

- 存在于类人灵长动物身上。即便我们没法采访猩猩，当两只猩猩拥抱、亲吻、蹦跳、翻滚时，我们便不难得知它们正处于喜悦之中。

基本情绪

虽然在我们眼中，天空或一处风景的色彩始终在变化，但我们很久以前就知道，所有颜色都是由三种基本色彩通过细微的比重差异融合而成的。那么，我们情绪的风景是否也是如此呢？是否也存在着类似的基本情绪，彼此以不同的比重调和后，形成了我们时常变换的微妙的心情呢？大多数学者都支持这种观点，并尝试着找到这些基本情绪的定义。

如果基本情绪存在的话，我们可以将它们一一列出。查尔斯·达尔文在1872年提出了“Big six”，即六大情绪：喜悦、惊讶、悲伤、恐惧、厌恶、愤怒（注意：勿与笛卡尔的六种原初激情：惊奇、爱悦、憎恶、欲望、喜悦和悲哀混淆）。保罗·艾克曼则将它们扩展到了十六种：喜悦、鄙视、高兴、困窘、激动、负罪感、骄傲、满意、感官愉悦、羞耻，等等。不过，他认为这十六种里并非每一种都符合先前所提到的全部条件（比如，鄙视是否有普遍的面部表情?)，研究仍需继续……

在本书中，我们已经尝试谈及所有的这些情绪，其间将特别介绍那些对我们的身心和我们对世界的认知而言，具有决定性影响的情绪种类。

第二章

愤怒

La colère

到达机场后，原本打算外出度假的人们被告知所有的航班由于飞行人员的罢工一律被取消了。这时，一位名叫罗贝尔的人便开始谩骂地勤小姐。他的妻子试图劝他平静下来，所有人的目光此刻都集中在了他们身上，他的女儿们恨不能找个地洞钻进去。

与此同时，凯瑟琳在兜转了整整十分钟后，终于找到了一个停车位，然而，说时迟那时快，另一辆车一下子超过了她，抢占了那个位置。怒不可遏的凯瑟琳狠狠地撞向了入侵者的车尾。

八岁的阿德里安终于在生日那天得到了期待已久的新机器人玩具，但现在他怎么都凑不齐零件了。于是，他大叫起来，对着满地的零件一顿狂踩。

这些通常保持理性的人（包括阿德里安，他可是个很爱思考的孩子）怎么会做出如此不计后果的行为呢？

让我们来听听韦罗妮克的叙述，看看她向来沉稳内敛的父亲愤怒时的表现吧。

愤怒的表情：从爸爸到巴布亚[1]

我还记得，当我还是个小女孩的时候，大概只有六岁吧，我爸爸带我去钓鱼。我兴奋极了，因为这可是头一次！而且我视这次出游为特权，因为妈妈从来都没陪爸爸去过。一个小时过去了，我开始觉得无聊了。就在这时，爸爸的鱼竿被用力扯了一下，鱼线绷得直直的。爸爸集中精神，小心地卷着绕线筒，一边拉着鱼线。在清澈的水面之下，我们能感觉到一条大鱼正在挣扎。爸爸用抄网把鱼捞了出来——那是一条肥美的梭鲈！他把活蹦乱跳的鱼扔进了一个大塑料桶里。我探身去看那条鱼，但忽然脚下打滑，一下子把塑料桶打翻了，连桶带鱼一起掉进了河里，鱼一溜烟儿就不见了。我看着爸爸，喔，我永远忘不了他的神情！他气得涨红了脸，面孔紧绷，双眼死死地瞪着我，咬牙切齿，拳头紧握，显然是为了克制住打我的冲动。我一下子尖叫起来，双手抱头，但什么都没有发生。当我再次睁开眼睛的时候，我看到爸爸已经转过身去，狠狠地踢着灌木丛。

1 Papou，巴布亚新几内亚土著。

之所以记得如此清晰，是因为我爸爸向来都是一个平静沉稳的人，几乎从来不生气。

这样的一幕有好几个问题值得探讨：既然鱼已经跑了，女儿也不是故意的，为什么一贯理性处世的父亲会如此愤怒呢？为什么他要去踢打完全没有惹他的灌木丛呢？为什么他龇牙咧嘴、面色通红的样子，连六岁的小韦罗妮克都能毫不费力地解读呢？

这种愤怒是否是存在于众人身上的一种普遍情绪？一个巴布亚土著或一个亚洲人若是在现场的话，能否读懂并认出这个为钓鱼事件沮丧不已的父亲所表达出来的情绪呢？我们那些住在一万五千多年前以狩猎和采集为生的祖先，又能否理解这种愤怒呢？

原始人的愤怒

鉴于科技还不足以发达到让人回到一万五千年前，人类学家保罗·艾克曼便前往了离他一万五千公里远的地方。20 世纪 60 年代末，他造访了残留的巴布亚人的土著部落，与他们一起生活了一段时间。巴布亚人当时与西方文化的接触尚少，过着与石器时代的人类相似的狩猎和采集生活，隐居在新几内亚的一处山区里。由于当地人与白人几乎没有接触，艾克曼预计，他们的情绪和面部表情很可能与我们完全不同。当年，由著名人类学家玛格丽特·米德倡导的文化主义理论占据着主要地位，认为情绪本身和情绪的表达均需习得而成，并基于文化背景的不同而产生差异。

在一名翻译的帮助下，艾克曼请一名巴布亚人在照相机镜头面前模仿以下的情景："您相当愤怒，准备与对方搏斗。"于是，巴布亚人皱起眉头、咬紧牙关、双唇紧绷，表示威胁地噘起了嘴。

为避免翻译障碍，艾克曼运用了现实情景，邀请对方设想自己身处该情景中，模仿与所述情绪相对应的面部表情，例如"一个朋友来到你家，你很高兴""你在路上看到一头野猪的尸体，显然它已经死了很久了""你的孩子过世了"，等等。

回到美国后，艾克曼向那些完全不了解巴布亚风俗习惯的美国人展示这些照片。大多数看了照片的人都能快速地辨认出愤怒的表情。艾克曼也做了反向实验。他向巴布亚部落的新朋友们出示了西方人愤怒时的肖像，对方也很快地认出了白人脸上的这种情绪。除此之外，他们大多也顺利地辨认出了喜悦、悲伤、恐惧和厌恶的情绪。

随后，艾克曼和其他研究人员一起走访了五大洲的21个人类族群。结果非常明确：大多数巴布亚人都能成功辨认爱沙尼亚人的情绪，爱沙尼亚人基本都能辨认日本人的情绪，日本人能够辨认土耳其人的情绪，土耳其人能够辨认马来人的情绪，等等。这些研究结果几乎可以证明，情绪和其相对应的面部表情是具有普遍性的。

愤怒情绪产生的面部表情所具有的普遍性并不仅仅是件有意思的事，它让人不禁深思：我们会愤怒（并会产生其他的基本情绪），极有可能是印刻在基因里的一种天性。打个比方，各个国家、各个社会阶层的人的穿着风格各不相同——这就是一种文化现象，穿着方式随着文化改变而改变。然而，所有人，无论他来自哪个文化背景，每只手上都有五根手指——这就是人类共有的遗传特征。

当然，我们也看到，文化主义的支持者们也有他们能够成立的论点：文化背景和所处环境会影响愤怒的表达方式，且引发愤怒的缘由也会由此不同。但是，这一情绪本身仍然是普遍性的，是人类共有的。

面部表情与殖民主义

早在艾克曼的研究开始前的一个世纪，在大英帝国的鼎盛时期，查尔斯·达尔文就已经对人类的情绪产生了兴趣。出于健康原因，达尔文不能长途旅行，于是他访问了众多曾远赴他乡旅行、探险、航海和传福音的同胞。他的“研究”方法并不十分严谨，但他依然从诸多对话中推测出，六种主要情绪及这些情绪的面部表情乃是人类普遍共有的。

这种假设大大惹恼了同时代的某些学者。达尔文早已因为推断人是从猴子进化来的而受学术界排挤，如今居然又提出了人类共有六大基本情绪，这就意味着食人族、祖鲁人和伊顿公学的校友们有着同样的基本情绪。这也太让人吃惊了！

比起曾经接受的情绪自控（尤其是面部表情自控）教育，学会了绷住上唇、以克己沉着的面部表情迎合上流社会的伊顿校友们无疑更反感《人类和动物的表情》（*The Expression of Emotions in Man and Animals*）一书。对于达尔文和后世的进化论派支持者而言，若愤怒这种情绪得以在人类数千代的自然选择中存留下来，那么就意味着它对我们的祖先生存和繁衍有着重要的作用。

如果说愤怒是一种由自然选择的、普遍共有的情绪，那么它的作用究竟是什么呢？了解某种情绪运作的方法之一，就是观察它所引发的人体变化。

愤怒中的人体

在一项对数个国家民众进行的调查访问中，受访者被问及自己在愤怒时出现的身体反应，最常见的回答如下：

- 明显感到了肌肉的紧张；
- 心跳骤然加速；
- 浑身发热。

“热”和“发烫”在回答中屡屡出现，有人甚至将它比喻成烧沸的热水。有人称这种状态为“愤怒到了沸点”(在漫画中，画家们不约而同地使用了同样的图案表达生气的情绪——在人物的头顶上画一簇黑烟)。

来自五大洲31个国家的受访者都提到了这几种相同的“症状”，从而进一步证明了愤怒及其表现的普遍性。

同时，他们描述愤怒时的状态也与专家们研究发现的机体变化相吻合：

- 愤怒会大大增加肌肉紧张度，尤其是双臂的肌肉。如此便会导致人握紧双拳。
- 人体的周身血管张开，导致热感上升（与恐惧引起的冷感相反）。愤怒常常表现为脸色涨红，这一点在年幼的孩童身上尤为明显，并且也被漫画家们广泛采用，这时，指尖表皮的温度上升，而恐惧时，温度则会下降。
- 呼吸频率上升，心动过速，血压升高。在愤怒的状态下，心脏会供应更多的血，而这些血也会加速氧化。我们会看到，愤怒对心血管将产生有害的影响。

愤怒的两大作用

且听易怒的让·雅克是如何对自己的怒气产生疑问的：

一天，我把车交给了修车库做车检，同时强调我希望他们在第二天午饭之前完成检修，因为我得开车去见客户。在交车之前，我很早就与车库定了时间，以便他们及早作出安排。但第二天回到车库时却发现我的车还在老地方。于是，我问在场的机师究竟是怎么回事，他头都不抬地说："找老板问吧。"我有点生气，径直走向车库老板的办公室。老板回答我："车检还没做，但下午就会做完。"我告诉他，他们没有照着原先说好的去做，而且，我立刻就要用我的车。他嘀咕着说："这里不是想怎么样就能怎么样的地方，况且我只不过拖一天罢了。"这时，我感觉到我的心脏漏跳了一拍。我的脸僵住了，手臂肌肉绷紧了，胸腔充满了怒气，我真想暴打这个蠢货一顿。我的妻子说，每次她看到我这样都会特别害怕。可能这也正是车库老板的感觉，因为他突然改变了态度，支支吾吾地道了歉，还说他们立刻就会做车检，半小时后即可取车。

既然情绪的作用是为了预备之后的行动，那么我们不难猜出愤怒发生之后的反应。通过实验观察，多位被（稍稍）惹怒的参与者都表现出了如下的生理反应：用于击打的肌肉的紧张度上升，同时，心肺功能进行自动调整，以便为这些肌肉输送更多的氧气。

此外，不论是哪个国家哪个种族的人，愤怒（即情绪）时常会导致对方受到攻击（即行动）。

在上述的车检事例中，让·雅克虽然有暴打车库老板的想法，但幸好没有做出对双方都不利的行为。

即使没有话语，让·雅克对愤怒的表达已经足以使对方转变态度。这正是因为对方注意到了让·雅克愤怒情绪的表露，于是希望通过提出解决办法来避免之后让·雅克更多的愤怒表露。在此，我们可以大胆推测，车库老板当时怀有另一种情绪：恐惧。

所以，愤怒的情绪有两种作用：使人处于预备冲突的状态，但也在威慑对方的同时使这一状态化为无效。在之后的章节中，我们将看到，几乎所有的情绪都有着这样的双重作用，即预备行动的作用和传递作用。

愤怒的威慑作用

愤怒的威慑作用至关重要，它可以避免冲突的发生。对于地球上的所有生物而言，冲突都是既具高风险性又耗费精力的。人类之所以能够存活至今，从某种程度上说，就是因为大部分纷争最后都是以一方向另一方的威慑态度屈服而解决的。

这在人类祖先各部族之间和所有群居动物之间都是相似的。

这一现象在我们的近亲——大猩猩身上同样存在。它们之间纷争不断（和我们一样，大猩猩也为身份地位、资源分配或情爱嫉妒而争闹不休），但很少会导致真正的搏斗。幸好如此，不然必会导致伤亡（大猩猩也和我们一样，会自相残杀）。

我们一起来听听初中教师阿涅丝的一次发怒经历：

我的同事莫妮克总是喜欢在教学例会上霸占发言时间，还老是打断别人讲话。其实她就是想要一个人主导会议，好在校长面前尽情表现，显得自己很重要。我刚来这所学校的时候，其他同事事先告诉了我她的行径。不过，他们的警告对我没什么用，每次我在会上表达自己对某个教学项目的观点的时候，她都会打断我，而我则立刻气不打一处来。但我还是会继续说下去，直到讲完我要说的为止。我可不想在所有人面前失态。

就在上周，莫妮克又在会上打断我。第二次的时候，我忍无可忍了。

我的拳头“嘭”地落在桌子上，把所有人都吓了一跳。我对她说（更确切地说是对她吼道）：“我受够了。”她打断我说话，并且我的观点和她的一样重要，她用不着“动不动就提醒大家”。随后，会议室陷入了寂静，所有人都看着我，愣住了。

我为自己当众发火而感到很尴尬，直到会议结束都没有再说一句话。不过，从那以后，她再也没有打断过我。

银幕上的愤怒

说到电影中最具戏剧性的愤怒场景，就不得不提到艾伦·帕克（Alan Parker）导演的《午夜快车》（*Midnight Express*）了。影片的男主角是个年轻的美国人，由于冒失地携带印度大麻进入土耳其而被土耳其警察逮捕。他打算越狱，却发现其中一名同室狱友把他的计划出卖给了狱警，于是他和另一名美国狱友受到了各种羞辱和虐待。之后的一段场景堪称电影史上最精彩绝伦的暴怒戏：他在整个监狱里愤怒地追赶着惊恐无比的叛徒，一路上横冲直撞，直至把后者打晕。随后他以可怕的方式报复了后者：用牙齿咬下了对方的舌头！

在马丁·斯科塞斯（Martin Scorsese）的电影，尤其是《好家伙》（*Good Fellas*）和《赌城风云》（*Casino*）中，乔·佩西（Joe Pesci）常常饰演无法掌控情绪、让人忧心的配角，总是毫无预兆地从本来温和亲切的样子变得暴戾无常、心狠手辣。影片中有这种特质的他让人闻风丧胆或俯首称臣，却也招来了致命的后果：每次他都会被上层人物下令处死。所以，即便是混黑道也得学会自控。

法国国宝级笑星路易·德菲内斯（Louis de Funès）在他的大多数电影中都诠释了何为外露的愤怒情绪，不过并没有到暴力的程度。另一位法国演员让·加宾（Jean Gabin）在他的演艺生涯中也经常扮演愤怒的人，包括年轻时参演的《天色破晓》（*Le jour se lève*）中强壮的工人和《大家族》（*Les Grandes Familles*）中年迈的家族领袖。

由埃尔热（Hergé）创作的《丁丁历险记》（*Les Arentures de Tintin et Milou*）系列的第16部作品名为《奔向月球》（*Objectif Lune*）。

故事里的图纳思教授平日里不苟言笑、稳重刻板，但当他以为阿道克船长对他的登月计划不以为然时（其实他有严重的耳背），他顿时愤怒异常，眉头紧锁，头发根根竖起——一个温和的形象立刻显出了让人不安的一面。

阿涅丝打在桌子上的一拳传递了三个信息：她的肌肉过于紧张以至于爆发、她的攻击意图，以及她威慑性的举动。我们并没有要冒犯阿涅丝的意思，不过有趣的是，大猩猩们在发怒时也会击打四周的地面或树木去恫吓对手。

之后我们会详细讲解为何阿涅丝会感到如此尴尬和窘迫。

愤怒的起因

我们为什么会发怒？对认知派的心理分析家（“我们的情绪源自思想”的提倡者们）而言，我们的愤怒是一系列瞬间发生的心理评估的结果，而这些心理评估会让我们判断某件事是否同时符合以下几点：

- 它的发生是我们不希望看到的；
- 被故意制造的（意即出自我们之外的其他人的意愿）；
- 与我们的价值观相悖；
- 可以被我们愤怒的回应控制住的。

触发愤怒的事件是我们不希望看到的

我们曾希望事情按预期达成、别人以尊重的态度对待我们、我们能得到或珍藏一件东西、拥有属于自己的时间和空间……但事与愿违。于是，愤怒便从这样的挫败、失落感中产生了。不幸的是，人生不如意事十之八九，挫败与失落充斥着我们的生活。

这件事在我们看来是被故意制造的

当有人踩了您一脚，您可能认为他是不小心的，也可能认为他是故意弄疼你的，在这两种想法下，您的回应是不同的。

然而，这种“主动意向”的概念有许多微妙的层次。人类非常敏感于“故意”和“非故意”之间的诸多微妙差别，如下表所示：

愤怒的缘由

第一级：完全非故意	一名司机刹车晚了，撞上了您的汽车保险杠 您的同事过来帮忙，却把他的咖啡杯打翻在了您的电脑键盘上
第二级：故意但没有损害他人的意识	您在等待一个停车位被腾出，这时，另一辆车没有注意到您在场，直接开进了停车位 某位同事在会议上霸占所有的发言时间，把焦点完全放在自己的问题上
第三级：故意且有损害他人的意识	另一辆车注意到了您在等候停车位，但仍旧抢先停入 同事意识到自己霸占了别人的发言时间，但他认为自己的想法比其他人更重要
第四级：故意且有意损害他人	某车主因您占了“他的”停车位而怀恨在心，折回现场刮花了您的车身 同事有意限制您在会议上的发言时间，达到当众凌驾于您之上的目的

当我们发怒时，我们都倾向于为对方的行为作出高于事实的“评级”。比如，在同事发言的例子中，第二级所述的行为（即同事无意识地霸占了所有的发言时间）很容易被解读为第三级（即他是有意识的，但毫不在乎），甚至是第四级（即他有意羞辱别人）。

同样，当我们的配偶或上司在没有预先告知我们的情况下改变了我们共同参与的时间计划，我们便会很愤怒，即便他们的行为属于第二级，并没有损害我们的意识。但事实上，这一缺乏注意力的表现对我们而言意味着我们在对方眼中的地位降低，因为一个人在家庭或集体中的重要性一般以其他人对他的关注度来衡量。无论是在人类社会还是在动物界，能否维持自己在群体中的地位是生存的关键所在。

触发愤怒的事件与我们的价值观相悖

每个人都有自己的价值观或处世原则，并以其判断某种做法是可接受的、“正常的”，还是过分的、可耻的。这一价值体系自儿时起就开始形成，受到不同文化的影响，甚至因为每个家庭的差异而大相径庭。在航空公司飞行员罢工一事中，根据不同的价值观，人们可能会认为“罢工的权利是神圣不可侵犯的，在领导层面前，员工永远都有理由捍卫自己的利益”，也可能觉得“已经受了优待的人还要罢工，这种行径简直可耻”。这两种想法的不同所导致的人们的反应肯定是不同的。

不过，在诸多区别之上，还是存在一种普遍的价值观，即相互性。一般来说，面对与我们对等的人，我们总是期待对方以我们对待他们的方式同等地对待我们。相互性的缺失很容易使我们发怒，尤其在伴侣关系中，双方都有各自对相互性的理解，并且都觉得自己为此付出的努力远胜过对方。

这一价值体系还有另一种表现形式，即认知派心理医生所称的“内在信念”。这些内在信念是人们几乎不自觉就拥有的，是我们人格的一部分，在各种情形下使我们对事物作出“正常”与否的判断。心理治疗过程中，医生让患者表达出他们的内在信念，而他们的回答中经常会出现一个动词：应该。

职场上的愤怒

您通常因为什么事发怒？一位澳大利亚研究人员向 158 名在职员工提问，并让他们描述一件在工作中激怒他们的事情。在倾听他们的叙述后，研究人员把这些引发愤怒的事件归为四类：

- 遭受不公正对待（占 44%），例如：被冤枉、努力付出却得不到承认或回报、任务之繁重远超其他员工、在非自己犯下的错误上受惩罚。
- 发现了一桩不道德的行径（占 23%），例如：亲历或目睹谎言、失职、偷窃、徇私、懒散、虐待、骚扰等行为。
- 面对他人工作上的能力低弱（占 15%），例如：眼看别人工作完成不佳、被拖延太久、错误百出、不守程序等，尤其是当这些问题影响到他们自己的工作时。

- 不被他人尊重（占 11%），例如：被他人以无礼、傲慢、嘲讽、鄙夷的方式对待（常见于上级对下级）。

- 遭受当众羞辱（占 7%），例如：在同事或客户面前受到当众贬低或人身攻击。

那么，这些员工有否表达自己的愤怒呢？的确，当激怒他们的人级别低于他们时，77% 的人都显露了怒气，但当对方是同级的同事时，这一比例骤降至 58%，而当对方是上级时，只有 45% 的人表现出愤慨。

愤怒的表达并不妨碍当下紧张情形的化解，问题通常会通过观点的表达得到积极的解决（不过这是那些向下级表达愤怒的人的想法）。

但面对上级时，30% 的人采用了“报复”的手法表示愤慨。（研究援引了一名饭店侍应生拼命向顾客的菜里撒盐以报复大厨的实例。）这一现象说明，近半数涉及上级激怒下级的事件都伴有羞辱成分，而羞辱不仅仅激起下级的愤怒，还会触发怨恨。所以，老板们，你们可以批评下属，但切勿羞辱他们！

以下便是常见的内在信念表述：“我应该在所做的任何事情上完美地达成目标”“我应该让所有人都喜欢我”“人们应该用我对待他们的方式对待我”“世界应该是公正的”，等等。当我们的信念与现实发生冲突时，随之而来的便是强烈的情绪，通常以愤怒和悲伤居多。

人格障碍、愤怒及内在信念

人格障碍类型	常见的内在信念	愤怒起因
自恋型	我是上等人，所有人都应该敬重我	让他感到不受重视，把他当作"普通人"对待 公开直白地向他表达不同意见
偏执型	我应该时刻保持警惕、保护自己，否则别人都会来欺负我	开他玩笑或批评他，他会把这些都视作恶意
强迫型	我应该把所有的事情都做到完美	扰乱他的计划、打断他的工作程序、讥讽他的细致作风
边缘型	别人应该照顾我，满足我的需要，我必须只身退出一切人际关系	让他有被抛弃的感觉 对他抱有过于亲近的感情 太想控制他

这件事可以被我们愤怒的回应控制住或避免发生

人们更倾向于对下级而非上级自如地表达愤怒，也更容易对体型虚弱瘦小而非高大壮硕的人表示愤慨。在糟糕的情形下，我们的神经系统会极快地评估"屈服"与"威慑"这两个选项孰更可取。根据进化论派心理学家的观点，这一调节机能是在人类的进化过程中通过选择产生的，那些不知如何正确选择屈服或威慑的人都寿数偏短或后代人数偏少（例如，攻击性过强的男性寿命更短，太过屈从的男性则找不到性伴侣）。

现在，我们把认知派心理学家对触发愤怒的事件的四大定义应用到前文的两个实例中：

问题人物及发怒缘由

触发愤怒的事件性质	让·雅克面对车库老板	阿涅丝面对同事莫妮克
令人沮丧的	没取到车; 没有得到对方的道歉	被打断
他人故意制造的	车库老板粗鲁无礼	莫妮克抢尽风头
与我们的价值观相悖的	客户理应被友好接待; 既然承诺了就应该做到	人与人之间应当礼貌相待; 我怎样对待别人,别人也应该怎样对待我(相互性)
可被怒气控制住的	我知道我会让他害怕	我可以打击同级同事的嚣张气焰

由此看来,用“我们的情绪源自思想”来解释愤怒的产生的确是个有效的办法,而且,它也为心理治疗师们带来了福音,可以让我们有章可循地学会控制怒气——我们在后文将具体谈及。然而,这一理论也有其特殊情况:有时我们会对他人非故意的行为发怒(如韦罗妮克并未故意放走她父亲钓的鱼),有时我们会在不可控的情形下发怒(如飞行员罢工一事中的罗贝尔)。同样地,您是否曾因撞上碗柜而发火呢?要知道,碗柜可没有“故意”的嫌疑(当然,您还是可以冲厨具设计师发怒,或者冲自己,怪自己怎么这么笨)。

我们几乎可以作出如下总结:有时我们之所以会发怒,并不是由于我们的思想,而恰恰是因为我们思虑不周或“想歪了”。毫无疑问,针对不同触发事件的重要性或突发性,人们有着不同的“评估系统”。

愤怒的多种传导方式

当您走在街上被人猛地撞倒，您的愤怒反应几乎是与被撞倒同时爆发的。这种愤怒有别于渐渐积累而成的愤怒，例如您的另一半虽然起誓无数次但还是迟到了。第一种愤怒是在面对“始发”情景——个人空间被侵犯时近乎本能的愤怒。第二种愤怒则包含了过去的记忆，以及对伴侣之间互动程度的评估，这两者便可触发愤怒。

对于生物学家而言，第一种愤怒的传导过程很短，近乎于条件反射，在大脑中位于最原始的反馈区域，即嗅脑。这一区域是大脑皮质最早形成的地方，一些低等动物和人类一样，都有该区域。而第二种愤怒则需经由大脑进化过程中最先进的区域进行反射，这一部分为前额叶皮层，更确切地说是内侧前额叶皮层。不过，大脑的这个区域同时也帮助我们根据情境的复杂程度控制愤怒，比如判断是否需要平息怒火。在被撞一例中，若对方很窘迫地向我们道歉，我们就会平息怒气，因为这证明了对方并不是故意的。

在近期的一项研究中，专家们请到了一批实验对象（共八男七女），让他们想象自己身处如下场景：他们各自陪母亲外出，母亲突遭两名陌生男子挑衅，于是他们也以攻击性行为予以回击。根据实时获取的大脑活动成像图显示，大脑内侧皮层的某些区域的血流（即代谢）骤减，就好似大脑皮层瞬间“断开”，解除了对攻击性反应的限制一般。相反地，当研究人员让他们想象自己在同样的场景中克制住自己，不去回击时，大脑皮层中该区域的活动便增加了。由此证明，这一区域与我们对情绪反应的控制有关。

控制怒气：转移及其他心理防御机制

韦罗妮克的父亲猛踢灌木丛的时候，显然他对那些无辜的植物并无敌意，但这一举动可以使他释放身体和情绪上的紧张状态。他明白不可以惩罚一个只是因笨拙而做错事的六岁小孩（不管怎么说这是他的价值观），所以他就把愤怒转移到了灌木丛上。

《追忆逝水年华》（*la Recherche du temps perdu*）为我们呈现了一个完美的“转移”案例。主人公陪伴好友罗贝尔·德·圣卢来到剧院的后台，找女演员拉谢尔——圣卢疯狂地爱着她。不幸的是，拉谢尔态度恶劣，她故意公然地和一个穿着夸张的男舞者调情，以挑起圣卢的妒意。与此同时，患哮喘病的主人公正被身旁记者的香烟呛得难受，作为好友的圣卢很快就注意到了。

他轻轻摸了摸头上的帽子，对身旁那个记者说：“先生，请您把香烟扔掉好不好，我朋友不能闻烟味。”

这时，一旁的拉谢尔继续和男舞者调着情。

“据我所知，这里并不禁止抽烟呀！有病就该待在家里嘛！”记者说。

“不管怎么说，先生，您不太礼貌。”圣卢对记者说，他仍然心平气和，彬彬有礼，仿佛只是在确认一个事实，在对一次事故作出事后的裁决似的。就在这时，我看见圣卢把胳膊举得高高的，仿佛在给一个我看不见的人打手势，或者像一个乐队指挥，因为他刚说完这几句有礼貌的话，却举起手来在记者的脸上掴了一记响亮的耳光。

圣卢的愤怒起先是针对拉谢尔的，但若是把它表达出来，将可能引起更可怕的后果，比如分手。所以，这一愤怒转移到了另一个风险较低的目标身上——粗鲁的记者。（之后，记者被突如其来的暴力吓傻了，没有还手，什么都没有发生。）

另一个转移愤怒的主人公就没有这么幸运了。在詹姆斯·乔伊斯（James Joyce）的短篇小说集《都柏林人》（*Gens de Dublin*）中有一则题为《一对一》（*Contreparties*）的故事。身材魁梧、思维活跃的职员华林顿深感被办公室囚禁的痛苦，便在某日当着所有同事的面以取笑的方式"回应"了他的上司。后者挑衅地说："您觉得我是个彻头彻尾的白痴吗？"他回答道："先生，我不觉得这算个问题。"当下，他就被开除了。走出公司，他在家附近的酒馆里花光了剩下的钱，喝了几杯。回家的路上，他渐渐清醒，才意识到自己既丢了工作又身无分文了。回到破旧的家，他发现年幼的儿子沙尔利还没给炉子生火。顿时，华林顿所有的愤怒——他对这一整天的愤怒、对上司的愤怒和对自己的愤怒——倾泻而出，爆发在了儿子身上，抡起皮带就要打他。故事以小沙尔利凄惨的哀求结束："喔，爸爸，别打我！我保证向万福玛丽亚求福给你！求你了，爸爸，别打我！”

愤怒与多种防御机制

转移，即将一种情绪从触发它的人或事物上迁移至另一对象上。这是弗洛伊德等学者最先提出的心理防御机制之一（它也是弗洛伊德心理冲动理论的根基之一）。

但是，动物生态学家在动物身上也发现了类似的现象。例如，在面对无法战胜的强大对手时，鸽子会猛啄周围的地面。这要是让热爱拿动物做比喻的普鲁斯特知道了，他十有八九会在书中乐此不疲地加上不少这样的描写。同样地，动物也会完全抑制住自己的攻击性行为，转而做其他动作，诸如梳理羽毛、模仿年幼的同类等，以使对方放弃攻击。

这些反应极似人类用以管理自己情绪的机制的原始形态，当然，我们的机制要复杂得多。它们尤其近似于精神分析学家所称的防御机制。弗洛伊德的女儿安娜曾对这些机制作出权威的定义，简言之，在痛苦的或过于强烈的情绪面前，它们起到了保护内心的作用，或使内心避开这些情绪。

以下的一则事例便提到了几个用于愤怒情绪的心理防御机制：

- 情境：您的上司突然冲进您的办公室，叫您打起精神、加快速度，但您面对堆积如山的工作早已晕头转向了；
- 当即反应：辱骂上司；
- 转移：上司离开后，把怒气撒在您的助理身上；

- 退化情感：上司离开后，溜到自动售货机前买一根巧克力棒，大口咀嚼；
- 幻想：幻想在同一场景下，您和上司互换身份，任意羞辱他；
- 躯体化：事后，出现头疼或腹痛症状；
- 隔离：以冷眼旁观的方式看待整件事（即将自己与可能重现的实际情绪隔离开来）；
- 反作用形成：自愿变成既谦恭又顺从的下属；
- 合理化：事后，内心用一系列看似有理的解释为自己顺从的态度进行辩护；
- 解离：感到愤怒至极，近乎窒息，以至于昏倒；
- 投射：认为上司对您怀有怨恨（即把自己的怨恨赋予到他身上）。

如下三种机制被视为"成熟"的防御机制，也就是心理达到足够成熟的人使用的机制。它们有利于帮助您在不否认事实的前提下更好地适应所处的情境，甚至使更多的人都得益。

- 升华：当晚下班后，前往工会，寻求帮助；
- 压制：承认发生的事是令人难以忍受的，但决定不再去想它；
- 幽默：心中觉得好笑，心想，他自己效率并不高，居然还关心起别人的工作来了。

然而，真实生活远比上述事例来得复杂。大多数情况下，我们的防御机制彼此交叠，即使是经验丰富的专家也难以一一拆分辨认。

愤怒及其社会文化背景下的多种形态

我们还记得教学例会上发怒的阿涅丝在事后曾感到尴尬、窘迫。她如是说：

我觉得非常尴尬，因为我的行为说明我失去了自控能力，而这对于一名教师而言，是不应该的。还有，我当时肯定脸红脖子粗、言辞激烈、手舞足蹈，就像个“大老粗”，一点都没有女人该有的文雅。总之，我觉得自己既低俗又丑陋。

阿涅丝的这段话道出了两个信息：她的愤怒不符合职业规范——她认为作为教师就必须明白如何“自控”——也不符合女人应有的样子。虽然阿涅丝是个“自由女性”，但她的意识中或多或少还是存留着一些教条式的规矩，认为女人应当比男人更文雅、更懂得如何与人相处。

愤怒并非对所有人而言都是一种“正当”的情绪——这一假设已经得到了心理学家们的确认。文化对于愤怒的表达规则有着不可忽视的影响力。

高级俱乐部和低保社区里的愤怒

想象一下，您正在一间咖啡馆里找位子，好与朋友们坐在一块儿，这时有人忽然撞了您一下，也没有道歉的意思。您提醒他撞到您了，但他生硬地回答说您不挡道就不会被撞。您会如何反应？

这取决于诸多因素（包括您的年龄、性别、体型、恼怒程度、吵架经验和体内酒精浓度），但同时也取决于您本人的社会背景。

愤怒与领导力：男士 yes 女士 no

当一位公司老板以不同情绪向全体员工公布差强人意的年度财务报表时，他／她的可靠性会是如何？一组研究人员邀请了 368 名实验对象评估各种情绪状态下这位老板的可靠性，其调查结果让女权主义者们失望不小。

调查显示，当男性老板在愤怒状态下公布时，他的可靠度基本保持不变；但当他情绪沮丧时，可靠度大大下滑。

相反，当女性老板情绪愤怒时，她的可靠度下降惊人，但她的沮丧情绪为其领导形象带来的负面影响远低于男性老板。

在所有的情绪状态中，对于这两个性别的老板而言，表达方式中性化（既不怒也不悲）的领导是最具可靠度的。研究人员承认，他们只进行了某种特定情形下情绪表达的影响力评估，领导的可靠度也基于他／她的其他能力；然而，这一调查结果仍令人困惑。值得一提的是，此项研究对象均为美国心理学学生，他们的成长环境较他国而言有更浓重的女权主义色彩，美国社会也更为推崇男女的行为相似性。

且听曾在巴黎北部著名的圣但尼区的低保社区里居住了三年的社会学家大卫·勒普特（David Lepoutre）如何描绘社区里青少年的品行：

在言语冒犯的问题上，这里的青少年普遍表现得或刻意显得特别敏感、易怒。为了在同龄人的团体中获得一席之地或保持地位，他们必须迅速且暴力地——至少当可以使用武力时——回应所有“不当”的言语。他们得会生气、会暴跳如雷、会耀武扬威，把下巴抬得老高，关照冒犯他们的人“好好说话”“注意用词”、“把句子改了”，有时即使大家都听清楚了，他们还会让对方重复说过的话（“你再说一遍！再说一遍！什么？什么？”），公然威胁对方，必要时揍他一顿。

社会学家早就观察到，在底层文化中成长的男性对名誉和体力尤为重视。不论是在今天还是在20世纪30年代条件较差的边缘城区，尤其当圈子中的其他人也在场时，任何男性都应该随时准备以武力或使用武力的威胁来回应言语侵犯，否则他的名誉就会受损。我们再回到低保社区的场景中：

任何损害个人或集体名誉的侵犯行为都只能用反击来解决，这是赢回名誉的唯一途径。就是在这种模式中，复仇式的暴力被大力推崇（所谓为了男性的荣誉）。

此情形的决定性因素是该社会背景对拒绝他人欺负、要求他人尊重、不断对抗羞辱这一能力的重视。

相反，在上层社会阶层中，人们接受的教养是建议大家有分寸地解决纠纷，避免出现“打得不可开交”的场面。愤怒并不是忌讳，但应当被控制，通过符合各人身份的方式恰如其分地表达出来。俗话说：“君子动口不动手。”

用尖刻的话取笑对方或许算是区分上层与底层社会背景的方法之一，但它也可能把事情引向更剑拔弩张的状态，即便是如威廉·博伊德（William Boyd）的小说《新忏悔录》（*The New Confessions*）主人公那样生活在英国上流社会的人也不能免俗。

超优雅的愤怒——夏吕斯（Charlus）男爵

在《追忆逝水年华》的第三部《盖尔芒特家那边》中，年轻的男主人公两次拒绝了男爵的邀请，无意间伤了他的自尊心。要知道，这位男爵［同时有着数个头衔，包括布拉邦（Brabant）公爵、奥莱龙（Oléron）亲王、卡朗西（Carency）亲王、维亚尔吉奥（Viareggio）亲王和迪纳（Dunes）亲王］是整个圣日耳曼区最声名显赫、最受人尊敬的贵族。

“先生，我发誓，我从没说过可能伤害您的话。”

“谁跟您说我受伤害了？”他发出愤怒的吼叫，猛地从长沙发椅上坐起来，直到现在，他才算动了一下身子；嗓门时而尖利，时而低沉，犹如震耳欲聋的狂风暴雨。"您认为您能够伤害我吗？您难道不知道我是谁？您相信您那些狐朋狗友，五百个互相骑在身上的小娃娃从嘴里吐出的毒汁能弄脏我高贵的脚趾头吗？"

听了这段急风骤雨式的长篇批判，这回轮到主人公发怒了。接下来，他展现了一个极妙的"转移"范例：

我想打人，想摔东西发泄怒气，但我还剩下一点判断力，我不得不尊重一个年纪比我大许多的长者，甚至对他身边的德国瓷器，也由于它们具有珍贵的艺术价值，而不敢妄加损坏，于是我扑向男爵那顶新的礼帽，把它扔到地上拼命踩踏，想把它四分五裂。我扯下帽里，把冠冕撕成两半。德·夏吕斯先生仍在大叫大骂，我连听都不听。

20世纪30年代，小说《新忏悔录》的主人公在候机室里偶遇曾经的战友德鲁斯，两人说着说着吵了起来。德鲁斯刚才聊起主人公在战时被德军俘虏的事，说他被捕的原因有些搞笑　　观测气球被反向的风　下了吹到了敌人的控制区内。这激怒了主人公，但他以更具冒犯性的方式指责德鲁斯为了逃避突击行动而朝自己腿上打了一枪。

他眼中震惊的神态证明了我的嘲讽说中了他的要害。

他甩了我一巴掌。

"无耻的懦夫！"

别人后来告诉我，我扑向他时吼的这一声简直不像人类。很快，我就被航空公司的人控制住了，但在那之前，我棍子般挥舞着的拳头早就撞上了那无礼的胆小鬼得意的嘴脸，他不是眼睛肿了就是脑袋哪儿开了花。我感觉到整个身体都被一阵胜利的呐喊充满，它无声而原始，却回荡许久。蔫了的德鲁斯呻吟着，被他的同伴们拖进了盥洗室。

凭着小说家的直觉，威廉·博伊德使用了“不像人类”“原始”这样的词语，意味着他感觉到人类与灵长动物在愤怒情绪上是相通的。

所以，愤怒一方面是一种有益的情绪，使我们“不受人随意欺负”，但另一方面也是一种过错，是缺乏智慧、有悖于社会规则的，也是缺乏教养、失去自控能力的体现。最理想的情况就是视所在的情境处理自己的愤怒，但极少有人能够具备如此强大、高超的情绪控制力。

冰面上的愤怒

20世纪60年代初，加拿大人类学家简·布里格斯（Jean Briggs）前往加拿大西北部，与因纽特人（爱斯基摩人如此称呼自己）共同生活了一段时间。这段生活经历使她写就了一本人类学经典著作——《绝不动怒》（*Never in Anger*）。这本书描写了当地人最令她惊奇的性格特点，即从不发怒。即使发生了让白人（包括简在内）暴怒不已的情况，他们也不会发怒。该书以小说的笔法写成，常常被文化主义支持者们援引，以证明情绪并非普遍相似的，证据就是当地的因纽特人中不存在愤怒。然而事实上，简·布里格斯认为，因纽特人善于控制自己的愤怒，而非感觉不到愤怒。“情绪的控制在因纽特人中具有很崇高的意义，能否在最恶劣的情形下泰然处之是成熟的主要标志之一，是成年人的心态。”一个很轻易发怒的人被他们视作nutaraqpaluktuq，即“儿童化的行为”。简·布里格斯和其他因纽特人结识的白人一样，很快就被对方贴上了这样的标签。这一定义同时也说明，因纽特人在自己的孩子身上观察到了愤怒的存在，这便是符合基本情绪的又一评判标准。

为什么平静泰然和自控能力在这个族群中受到如此特殊的重视？有人认为，在北极圈这样气候严酷的极端环境中（直到20世纪50年代，饥荒仍数次造成因纽特人某些部落人口的大量死亡），土生土长的因纽特人必须依靠团结、无嫌隙的集体生存下去；而愤怒对集体而言有着太大的分裂风险，也极可能造成相互排斥，因此被视作过于危险的情绪，是不能被容忍的。

及时觉察他人的愤怒

在安妮·埃尔诺（Annie Ernaux）的小说《羞耻》（*La Honte*）中，作者描绘了一段儿时的记忆，是父母之间的一次激烈争吵，收场甚为难堪：

我父亲一坐下，她（母亲）就开始数落他，一直持续到吃完饭都没有结束。餐具洗完、桌子擦好，她还在责备父亲，一边在厨房里忙来忙去——这狭小的厨房也是她每次抱怨的主题之一。我父亲坐在桌边，一言不发，扭头看着窗外。突然，他猛地发抖，全身抽搐，呼吸急促。他噌地站起，一把拽住母亲，一边用我从未听过的声音嘶哑地怒吼，一边把她拖到了前厅吧台。

几秒钟过后，主人公在地下室里看到了父母：

昏暗的地下室里，父亲先是紧抓着母亲的肩膀，然后又抓住她的脖子，另一只手则拿着砍柴刀。那把刀平时一直稳稳地插在一块大木头里，父亲把它拔出来了。除了抽泣和尖叫声，我什么都不记得了。

万幸的是，父亲在那一刻控制住了自己，回过神来，但他的愤怒还是留下了不可抹去的印记。在之后的几天里，作者描写了父亲极似于创后压力症的状况（收音机里播放过一首带争斗音效的“西部牛仔风”歌曲，但它足以使父亲一听就立即焦虑起来）。为什么父亲会发这么大的火？女儿无从得知或早已忘记，也可能这次妻子用了比平时更加狠毒的词、更长的时间来辱骂他。

国际知名学者莫迪凯·戈特曼认为，上述情景在夫妇和情侣关系中甚是典型。妻子用抱怨和指责来辱骂、攻击丈夫，但丈夫一言不发，望向别处。妻子视丈夫的沉默为心不在焉或冷漠无感，但事实上这是男性常用的情绪控制手段。安妮·埃尔诺的父亲的情绪也许早已激动得几乎不能自已了，因为他突然“全身抽搐，呼吸急促”。

由于女人比男人更会开放地表达她们的情绪，她们倾向于把男性表面的无动于衷理解为冷漠。请注意！事实通常并非如此。我们将在“嫉妒”一章中重新探讨家庭暴力问题（即大多数情况下妻子遭到殴打的情况）。

上述情景再次提到了愤怒是暴力的铺垫，并经常导致暴力的发生。由此我们便可以明白为何所有的宗教都反对愤怒，愤怒威胁着一个团体的内部联结，且其中最弱势的往往被当作侵害目标。

愤怒从来都是一种罪吗?

我们里面的火热搅动了神的圣怒，叫我们重新得力，

成就那单凭温柔所不能改变的事。

——《基督教教义虔敬读本》

(*Doctrine chrétienne en forme de lecture de piété*)，1858年

在基督徒的信仰传统中，只有上帝的愤怒，即圣怒，以及摩西等少数几位义人的愤怒才是正当的。让·皮埃尔·迪弗雷涅（Jean-Pierre Dufreigne）在他对愤怒的研究论文中写道：“群神都是独裁者，所有道

德败坏的事儿，还有愤怒，全被他们据为己有了。”

《圣经·旧约》中记述上帝曾多次发怒。确实，人类的许多败坏行径让上帝难以忍受，但在愤怒之下，这位造世主采取了不少极端的方式：把人逐出伊甸园、降硫黄与火摧毁所多玛和蛾摩拉、活埋可拉和他的家眷，甚至在犹太人重新开始拜偶像的时候威胁灭绝整个民族。幸好，摩西成功地让上帝放弃了用同样极端的手法灭绝以色列百姓的念头。（今天的世界若是只有一个神，那该变成什么样子呢？）但当摩西转身下了西奈山后，他自己承接起了这份神的圣怒，摔碎了两块法版、烧了金牛犊。

除了神的圣怒这一特例外，《圣经》是反对愤怒的。这一点在经文中数次提及：“我亲爱的弟兄们，这是你们所知道的。但你们每个人要快快地听，慢慢地说，慢慢地动怒。因为人的怒气，并不成就神的义。”

在法语中已经过时了的词语“坚忍”，指的正是慢慢地动怒这一良好的品质。

《新约》中，耶稣基督在圣殿里发怒的场景常被人引用，但细读就不难发现，这一发怒行为是经过思考的，而非一时冲动，因为耶稣不紧不慢地用细短绳编了条鞭子，还在赶走做买卖的人、推倒桌子的同时非常镇静地讲道：“经上记着说，我的殿必称为祷告的殿。你们倒使它成为贼窝了。”（《马太福音》21 章 13 节）

丹尼斯·阿坎（Denys Arcand）导演的电影《蒙特利尔的耶稣》（*Jésus de Montréal*）精彩地诠释了愤怒的真谛。影片中，一群演员在蒙特利尔市最高的山丘皇家山上拍摄基督受难记，但回到现实生活后的他们竟无意中遇到了与耶稣及其门徒相似的经历。扮演抹大拉的玛利亚的演员前去参与一部广告片的试镜，片中的她必须穿着暴露。在片场，广告制作方又找借口要评估一下她的“演员资质”，于是要求她全裸出镜。女演员备觉羞辱，犹豫了许久，但因为实在需要这个角色而不得不忍气吞声。脱下一件又一件衣服的时候，她的眼中满是泪水。就在这时，扮演耶稣的男演员恰好赶到。看到这羞辱性的一幕，他顿时怒火中烧，把拍摄间砸了，吓跑了广告商和客户。之后，一位娱乐界的顾问式人物建议他制造一出“炒作计划”以提高自己的知名度，但最终被他拒绝了……

愤怒是由天主教教宗圣格里高利一世（Saint Grégoire）确立并推广的七宗罪中的一宗（其他六宗罪为傲慢、贪婪、懒惰、色欲、嫉妒和暴食），而在佛教中，愤怒则是修法之五大障碍（贪、嗔、痴、慢、疑）中的一个。

愤怒引发的疾病

绿巨人

别让我生气，
你是不愿意看到我生气后的样子的。

——绿巨人浩克

您还记得少年时期大受欢迎的系列电视电影《绿巨人浩克》（*L'lncroyable Hulle*）吗？温和的原子物理学家大卫·班纳意外吸收了过量的核辐射，从此出现了让他非常尴尬的症状：一旦有人激怒他（这位好心的博士竭尽全力避免发火，即便对最可恶的人都尽量克制），这位大英雄就会变身成为一个身高惊人、身材健美的绿巨人，一块块肌肉发达得能把衣服全都撑破。随后，他摧毁身边所有的一切，也让激怒他的人走投无路。事后，他的样貌和性格都会恢复成原样，但这时的他往往有些羞愧，一方面因为自己又失控了，一方面则因为又没衣服穿了。

正如俗话所说，艺术源于生活。不少人都深受“绿巨人综合征”的困扰，间歇性地出现暴怒。大部分有类似问题的都是男性，而他们在一番破坏性的狂怒之后，常常只能面对冰冷的监狱或噩梦般的精神病院。与一般的暴力案犯不同，这些人的个性中并不存在固有的攻击性，他们就如同定时炸弹一样，平日里的常态是沉静的，甚至是害羞的。暴怒过后，他们通常都会表现出真实的羞愧和罪恶感，而其愤怒的激烈程度与触发事件的严重程度相比是完全不成比例的。

这一暴怒问题的根源至今未知，因为在精神病学上，既要考虑原生家庭等教育背景因素——如在孩提时是否被暴力的父辈虐待，也要考虑生理因素——如核磁共振探测出的脑部细微异常或脑电波紊乱等。此外，间歇性暴怒症状也可能与某些形式的癫痫有诸多共性，后者也会引发无法控制的暴怒情形。目前医学界推荐的治疗方法结合了个人或集体的心理疗法及抗抑郁或抗癫痫类药物。

愤怒的心脏

自20世纪80年代起，越来越多的流行病学研究正在确认，易怒的人较其他人而言突发心血管疾病的概率更高。然而，仍有两个重要信息值得注意：

- 这一说法基于对某个危险因素的数据统计，而非每个个体均适用的绝对定论。但是，以下危险因素会让心脏病发作的概率更高，如嗜烟、超重、高血压、高胆固醇，以及不得不提到的心血管家族病史。
- 暴怒将增加心肌梗死的风险，但压抑愤怒、内心的怨恨，以及长期的敌意对冠状动脉也似乎有毒害效应。所以，要好好保护心脏，就不能简单地“克制”住愤怒，而是要实实在在地使它平息下来。

我们已经看到，作为基本情绪的一种，愤怒是普遍存在于每个人身上的，也是我们适应社会生活的必要情绪，但有时它会带来负面的，甚至是灾难性的后果。

如何更好地管理愤怒情绪呢？

学会管理愤怒情绪

总的来说，目前管理愤怒情绪主要有两种错误方法：

- 爆发：任由愤怒不受控制地爆发出来，或出于暂时、短期的目的任其宣泄。这往往会引起无法挽回的后果，制造不必要的不和，留下难以抹去的怨恨，甚至让自己成为他人的笑柄。这种“过度愤怒”有时可以帮助您短期内获得想要的效果，但其代价就是破坏长期的人际关系。您的嗅脑在这一瞬间停止活动，大脑皮层短路，自己得意地说：潇洒搏一回嘛！
- 压抑：向他人，甚至向自己掩藏愤怒，把愤怒完全“积存”起来。这样做意味着积压越来越多的怒火，既对冠状动脉有害，又会使人把您当成一个可以随意欺凌的对象。这种过度压抑（后文称之为“愤怒缺失”）的做法同样具有风险，它可能在未来的某一天，当类似的场景重现的时候，让您瞬间崩溃，因为过度积压必然在某个时候导致爆发，而爆发的那一刻往往是最坏的时机。

有关纠纷处理的研究也证明了以上论述：大多数情况下，人们在情绪程度适中时才能更好地达到解决问题的目的。暴怒会降低人们对问题解决方法多样化的感知力，让人只知道依靠自己天生的人际交往能力。的确，愤怒使人盲目。

如何处理过度愤怒：亚里士多德来帮忙！

怒气在某种程度似乎是听从逻各斯（可解释为“理性”）的，不过没有听对，就像急性子的仆人没有听完就急匆匆地跑出门，结果把事情做错了。

——亚里士多德《尼各马科伦理学》(*Éthique à Nicomaque*)
第七卷，第六章

我们特此向柏拉图的学生、亚历山大大帝的导师亚里士多德求助，因为这位无与伦比的伟大哲学家并没有把目光仅仅停留在形而上学和自然科学上，而是寻找起了“美好人生”的定义，写就了《尼各马科伦理学》这本巨著。

我们继续来听听让·雅克这位易怒先生的叙述。他不仅把车库老板吓得够呛，还因为总是发怒而渐渐远离了美好的人生。

随着年岁的增加，我越来越无法忍受自己发怒的问题。首先，与年轻时不同，愤怒会让我非常疲惫；其次，我感觉自己快挺不住了，有时会觉得心脏疼，但心电图显示目前一切正常。此外，我得承认，我是在贫民区长大的，年少时我曾参加过帮派，对他们来说，愤怒能赢得尊重。现在的我在事业上小有成绩，周围常常都是比我年轻、学历高于我的下属。我很清楚，就算我的愤怒可以让我赢得某些人的尊敬，其他人也一定会觉得我“不会做人”。没错，有时候我确实会说一些让自己后悔的话，我甚至曾为一件在今天看来无关紧要的事冲一个朋友发过火。总之，我想，我的愤怒在我人生的上半场也许派上了些用场，但现在它对我有百害而无一利。面对孩子们也是一样。他们还小的时候，见到我就害怕；现在他们和妈妈站在了一条战线上，一起批评我讨人厌的性格，责备我总是把美好的时刻搞砸（孩子们对我讲过他们儿时的记忆，描述了我在度假时大发雷霆的情景）。

让·雅克很清楚地意识到了自己的问题，并且很显然，他不属于自恋型人格，没有为自己的愤怒辩解、称其是正当的。（有些人会如此辩解：“他们不想看我发怒就别惹我啊！”）

以下是几条建议，可供让·雅克和其他易怒的人参考。

减少您的发怒因素

这一条建议看似空谈，实际上却是避免暴怒的根本方法。

您还记得在教学例会上当众冲同事莫妮克发火的阿涅丝吗？她如是说：

在例会开始前，我已经有些心烦了，因为那天早上，孩子们穿衣服的速度特别慢，我丈夫又提醒我没有权力用独裁的方式对待他们。出门后，去往学校的一段路上正在堵车。结果，我紧张了一路，生怕迟到，而迟到是我绝对不能容忍的。

所以，我们可以设想，在走进会议室的时候，阿涅丝已经有一定程度的怒气了，而莫妮克打断她的做法恰恰就是那滴著名的“火上之油”，虽然这团火和莫妮克一点关系都没有。

一些研究人员称，实验表明，一批参与心理实验的人在被稍许激怒后（例如使他们久等、让他们填写超长问卷，或迫使他们面对某个故意把自己弄得讨人厌的实验员），他们会在接下来的中性情绪测试中表现出更多的敌意或攻击性。

动物心理学家康拉德·洛伦茨（Konrad Lorenz）亲身体验了这一经历，讲述集中营中的混乱拥挤和各种沮丧颓废如何使人变得异常暴躁：“我们和最好的朋友会因最小的事情干起架来（如他们清嗓子和吸鼻子的方式），那情景就好像被醉汉扇了个耳光一样。”

易怒的个性通过一句职场上众所周知的话即可揭示：“现在不是跟老板谈这个的时候。”有着易怒老板的员工基本都熟悉这句话，也基本都变成了识别老板愤怒级别的高手。身为易怒的老板，必有一大弊病：周围的人会逐渐向您隐藏负面信息（若有朝一日上法庭的话，法官不太会相信您是无辜的）。

所以，尽量让您的生活惬意、舒心一些吧！即使只是一些需要改进的细节也不要放过（比如，若经济条件允许的话，您最好把经常罢工的电器换了，因为它们很可能在您意识不到的时候就变成了触怒您的东西，而换掉它们可比换掉恼人的配偶容易多了），并且留住那些美好的瞬间，以便在烦心的琐事发生时不被影响。

梳理优先次序，与自己对话

从认知派的愤怒理论（“我们的情绪源自思想”），我们可以很自然地得出：“换个方式思考，您会减少动怒。”

让我们来听听工头罗贝尔的讲述：

我一向是个暴躁的人。当事情没有按照我预计的方式进行，当办事的人磨磨蹭蹭，当我发现有人不好好工作的时候，我就会暴跳如雷。在我们这行里，我的风格挺行得通的：小伙子们都知道在我手下就得注意点儿。同时，公司交给我的工程也越来越重大，工资也跟着上涨。不过，我妻子常常指责我老是为没有意义的事情发火，比如侍应生上菜慢了点儿、前面的车挡了我们的路，或者放假期间有人不守时之类的。去年，我经历了一次突发心脏病。侥幸活下来后，我开始反省自己。我住的那间医院里有一位心理专家，专门帮助像我一样成天暴躁、动不动就发怒的病人。我在那儿学到不少东西，尤其是一个叫作“换个方式思考”的办法对我影响最大。从那以后，我一直努力（虽然不是次次成功）不去为毫无意义的事情发火。每次当怒火上来时，我就对自己说："冷静，罗贝尔，冷静，这事儿没那么重要。"

太平洋上的愤怒

伊法利克环礁是太平洋南部岛国密克罗尼西亚联邦的环礁，属于加罗林群岛的一部分。环礁上的居民们拥有非常丰富的词汇，其中用来形容愤怒的就有好几种：lingeringer 指的是一系列恼人的事件接连发生后慢慢形成的愤怒；nguch 指一个人因为家人没有提供预期的帮助而心怀愤懑；tipmochmoch 则形容病人易怒的状态；而 song 的意思是对他人有悖道德的行为表示愤慨。

人类学家凯瑟琳·卢茨（Catherine Lutz）在她著名的著作《非自然情绪》（*Unnatural Emotions*）中大力推崇了"彻底"的文化主义理论。据她所述，并不存在任何普遍相似的情绪，且我们对这些情绪的科学性研究（诸如分析面部表情等）本身就是一种西方文化背景的研究手法。

矛盾的是，她在书中描绘的所有情绪对我们而言都易于理解且熟知于心。例如，我们很容易理解，伊法利克环礁居民尊敬爱戴的是 maluwelu 式人物——沉静亲切的人，而非 sigsig——性格不受人欢迎的人。这一概念在十万八千里之外居民更多的岛上都是可以被理解的。

在书中所附的照片上，我们可以轻易地看出合影中的伊法利克男孩流露出了恐惧（这一表情证实了当时的趣事：男孩以为摄影师要扎他一针）。与他稍带敌意的表情形成鲜明对比的是他母亲柔和的笑容，这对于我们而言也是普遍认同的。

心理治疗师教给罗贝尔的技巧便是行为治疗中被经常使用的：用内心语言（自言自语）将愤怒在其萌发状态便控制住。

即使没有心理治疗师的帮助，您自己也可以画一张表格，列出所有您决心不再为之发怒的日常情景，并为每个情景分别构思一句缓和性语句，用以平息自己已升到嘴边的怒火。

心理治疗师的工作是帮助您思索并发掘自己的内在信念。其目的并不是为了完全改变它们，而是要让它们变得没有那么坚定苛刻，如下图所示：

愤怒分析表：您是哪一种？

触发愤怒的内在信念例句	更灵活的内在信念表达
人人都应该对我以礼相待，正如我对待他们一样，否则便是无法忍受的、可耻的，我理应为此愤怒。	我对别人都是以礼相待，我不喜欢别人以不礼貌的方式对待我，但我可以忍受他们（同时我会告诉他们我的想法）。
我应该要通过发怒来获得我想要的，不然别人就会看不起我。	我的愤怒也许可以让我的观点增加分量，但这并不一定是最佳的方式。
我应该发怒，不然我就会变成弱者。	我希望自己被别人尊重，但愤怒不是唯一的途径。

灵活修改您的愤怒分析表并不意味着要消除您所有的愤怒，这也不是健康的做法。这样做的目的是帮助您避免落入没有意义的或是过于激烈的愤怒情绪中。认知疗法的创始人之一埃利斯（Ellis）先生认为，愤怒可以是正当的，但暴怒和狂怒都是无意义且有害的。

站在他人的角度思考

您是否曾为他人向您发出的怒火感到惊诧？是否曾有人对您说“您还是别把我当傻子了”，或“您以为您是谁”？您之所以会因这些反诘感到意外，是因为您完全未曾料想自己所做或所说的会引发他人的愤怒。

这正是《盖尔芒特家那边》中男主人公面对夏吕斯男爵时的境地：他没想到男爵竟然会因为他婉拒了几次邀约就大发雷霆，他完全没有意识到这冒犯了男爵，更何况他的婉拒理由都是真实且正当的。

我们所有人都会犯下夏吕斯男爵的错：我们向他人发怒，常常是因为我们认为对方在“嘲弄我们”，是故意要激怒我们。我们从他人的行为中探测到的恶意远比实际要多得多。所以，当他人做出让我们恼怒的事情时，我们有时更应该站在他们的角度理解他们的想法，正如大学教员雅克所说的一样：

我记得自己年轻的时候很容易为那些“重要”人物迟迟不回我电话、信件而气愤不已。我把他们的遗忘或拖延视为对我的不屑和他们的自负。后来，我自己也渐渐成为了一名研究领域内的“重要人物”。这时，我才明白，一旦到了这个位置，就意味着会有四面八方的人一刻不停地来联系我，我忙得团团转，且筋疲力尽。我尽力及时回复所有人，但有时我也会忘记回复或稍作拖延。于是，我意识到，自己年轻的时候对教授迟迟不回的原因有着多么深的误解。当然，那些“重要人物”里确实存在一些轻视学生的人，但远比我们自己还“不重要”的时候所想象的要少。如果我早些明白过来的话，就可以省去那些没用的愤怒和抱怨了。

考虑一夜再行动

这个建议特别要送给那些对身边重要的人怀有愤怒情绪的读者。“重要的人”包括您的配偶、朋友和同事。

一夜的思考时间可以帮助您：

- 重新对所遇情形作出评估（对方是故意为之吗？他／她意识到了对您的伤害了吗？）；
- 获得中肯的建议，询问作为局外人的亲友的意见很重要；
- 详细理清您感到愤怒的理由，同时准备好您接下来要对对方申明的话。

请注意，并不是所有的愤怒都适用这一策略。恰恰相反，有时过久的拖延会造成两种不利情形：

- 您的愤怒早就退去了一大半，您连提都不想提了。于是，对方在犯下的事情上没有任何教训，下次还会激怒您；

▸ 有些事情当场解决远好于秋后算账，不然您将被视为“记仇”“小心眼儿”的可怜虫。

给对方时间，让他表达观点

此举将避免您一味地自我对话，帮助您听到对方之所以“怨恨”您的缘由。

一进办公室，我的助理就告诉我，我的同事兼竞争对手都彭成功地调整了他和老板的约谈时间，如此他便可以先我一步介绍他的方案。我当即怒不可遏，因为他已经不是第一次企图给我制造麻烦了，手段又是那么卑鄙，而每次我都不动声色。我猛地冲进他的办公室，怒气冲天，准备清算他这几个月来所有的态度问题。看到我门都没敲就冲了进来，他惊诧不已，而我完全没有给他反应的时间，以很快的语速大声地吼道：“我知道你在我背后做了手脚，这根本就是无能的行为，我告诉你，我对你很不满，非常不满！”接着，我瞪着他，他结巴起来，脸涨得通红。随后，他也冲我发起火来，开始列举他对我的种种意见。当时的我满脑子想的只是我自己：最好的项目都是出自我手，我觉得自己比任何人都强，等等。

忽然，我意识到自己在无意中冒犯过他许多次。确实，平日里我总有更多的发言机会，上级都很欣赏我，我在例会中确实有独霸话语权的趋势，而且，说到底，我的确没有怎么关心过他。在这次时间表更改的背后，有着他对我的怨气，而这正是我对他的轻视造成的。再说，与他为敌对我没有什么好处，何况他也是一个有影响力的人物。最后，我对他说，我们下次再谈吧，然后转身离开了他的办公室。

上述事例的叙述人罗贝尔表现出了情绪控制上的智慧，不失为我们的榜样。他不仅有能力表达出自己的愤怒，还主动去理解对方的情绪（留给对方表达的时间），同时也迅速地以恰当的行为结束了争执。

不过，他的失误在于没有对都彭最初的小动作作出反应。若是在事发初期就提醒对方遵守规则，那么他这次的发怒就可以省去了。

关注触发愤怒的行为而非人本身，勿作人身攻击

当人陷入愤怒中时，常常会不假思索地大声指责对方，甚至羞辱对方。我们再次重申，这样做将会给一段人际关系带来长久的损害，甚至会导致无法挽回的后果。所以：

请关注激怒您的行为	不要指责对方本人
“别打断我！”	“你从来都不让别人发言！”
“你把事情都搞乱了！”	“你就喜欢袖手旁观，等着别人来收场！”
“你做这件事前没有通知我！”	“你在我背后做了手脚！”
“你这么说我真的很火大！”	“你就是个可怜的蠢货！”

指责某人会把对方置于防御的立场上，使其以挑衅的方式回击，同时也让他对您怀恨，这在伴侣的关系中特别常见。

在伴侣相处的问题上，我们的祖辈如此告诫我们：“即使两人都很生气，也绝不能说恶毒的话。”

与此同时，许多专家对爱侣之间的争吵进行了深入研究。他们发现，当纠纷发生、怒火中烧时，指责性的话语会越来越密集，如下列对话所示：

—你又回来晚了！

—我工作太多了。

—你总是有借口。

—这不是借口。

—你还不如说你很享受让人等的感觉！

—不是，但事与愿违的情况是常有的。

—总之你心里只想着你自己!

—(冷笑道)这样讲很符合你的风格嘛!

—什么?!你知道我为你付出了多少?为了孩子……

—你看,你就和你妈一样,只会抱怨!

—这日子过不下去了!(妻子"嘭"地摔门而去。)

心理学家曾定义"夫妻的四个指责等级",而这对夫妻以极快的速度越过了前三个等级。

实验表明,当您进行更高级别的指责时,您的愤怒表达就更为彻底,但您给对方带来长期伤害的可能性也就更大,两人关系的和好也就更加困难。所以,我们郑重建议:在表达愤怒时,请关注对方的行为本身,而不要指责对方本人(除非您真的想快点分手)。

快要不能自控时,走为上计

以下是某大型医院护理主任达米安的讲述:

有一天,我们要开会讨论值班和休假的轮岗安排。我是负责人,所以我每次都尽量把轮值表排得让所有人都基本满意,尽力保障每个人的利益。其间,我处理了几次争执。说实话,这个角色很不好当,我得为一群只关心自己利益的人解决问题，但不管怎样，问题还是会出现。有一回，一个女护士向我解释半天，说她圣诞节必须休假，于是，男护士罗贝尔低声说：“瞧他那样，对着女人就蔫了。”

我自己也没意识到，我这时已从位子上站了起来，向他走了过去。我看到了他脸上的惊恐。我故作平静地说道：“我觉得与其留下听这样的话，倒不如离开为妙。”接着，我走了出去。第二天，我的办公桌上出现了一张填得一丝不苟的轮值表。我想我当时离开是对的，因为我不知道如果留下的话我会对罗贝尔做出什么举动。几个月以来，只要女护士在场，他都会试图贬损我的权威。

夫妻间的四个指责等级

▸ 第一级：针对某个具体行为进行指责，如：“你回来晚了”“你不听我说话”“你不让我讲话”。

▸ 第二级：针对对方本人进行指责，分为两种形式：

1. 为对方的行为描述加上“又”“总是”“从来不”“次”等副词。如：“你又回来晚了”“你总是在抱怨”“你从来不为别人着想”。

2. 加上一个贬损人的形容词，如：“你就是自私”“你计划性太差”“你就是喜欢诉苦”。

▸ 第三级：在指责中加上对两人关系的威胁。

这个等级标志着这段关系有破裂的可能。语句举例：“这日子过不下去了”“没法再信任你了”“我若是早知道会发展到今天这样……”等。

若指责中包含对配偶家人及社会背景的贬低，也属于第三级，如：“你和你妈一个样，成天抱怨”“没错，你家确实没教你怎么好好待人”“我现在算是知道为什么你爸跑掉了”。

- 第四级：肢体暴力。

这几个等级在职场上也存在。根据您的愤怒程度，您可以对忘记通知你开会的同事用以下几种方式进行责备：你没有通知我开会（第一级）；你老是自行其是，丝毫没有团队意识（第二级）；别人怎么相信你，怎么和你一起工作下去（第三级）；在咖啡机旁扭打起来（第四级）。

学会放手，放眼向前

在所有的负面情绪中，愤怒将会以其他形式继续搅扰我们的内心，这些形式包括程度较轻的不满、敌意，甚至是仇恨。这些对于大脑和身体的健康都是有害的。

因此，我们建议您选择如下两种做法：

- 学会放下过去激怒您的情境。若您当时表达了您的愤怒，那么要做到这点并不困难，因为由此便会产生一种相互作用：对方伤害了您，但您用愤怒回敬了他。于是你们的关系就可以在较为简单的基础上重新修复。

▸ 学会放下某些人际关系。当某人一而再、再而三地激怒您，您却在努力后实在无法改变这种状况，那么就要好好思考一下了。彻底远离此人是否是更好的做法？

学会处理过度愤怒

要	不要
减少您的发怒因素	任凭怒气不断积压
经常梳理您的优先次序	把所有事都列为首要
站在他人的角度思考	先入为主地认为对方是故意的
考虑一夜再行动	当场回应
关注触发愤怒的行为本身	翻旧账
给对方时间，让他表达观点	不给激怒您的人说话的机会
不能自控时，走为上计	使用口头或肢体暴力
学会放手	反复回想当时的情景，甚至再次经历同样的场景

如何处理愤怒缺失

因为那些在应当发怒的场合不发怒的人被看成是愚蠢的，那些对该发怒的人、在该发怒的时候不以适当方式发怒的人也是愚蠢的。

——亚里士多德《尼各马科伦理学》

第四卷，第五章

我们一起来听听在公证人事务所工作的年轻人让·马克的亲身经历：

我觉得，长这么大我从来都没有发怒过，可能在小时候对组装玩具发过火吧。那时，我的父母立刻围了过来，告诉我："不能对着东西撒气哦。"除此之外，对他们而言，对着人撒气也是不应该的。青少年时期，一旦我表现出了一点坏情绪，他们就会马上让我有负罪感，说："不能用自己的心情影响别人，要学会自控。"我的姐姐们比我顺从多了，除了年纪最小的艾丽斯，她选了一个脾气不好的男人订婚。我父母以身作则，两人都尽力表现得礼貌体面，始终以笑脸迎人，即便在糟糕的情形下也丝毫不变。但当我今天重新思考这件事的时候，我记得我还是见过我父亲在开车时对着前面先超车后拖沓的司机暴怒的场景（因为他自己遵守着交通规则的每一条）。在生活中，我无法发怒的个性给我带来了不少问题。同龄人挑衅的时候，我完全无法作出反应，到头来我只能躲到女孩们的圈子里去，变成了她们的闺蜜。我的成绩一向不错，毕业后很快找到了工作，因为我就是雇主喜欢的那类员工：安静、礼貌、埋头苦干。但在我们部门里，我的日子过得很辛苦，常常被那些更有野心、性格更具攻击性的同事欺负。我自己思忖，他们之所以任意为之，是因为他们并不害怕我会作出什么回应。我曾经在派对上一个人缩在角落里为受到的委屈恨得咬牙切齿，那些欺负我的人中，有人偷拿了我急需的重要文件，也有人开玩笑讽刺我。然而，一旦我站在他们面前，我心中“教养良好”的男生形象顿时浮现出来，我变得彬彬有礼，唯一不同的是我会与他们保持更大的距离。我妻子常常为我的个性数落我，而且她曾亲眼目睹了我如何面对别人的冒犯而无动于衷，所以这让她非常恼火。我在表达愤怒上的无能对我的影响越来越大，以至于我最终决定找心理医生聊一下。我并不是害怕别人的反应，我只是单纯地在别人侵犯我时，内心便开始退缩，我变得无动于衷，直到事发后才感觉到愤怒。我父母对我的教育真是好过头了！

让·马克为我们清楚地讲述了不在事发当场表达愤怒会带来的问题：

- 他人会过分随意地对待我们；
- 我们会经常反复回顾事件本身，内心被怨恨充满；
- 男性缺乏愤怒表现出来是与顺从类似，对女性而言则是不太“性感”，缺乏男子气概。

女性同样会遇到类似的问题。25岁的出版社新闻专员塞利娜为我们讲述了她的故事：

干我们这一行，必须时刻铭记以礼待人，因为我们得让手头信息早已过量的记者们产生报道的兴趣，同时也得让作家们安心，不然他们总会觉得我们为他们做得太少。所以，我知道自己由于个性特质而很受欣赏，谁都喜欢面对一个看上去心情总是很好的人。然而，我渐渐发现，比起我的同事，作家们更喜欢来纠缠我，而记者们也经常不守信用，说好要写的文章最后都没写。我觉得自己为了达到与同事同样的业绩，付出了多倍的努力。其实，我明白，我不仅难以感受到愤怒，也不会用不高兴的方式表达愤怒。去年，我被查出有高血压，不知这与之前所说的有无关联。实际上我是挺情绪化的人，我觉得我难处的根源在于恐惧。这种恐惧就是：我害怕如果与人发生冲突的话，我将变得束手无策。

让·马克的父母期待把“好的教养”带给孩子，教育孩子将愤怒视作“缺乏教养”的行为。这种教育似乎是专为在现代社会与他人保持良好的人际关系而设立的，但它不能保证孩子能从他人身上获得想要的东西，也意味着会引起如下问题：为不能释放天性而忧愁，为犯了罪而深感愧疚，害怕与所处环境中的人发生矛盾。但抑制愤怒并非天主教教育的专属，因为愤怒的情绪在简·布里格斯于20世纪70年代观察的传统因纽特人身上同样不存在。布里格斯甚至以这一惊人的特点作为她的书名——《绝不动怒》。的确，在北极圈那样气候条件极端恶劣的地方，族群的团结至关重要，而愤怒的情绪一旦不受控制，便很可能演变成过于危险的关系破裂。

所以，在愤怒缺失的情况下，要更好地管理愤怒，就必须学会表达愤怒。

理清您的优先次序

从来不发怒的人有时会试着用自己的逻辑为自己辩护："总的来说，这事儿没什么大不了的，不值得为它发火。"他们会在一些主要宗教的教宗里找到慰藉，因为它们常常引导人把物质生活视为虚空，只有精神生活才有价值；而愤怒，它是一种罪。但是不要忘了，这些宗教的目的之一就是帮助个性最强的人们调节怒气、摒弃贪婪。这种调节对于构建复杂的社会而言是很重要的。

并非只有那些易怒的人才有刻板的愤怒分析表，过于压抑愤怒的人同样正遭受着不恰当观念的困扰。

愤怒缺失分析表：您是哪一种？

过度抑制愤怒者的内在信念例句	更灵活的内在信念表达
我应该时刻保持自控，不然我就没有价值了	保持自控固然很好，但我不可能时刻都保证做到
我绝不能伤害别人，不然我就会有愧疚感	我不愿意伤害别人，但万一发生的话，我可以忍受
我只能在百分之百确定自己有理的时候发怒	自己有理的时候才发怒是对的，但我有权犯错
我应该表现出一贯的亲切，不然别人就不会接受我	我更希望被人接受，但我不可能让所有人都喜欢我

坦然接受后果

若我们除去面纱发怒，我们可能从此就与人结下了梁子，至少那个怨恨我们的人会就此远离，或寻求报复。

但这种担心在愤怒缺失的人心中被夸大了。

我们来听听32岁的玛丽的讲述。她进了诊疗所治疗抑郁症，最后终于将自己难以发怒的原因一一列举了出来。

我和所有人一样，当好朋友不守诺言、同事在背后诋毁我，或有人对我作出伤害性的批判时，我也有充足的理由发怒。但是，我没有表达愤怒，反而去选择将它们一一"积存"起来，随后与对方减少联系，以冷漠对待他/她。然而这种情形坚持不了多久，我甚至都不知道对方是否感觉出了我的冷漠。其实，我思考过究竟是什么原因使我难以发怒，最后我想到：应该是我对关系破裂的惧怕。我总觉得如果我发怒的话，别人就会排斥我。我的心理医生说我自尊过低。

玛丽分享的是一种常见的恐惧：若有人对别人发怒的话，别人就会拒绝他、排斥他，留下他孤身一人，被世人孤立。不过，现实是完全不同的。愤怒会使人对您更加关注，通常也会让您显得比他人眼中曾经的您更为重要。当然，有些人的疑心特别重，还有些人也许只欣赏顺从状态下的您，这些人会决定与您断绝关系。那么，还有与这些人保持联系的必要吗？

为愤怒预备，反复演练

这一建议对美国人而言很平常，因为他们向来认为没有什么是不能靠学习来获得或达到完美的（这种方法对写诗就很有用）；但它会让法国人不屑，因为法国人非常看重灵感与“自发性”。不过，若您实在难以进入发怒的状态，那么您的窘迫很可能是由于表达该情绪的能力的缺失。总之，愤怒也是一种沟通行为，在他人面前具有短暂的社会作用，让他人知道什么会触怒您，您又希望对方记住什么。如果您的这出“戏”演砸了，那么结果将会是事与愿违，让您显得比别人认为的更缺乏防备。

您可以从非口头表达开始练习：在两人的交流中，非语言表达会传达所有话语不能传达的信息，包括面部表情、身体姿势、声音频率、声音大小，等等。在情绪的沟通上，非语言表达比语言更为有效（请回忆一下车库老板面对一言不发但怒火中烧的让·雅克时有何反应）。简单来说，表达、传递愤怒的方式之一是：皱起眉头，说话比平时大声。

这一有意识改变惯常表达方式的做法另有一个益处：通过面部表情反馈，一旦皱眉，您将自然而然地感到自己的不满情绪变得明显且越发激烈了。

口头表达的相关建议请参考“如何处理过度愤怒”部分，或请阅读有关实现自我认同的书籍。

接受和解，但请稍等片刻

在大多数情形下，愤怒的目的并不是为了使您与某人结下仇怨，而是为了让对方以尊重和认真的态度对待您。因此，突然发生和解是很自然的，而和解的形式可能是心照不宣的，也可能是通过口头宣布达成的。

不过，如果您想让您的愤怒维持一段时间的影响力，那么请记住，不要在当下的场景中当场和解。否则，您将可能被视为情绪不稳定或太容易受影响的人，别人会议论道："你看，他/她刚刚还在发火，一会儿怎么就没事儿了？"所以，在大多数类似情形下，我们建议您离开现场，留时间给对方好好思考一下您发怒的缘由，以免太快接受他/她的道歉或马上回到和平交谈的状态。

特殊情况除外：如果对方面对您的怒火作出了不对等的情绪反应，分外悲伤、表现绝望、开始抽泣（但不要理睬那些情绪操纵狂），或者对方道歉的诚恳度甚高且相当可信，那么就可以接受当场和解。

和解——愤怒过后的理想后续

和解有着久远的历史。灵长目学学者认为，和解的天分使我们的人类祖先和我们的近亲——大猩猩、黑猩猩们得以形成关系持久及合作型的团体。这是进化过程中对生存具有决定性作用的能力，因为若没有和解的天分，一次次的纷争会逐渐使一个个团体关系破裂，而被孤立的灵长类是非常脆弱的。动物生态学家发现，幼儿园中孩子们用以和解的策略——比如送个小礼物、握个手、提出一起玩耍、一起交流兴趣爱好、让第三个小朋友加入游戏等——与成年大猩猩的和解方式非常相近。

您有愤怒的权利

最后一则建议与最初的内容相呼应，即您对愤怒的看法及它的正当性。事实上，在终于成功表达出了愤怒的情绪后，您仍然可能会有负罪感，或害怕自己被他人错误判断。这时，请回想一下您早已修正过的内在信念：您还害怕自己没有价值吗？还担心被排斥吗？还怀疑自己错了吗？如果需要的话，您可以找一位值得信赖的亲友，讲述事情的经过、您的愤怒，并询问他／她的想法。

学会处理愤怒缺失

要	不要
理清优先次序	认为没什么大不了的
坦然接受发怒的风险	害怕不和的产生
预备发怒情景、反复练习	尝试一次发怒经历，随后终止尝试，自己尴尬不已
稍事等候后接受和解	片刻就平静下来
承认自己的愤怒正当性	对发怒的事实进行自我检讨

第三章

羡慕

L'envie

羡慕的开端，即是彻底的沦陷。

——《羡慕之心》（*Les Envieux*），弗朗西斯科·阿尔贝罗尼（Francesco Alberoni）

《圣经 · 创世记》中记述道：约瑟是雅各最疼爱的儿子，因为约瑟是“他年老时生的”。不过，这种偏爱却引起了约瑟的十一个兄弟心里的酸楚。约瑟还有一个天生的优势——秀雅俊美。（他未来雇主波提乏的妻子肯定也这么想，因为一看到家中来了这么个帅气的以色列小伙，她就简单明了地命令他：“你与我同寝吧！”）此外，约瑟才华非凡，看他后来的表现就知道，他很会引起高层人士的注意和欣赏。再者，他一直受上帝眷顾，不仅如此，他还很显摆，在做了一个预示他超凡未来的异梦后，便毫不掩饰地告诉了哥哥们。这么多的好处全被他一个人占了，那么后果就是：“哥哥们就恨约瑟，不与他说和睦的话。”

约瑟的哥哥们怀有一种普遍存在的情绪——羡慕。这种掺杂着恼怒与恨意的情绪针对的人，拥有着一种或多种我们恰好没有的优势。羡慕促使约瑟的哥哥们策划出了一套置他于死地的方案，不过，他们当中也有不同意见：吕便好歹说服了其他人留他一条命，而犹大则出了个折中的主意：把约瑟当成奴隶卖给路过的商队（吕对此不知情）。

说到这里，我们不得不问：这与嫉妒有什么区别？约瑟的哥哥们难道不是在嫉妒父亲对约瑟的偏爱吗？羡慕与嫉妒的区别着实微妙，尤其在今天，"嫉妒"这个词在法语中已被经常当作"羡慕"之意使用。

在回答这个问题之前，我们先来看一则例子，其中的主人公贝特朗表现的即是单纯的羡慕。如今他是大型公司的一名高管，他将为我们讲述自己与"羡慕"之间长久以来的不解之缘。

可以说，羡慕之心从来都笼罩着我，但我直到最近才真正意识到这一点。我记得，小时候的我总是很难过，觉得同学们的家庭条件都比我好。但其实我什么都不缺，我的双亲也是很称职的父母。可是，我被请去别的小朋友家吃点心的时候，一旦看到别人家的房子比我们家的气派，那么我的整个午后就都泡汤了。我的父母始终不能理解，为什么本该是欢欢喜喜的聚会，我却带着一副愁眉苦脸的样子回来。我觉得自己应该是比一般人的羡慕之心要重些，因为我记得，有不少家庭条件远不如我的同学都照样玩得很尽兴。那时候，我在学吉他。虽然事实上我挺有天赋的，但我总是记恨那些我认为天分很高的人。羡慕之心让我备受折磨，不过它同时也成了我实现理想的强大动力。我工作非常努力，一心希望自己得到的能与别人等同，或超过别人。靠着这种动力，我的确成功了，但我现在清楚地意识到，这并不能解决问题，因为我永远会找到其他让我羡慕的人。他们可能是事业比我更成功的老同学，可能是刚娶了美女的同事，可能是新房比我家大的朋友，甚至可能是我不认识但在报纸上读到过其成功故事的人。每次在别人身上发现一个优势，我都觉得自己的心像是被撕扯一般，脸都僵住了，不得不很努力地控制自己，以免在场的人发现什么——因为这就是羡慕带来的痛苦：千万不要表现出来，不然会面子尽失！

与许多意识不到自己羡慕心很重的人相反，贝特朗十分诚实地谈论了他的情况。也许这是因为他有幸接受过心理治疗，走出了阴郁的心境。

羡慕是一种被掩藏的情绪，让人讳莫如深。很多人都愿意承认自己的愤怒或惧怕，但谁会承认自己羡慕心重呢？

贝特朗用“心被撕扯”来形容自己羡慕他人时的感受，由此证明了“羡慕”的确是一种情绪：它具有突发性、非故意性的特点，并伴有生理反应。羡慕心经常出其不意地突然出现，并让我们内心颇受煎熬（有时甚至是在我们不得不表现喜悦、不得不向刚获得成功之人祝贺的情景之下）。当这并非出于故意的几秒钟反应结束后，我们便明白自己接下来便可以根据不同的情境处理我们的羡慕之心了。

总的来说，贝特朗在他人身上羡慕的一共有三类优势：获得的成功、社会地位，以及个人才华（上述例子中，他羡慕比他更有吉他天赋的人）。

相信贝特朗的例子让我们每个人都颇有感触——谁不曾因羡慕而痛苦呢？他的例子同时也勾起了我们不愉快的回忆——谁又不曾发现（通常发现时都为时已晚）自己成为了别人羡慕的对象呢？

在进一步分析之前，我们首先要对羡慕和嫉妒进行定义。我们将引用一个经典的故事，以便区分两者。

羡慕与嫉妒：伊阿古与奥赛罗

莎士比亚在《奥赛罗》（*Othello*）中把羡慕与嫉妒分别通过两个人物诠释了出来。

奥赛罗（Othello）骁勇善战，是威尼斯公国的摩尔将军，保卫国家不受土耳其军队的侵犯，屡战屡胜的他深受人民的爱戴。

伊阿古（Iago）是威尼斯贵族。长久以来，他一直都眼红奥赛罗的高位，更忍受不了奥赛罗把副将的职位给了一个比他年轻的贵族凯西奥（Cassio），因为他一直认为这个职位非自己莫属。他对奥赛罗和凯西奥都怀有羡慕之心。

为了摧毁这种美好的局面，伊阿古策划了一场阴谋：他要让奥赛罗相信自己的娇妻苔丝狄蒙娜正背着他和凯西奥偷情。奥赛罗深怕失去苔丝狄蒙娜的爱，于是内心充满了嫉妒。

综上所述，羡慕针对的是他人拥有的幸福和物质，而嫉妒针对的是自己想要永久占有的东西。比如，当邻居和我太太说话时凑得太近，我就会嫉妒，但当我发现他的妻子特别妩媚时，我就会感到羡慕（接下来我可能就会跑去沙漠里反省一阵，把这些折磨人的情绪统统排解掉）。

当然，如果某件物品或某个好处是您与别人共有的话，嫉妒和羡慕就会彼此交织，对方就变成了您的对手。例如，六岁的阿德琳既羡慕父母给三岁的妹妹的礼物，同时又因为正慢慢失去父母的关注而嫉妒不已，因为“父母的关注”曾经聚焦在她一个人身上，现在却要分给另一个孩子。一些研究显示，59%的嫉妒情形中夹带着羡慕。相反，嫉妒只在11%的羡慕情形里出现。在约瑟的例子中，他的兄弟们对他所有的优越都心怀羡慕，但他们同时也嫉妒他（因为约瑟独占了他们理应共有的一样东西：父亲雅各的爱）。

我们将在本书第七章谈到嫉妒。这一情绪关注的是对失去所拥有之物的危机感（特别体现在爱情方面）。现在，让我们先来谈一谈羡慕。

羡慕的三种形式

那么，羡慕是否有不同的种类呢？

28 岁的塞利娜谈起了一次探望朋友的经历。

我和玛丽自毕业起就没见过面。后来，我和她在街上偶遇，她便请我一周后去她家喝下午茶。去她家的那天，我眼中的她是那样光彩照人、幸福洋溢，还有一个长相俊俏的小儿子。她告诉我，从认识她丈夫的那天起，她的生活就彻底改变了，而今她希望我也能遇到同样的幸福。我还没走的时候，这位鼎鼎大名的马克先生回来了，与我们聊了几句。说实话，他看上去的确是个很不错的人，幽默、轻松、彬彬有礼，而且很英俊。玛丽在他没回来之前已经告诉了我，他在事业上小有成就，而这单从他们家的豪华程度上就能猜出一二。玛丽的幸福带给我很大的冲击，让我不禁垂头丧气。回到我狭小的单身公寓后，我一直在思考自己为何总与幸福无缘，而且每次恋爱都以失败告终。不过我真的挺喜欢玛丽的，我也希望我们能够继续保持联系，但我可不想再去她的幸福小窝了。这些对比对于我而言都太残忍了。

塞利娜因别人的幸福而感到痛苦，因此她的情绪即为羡慕。然而，她对玛丽并没有任何恨意。她眼中看到的幸福引起的是一些消沉抑郁的思想，并且针对的是她自己而非她的朋友。

可以说，塞利娜的羡慕是一种抑郁性羡慕：她并不因为朋友享有了她所没有的一切而怨恨朋友，她怨恨的是得不到类似生活的自己。

现在我们再请出第一位坦承自己有羡慕之心的贝特朗，一起回顾他年轻时的一段往事。

我还在上大学的时候，常常和一个哥们儿一起打网球。一天，我照常来到俱乐部，发现他正在和一个很漂亮的女生聊天。我不认识那个女生，只知道她的家境比我富有。顿时，我心里难受起来，一肚子怨气。我走近他们，加入了他们的对话。我完全没有意识到，自己一开口便不停地嘲讽我的朋友，在那个女生面前一下子成了两个男生中的“主角”。不多时，她离开了。我的朋友并没有对刚才的事作任何评论。他个性谦和，几乎从来不发怒。但是，在打球的时候，他自始至终都一言不发，最后还打赢了。从那以后，他再也没有找我打过球，我每次想约他，他都说没空，我们从此就断了联系。最可悲的是，我根本没想和那个女生搭话，只是因为他能微笑着面对她，非常轻松自然，而我却在这类女孩面前特别木讷。这让我无法接受，必须立刻制止。

贝特朗和塞利娜的羡慕完全不同。他也因朋友的快乐而痛苦，但他并没有为自己不如朋友表现自如而自怨自怜，他当即对朋友产生了敌意，并且企图通过贬损对方的优势来重建两人之间的平等。这样的羡慕是一种敌对性羡慕，会让我们至少在几秒钟内仇视那个在某方面超过我们的人。

在这两个不怎么愉快的故事之后，让我们一起来听一则正面的事例。医生阿兰分享了他从医之初在大医院里的第一次实习经历：

起初的几周里，我们面对住院病人的时候都挺尴尬的。我们不知道问些什么问题好、会不会让他们厌烦。我自己安慰自己，心想，反正他们也知道我们只不过是学生，还没什么从医经验。我记得有这样一个人，他叫菲利普，是临床科主任（那时他看起来比我们年纪大很多，但今天我做到这个位置，年龄是他当年的两倍了）。他始终是那样从容、稳重。对每一个病人，他都非常仔细地倾听，也用很尊重人的方式为他们检查，然后，他能很快地确定治疗方案。不论病人问什么，他都一一解答，让他们安心，病人们都特别喜欢他。比起他，我真的是自愧弗如，心里也不禁沮丧起来。我简直觉得他属于远比我高级的人种，同时也真心渴望有一天能成为像他那样的人。我想，我或多或少有意地把他视作了自己的榜样。如果说今天的我算是个受人尊敬的医生的话，这与当初和他结识是分不开的。

上述事例中，阿兰的羡慕是一种敬仰性羡慕。虽然它带有一定的痛苦成分（因自觉远不及人而沮丧），但它以一种单纯的好胜心促使阿兰想要达到与临床科主任一样高的医学水准。

那么，当您得知某位同事刚刚升职，而这个职位恰恰是您想要的，您会有什么样的反应？

当然，出于羡慕之心的反应很少是单一的，以上的三种羡慕形式可能互相掺杂，甚至可能一个接一个出现。比如，以刚才的情景为例，一听到同事升职的消息，您先是因自己被同事“超过”而感到了敌对性羡慕；接着，您冷静了下来，心想，这一升职也是实至名归，于是前去祝贺他／她；在之后的升职庆祝会上，您的情绪很可能会变成抑郁性羡慕（尤其当您借酒浇愁之时）。

羡慕形式	羡慕者的思想	相关行为
抑郁性羡慕	“唉，这样的好事永远轮不到我！”	退缩； 努力不去想这件事
敌对性羡慕	“他居然比我早升职！这个无能的家伙！我受不了了！”	说同事坏话； 准备在背后做手脚，让他吃吃苦头
敬仰性／好胜性羡慕	“他升职再正常不过了，他工作那么努力！”	祝贺他；自己付出双倍的努力以求得升职

最后，您也可能对这位同事怀有长期的怨恨，那么您就会被恶性羡慕所折磨。

此外，羡慕之心有时并不一定针对某种优势或好处，而是针对某个人本身。这样的人由于有着太过耀眼的幸福（或是在羡慕者眼中太过耀眼）而使人羡慕他／她的一切。

羡慕的机制

羡慕是一种复杂的情绪。首先，它涉及将自己与他人的现状进行比较，使我们深觉自己至少在某一方面不如对方，并且这种低人一等的情形在短时间内无法改变。弗朗西斯科·阿尔贝罗尼称此为羡慕者“无能为力的痛苦”。一旦我们发现了自己的个人劣势，许多思想和情绪都可能浮现出来，包括悲伤、愤怒、好胜之心等。

当我们发现自己低人一等的方面恰恰是我们极为看重的方面时，我们的羡慕反应会特别强烈。这些方面通常对我们尤为重要，（在我们眼中）代表着自己的形象，因此属于我们自尊的一部分。

人们通常只会在自己重视的方面对那些比我们强的人产生痛苦的羡慕情绪。比如，上高中的时候，我在数学上既有天赋又有兴趣，分数一向很高，那么我就不太会强烈地羡慕某位文学课拔尖的同学。

再比如，我不喜欢船，还很容易晕船，那么我也不太可能对某个坐拥一艘帆船的朋友产生羡慕。不过，如果这个朋友的家庭生活也很幸福美满，而我却和伴侣之间出现了问题，那么我就可能会在看到他们夫妻俩深情对视的时候羡慕不已。

我的同胞，我的兄弟……

生活经验和心理学研究都表明，我们更倾向于羡慕与自己关系亲近的人（如兄弟姐妹、朋友、同事、邻居）。这一现象有两个原因：

- 首先，这种亲近的关系使我们更易比较他们和我们各自的优势、长处；
- 其次，由于我们属于同一个圈子，我们一般都对个人的价值和地位有着同样的评估标准。彼此之间在这些方面的差别会很快影响到自尊。

因此，我们一般都会羡慕那些“同类人”：想到某个著名富翁的万贯家财，您可能丝毫没有感觉，但您会深深地羡慕某个刚赚了笔大钱的朋友。一个青春期少女则更可能对“班花”而不是杂志上的模特产生羡慕,并为此变得闷闷不乐。小朋友们羡慕的是学校操场上的小同学，而不会是硅谷某个有钱人的儿子。

一位父亲将讲述他的两个女儿——六岁的阿德琳和四岁的克洛艾在被带到圣诞树前拆礼物时分别是如何反应的：

年纪更小的克洛艾完全沉浸在拆礼物的喜悦当中，打开一件就会惊叹不已。与此同时，阿德琳也在拆她的礼物，但她的眼睛却一直盯着妹妹，妹妹每拆一件她都会仔细地看礼物是什么。她看上去一点都不高兴，反而因为在不停地比较而显得很紧张严肃。其实我们已经尽力不去挑起她们之间的嫉妒，但阿德琳真的很难不嫉妒妹妹。

毫无疑问，这就是羡慕情绪最恼人的一面——在兄弟姐妹、朋友、夫妻，甚至是我们与父母之间，它都会渗入到这些最亲密的关系的中心制造裂痕。

父母与孩子之间的羡慕情绪

作为心理治疗专家，我们经常会惊诧于羡慕情绪对亲子关系的严重影响。

当然，我们很容易理解孩子对父母的羡慕情绪。他们会羡慕父母的权威和作为成年人的自由，而且，由于这种羡慕大多属于好胜性/敬仰性羡慕，它对于家庭教育也是非常重要的，因为孩子会以父母为榜样，他们会努力奋斗，以至于达到和父母一样的高度（有时孩子长大后甚至会选择与父母相同的职业）。

但是，也有一些其他形式的羡慕情绪会对亲子关系产生可怕的毒害，例如下文中33岁的玛蒂尔德和她母亲之间的情形：

我母亲曾经（现在仍然）是个非常美丽的女人。小的时候，我就发现她对男人有着很强的吸引力，而她自己也很会吸引别人注意。我以前很绝望，觉得自己永远不可能像她一样美，我只是个丑小鸭。那时，我学习特别努力，因为我很肯定自己将来一定嫁不出去（幸好爸爸对我一直很好）。青春期的时候，情况更糟了，因为我发现就连我带回家的男生都被我母亲的美貌吸引了。说实话，我当时恨透了我母亲，因为连在他们面前她都要卖弄一番（当然是无意的）。不过，随着时间的推移，羡慕的天平开始向相反的方向倾斜。我越长越引人注目，而我母亲则为自己日渐衰老的容貌焦虑不已。如今换成了她恨我。她一面对我就会变得很有攻击性，而且有男士在场的时候，她就会表现得特别明显。如果我将来有女儿的话，我希望自己不要再重复这种可怕的状态。

羡慕可不是女性的专利，来听听帕斯卡尔对他和他父亲之间关系的描述：

我长大后才明白，原来父亲曾经很羡慕我。小的时候，每次我告诉他自己在学校拿了好成绩，他都没有任何高兴的表情，这让我非常难受。后来，我每次交女朋友，他都会很明显地表达不满，而且会不停地在女孩们面前说我坏话。再之后，有一天我兴奋地告诉他，我被一家知名大公司录用了，而且这是我的第一份工作。我看到他居然一下子绷紧了脸。片刻之后，他恢复了过来，生硬地祝贺了我。如今我终于明白了他羡慕我的原因：他出身贫寒，没能上学，14 岁就开始工作，靠着自己的双手艰苦地打拼了一辈子。我可以接受教育，度过了真正的青春期，事业的起步也特别高——看到我享受着他从来都未曾拥有过的一切，他的心里很难接受。不过，不管怎样，我还是非常敬佩我的父亲，因为他在经济上支持了我整个漫长的求学生涯，且毫无怨言。（不过他确实是被我母亲逼的，母亲一直鼓励我实现远大的理想。）

由此可见，某些父母自身是多么矛盾：一方面想把自己未曾拥有过的都送给孩子，一方面却无法接受孩子享受这一切。

不过，按照一些心理分析专家的观点，这些不正体现了弗洛伊德在 1910 年定义的恋母情结吗？我们将在本书的“嫉妒”一章里具体讲解恋母情结。

羡慕情绪的处理策略

亲爱的男读者，设想一下，您偶遇一位年少时的同班同学，对方请您去他家喝一杯叙旧。您发现他的住处堪称豪宅，每一个细节都精致到家，而您自己的家与其简直不可同日而语。亲爱的女读者，想象一下，您被邀请参加一场朋友间的聚会，一位老朋友来向大家介绍他美貌绝伦的新女友，而您的丈夫和其他在场的男士都尽力克制着自己不去行注目礼。

在上述的两种情形下，您都很有可能被羡慕之心折磨许久。正因为我们羡慕的对象在我们认为特别重要的方面明显地超过了我们，我们才会感到如此揪心的痛苦。（有时这种羡慕是无意识的，比如：有些人并不看重生活里的物质条件，他们选择从事某种职业纯粹是出于热爱而非为了赚钱，但他们照样会对某个有钱人所获得的优势与利益产生羡慕。）

当我们觉察到了对方的利益和优势，以及他在某方面的优越性，我们的内心就会产生一种被贬低的感觉，而它会直接损害我们的自尊。

然而，自尊是我们自我认知中极为重要的组成部分，我们每个人都在不遗余力地捍卫或保护它。那么，我们该采用怎样的策略，才能让自尊回到它原先所在的高度？

如下便是几条有用的建议：

- **将对方所拥有的优势进行弱化**。看到精致卓绝的豪宅，您可以在里面找些不足之处，或者可以更简单些，心想，这种奢华不过是一场虚空，若换了您变成这套房子的主人，您不会觉得幸福（您很可能真的不会高兴，我们将在后文谈人格对幸福的作用时提到这一点）。
- **在对方身上找到一些弱处，以抵消其优势，即抵消羡慕的触发点**。没错，他的住处确实豪华，但他的孩子却很让人担忧，而您的孩子却像小天使一样，让您很省心；没错，她确实是美女，但她在恋爱关系里从来都不快乐；没错，他是升职了，但这也代表他不得不承担更多责任和工作。

这两种思维方式的优点在于，它们不会引起您对对方的敌意，同时维系了两人之间的关系，也不会破坏您的好心情，并且没有过分歪曲事实。不过，还有一些策略也是人们常常自然而然便会使用的：

▸ **全面贬低对方本人**。他住豪华的房子，但他不过是个见钱眼开的乡巴佬，要么就是个诈骗犯，或者是个混蛋；她是美女，但她蠢，阅男无数，阴险算计；他升职了，但他其实就是个搬弄是非、工作能力低下的家伙。

▸ **因对方的优势而加害于他**。男士，您的朋友出于信任告诉了您他如何通过投资赚来了买房的钱，您事后却前往税务局将他匿名举报；女士，您想尽一切办法把那位美女排挤出你们的圈子，或者搞得她与老朋友分手；在公司里，您略施诡计，偷偷搞砸了刚升职的同事做的工作。在一些历史事件中，有些人甚至最终用政治借口揭发对方，称其（在不同年代和国家）是抵抗分子、同谋、阶级敌人或奸细，以此摧毁对方的优势，残害对方的性命。

这些行径或多或少都具有挑衅的意味，但若是采用以下的思维方式，那么羡慕者就会更加理直气壮地做出以下行径了：

▸ **将对方得以显出优势的价值系统进行整体贬低**。典型想法包括：“我们的社会真是堕落，让唯利是图的生意人都发了大财”“正因为媒体的洗脑，才会让美貌这么受推崇。其实这么做的目的就是为了让女人一个个都变得对外貌不自信，纷纷通过买衣服和化妆品来毁灭自己”“老板都偏爱顺从的，不喜欢有能力的”等等。

读到这里，让我们一起来思考一下。您可能已经猜到了，这些处理羡慕情绪的策略中，每种策略都会对您的心情、您的人际关系，以及您的健康产生不一样的影响。

不过，当我们发现对方的优势或利益来自非正义渠道时，我们怎样才能不对他怀有敌对性的羡慕？我们的敌意岂不恰好成为正义的了吗？

羡慕情绪与正义感

的确，同事的升职会让您羡慕，但事后您了解到，他升职完全不是因为工作能力强，而是因为他娶了公司头号客户的女儿，那么，您会怎么想？同样，您邻居家的房子远比您家的奢华，让您羡慕得心里直痒痒，但您后来发现，他们夫妇俩在几个贫穷国家雇用廉价童工，那么，您会有何感想？

在这些情况下，您的敌对性羡慕中会加入不满，即一种近似愤怒的情绪，因为您发现眼下的情形有悖于自己的正义感。但是，所谓的“正义感”的界线有待商榷，因为我们常常倾向于用正义感去粉饰敌对性的羡慕情绪，以显得更高尚。

正义感

弗洛伊德认为，正义感只是从羡慕与嫉妒转化而成的一种社会性意识。在原始人部落中，富有的人带着嫉妒之心看守着自己的财物，禁止贫穷的人接近；贫穷的人则怀着羡慕之心，一心想要获取财富。当部落的群体生活难以维系时，众人便通过商议，制定出了某种形式的平等和正义。

弗洛伊德的理论与灵长目学专家及进化派心理学家的说法惊人地相似。他们认为，人之所以具有道德意识（灵长类动物也是如此），是因为存在道德意识的族群比无道德观念的族群更加井然有序，并且人丁更加兴旺。互助及对财物的优化分配（最弱势的群体也得到分配）能使社会生活中个体之间的攻击性下降，并且带动了整个族群的整体成功。自然选择不仅仅体现在个体身上，也体现在群体上。

哲学家约翰·罗尔斯（John Rawls）在他的代表性著作《正义论》（*Théorie de la justice*）中用一整章的笔墨论述了羡慕情绪，并在敌对性羡慕和不满之间作了区分。

大多数人或有意或无意地在不断寻求着社会地位的提升，以享受上层社会阶级的生活方式。如果社会可以提供这一提升所需的条件，那么羡慕情绪将会保持在好胜性羡慕这一阶段（于是人们的想法就会变成："我也能拥有和都彭家一样漂亮的房子！"），而这种羡慕在经济繁荣阶段的民主社会里占有主导地位。但是，如果社会规则使社会地位的提升障碍重重，甚至化为泡影，那么羡慕情绪就很容易变成敌对性羡慕，从而渐渐演变出革命性的运动（例如："烧了都彭家这群剥削者的房子！"）。约翰·罗尔斯揭露了保守派们使社会运动失去影响的把戏，称他们只看到社会运动中弱势群体的羡慕情绪的迹象。他把敌对性羡慕定义为恶劣情绪，而将对非正义情形的不满视为有道德的正面情绪。此外，他还特别指出，（他笔下的）法律是保护公民自尊的最重要的手段。

然而，罗尔斯认为，对极致平等的诉求与恶性羡慕直接相关，其结果便是出现凭空而出的政治体系，且后者最终仍会变为不平等的体系。

事实上，人类不止一次面对这样的情况：那些所谓的"正义卫士"的断定，他们有权对众人行使绝对权力，并且奇怪的是，他们凭借的都是"人类的极度平等"这一名义。一旦他们怀疑您有异议，就会迫不及待地置你于死地。乔治·奥威尔（George Orwell）在作品《动物农场》（*La Ferme des animaux*）中以比喻的方式讲述了俄国十月革命。书中有一段讲到领头的猪掌权后发表演讲："所有动物一律平等，但有的动物较之其他动物更为平等。"

威廉·博伊德的小说《非洲好人》（*Un Anglais sous les tropiques*）中，主人公摩根·利菲的羡慕之心值得回味。摩根是非洲某座犯罪率高发城市中英国高级专员公署的首席秘书，为人低调。一天，年轻而出色的达米尔兴奋地来找他，告诉他自己和高级专员的女儿普丽西拉订婚了。曾经深爱普丽西拉的摩根羡慕地望着达米尔。他竭力压制着内心的狂怒，不由自主地反复思忖自己胜过达米尔的地方。

他（指达米尔）也不是特别聪明嘛！摩根翻看着达米尔个人档案里的大学成绩单，惊奇地发现他的成绩竟然比自己低。不过，达米尔读的是牛津，摩根只进过米德兰一间钢筋水泥砌成的大学。他早已在布莱顿有了自己的房子——那是某个远方亲戚的遗产，而摩根只有母亲曾住过的区区半栋小屋。他实习一开始就得到了外派的职位，可摩根在国王道边上热得让人受不了的小办公室里熬了三年。达米尔的父母住在格鲁斯特郡，父亲是中校，但摩根的双亲住在菲尔萨姆附近的郊区，他父亲以前在希思罗机场卖饮料……太不公平了。而现在，他还要娶普丽西拉！

在上述段落中，很难区分敌对性羡慕与不满的情绪。事实上，达米尔自幼时起就享受的一切优待（牛津大学、他的职业道路、经济的宽裕以及吸引普丽西拉的绅士魅力）都来自于他原本的社会背景：他生在了一个好人家。这样的事情若从民主社会的价值体系来看的话，是相当不公平的，因为我们的社会中，个人的努力和辛勤工作才是获得优势与利益的途径，而仅凭出身就拥有这一切是不公平的。更让人气愤的是，达米尔天生俊美高大、举止优雅，而摩根却相貌平平、身材矮小。

尽管如此，摩根还是成功地调整了自己的情绪：他超越了自己的羡慕情绪，他告诉自己，达米尔算是个善良单纯的小伙子，一直都对自己很友善。摩根由此转而产生了抑郁性羡慕。之后，为了排解这种情绪，他在政治和女人方面都展开了让人啼笑皆非的追逐，而这也构成了这部出色的小说的故事主体。

若是换了其他的历史背景，或将摩根的性格稍作修改，那么上述如此不公平的情形可能会使摩根揭竿而起，投身政治运动，甚至成为运动的领袖。他的运动也可能是为了大众的利益而发起的，比如在英国教育体系内提倡公平的社会。

艺术作品中的羡慕情绪

在米洛斯·福尔曼（Milos Forman）导演的电影《莫扎特传》（*Amadeus*）中，主人公安东尼奥·萨列里是一位著名的音乐家，深受维也纳宫廷器重。不幸的是，当他第一次听到莫扎特演奏时，便清楚地意识到，眼前的这个年轻人有着远远高于他的惊人天赋，是个不折不扣的天才。这太不公平了！他的内心受着羡慕的煎熬。看看他自己：萨列里，一个立志用音乐歌颂上帝荣耀的人，却眼睁睁地看着神把天赋赐给了一个心态举止都十分幼稚、一旦作曲便信手拈来的男孩（莫扎特的名字 Amadeus 为“神所爱的”之意）。整部电影中，萨列里都沉浸在敌对性羡慕、抑郁性羡慕、崇拜敬佩和悔恨当中。

（真实的萨列里：历史上并没有任何证据证明萨列里曾谋害莫扎

特。虽然他本人并非天才，但他门下的学生却包括了鼎鼎大名的李斯特、舒伯特和贝多芬。看看，现实并没有那么糟。）

《追忆逝水年华》的第六部《女逃亡者》中，年轻的主人公一边用早餐一边读着《费加罗报》（*Le Figaro*）。突然，他惊喜地发现自己几周前寄出的一篇文章被刊登了，而他之前根本没抱什么希望。接下来，他始终没有收到中学同窗布洛克关于此事的来信，因为布洛克也是一个喜爱写作的人。几年后，布洛克也在《费加罗报》上发表了文章，终于有了和主人公"平起平坐"的地位。布洛克总算来信了，"原先驱使他佯装不知道我发表了文章的嫉妒心随之烟消云散，仿佛压在心头的重物被掀去了，于是他跟我谈起我的文章，我想他是不会希望听到我用同样的方式谈他的那篇文章的。'我知道你也写过一篇文章，'他说，'不过当时我认为还是不和你提起为好，深怕引起你的不快，因为一个人不应该和朋友谈他们遇到的丢面子的事，而在一种被称为刺刀和圣水刷（指军队和教会。——译者注）、five o'clock 以及圣水缸（指提供茶余饭后谈资的反动无聊的报纸。——译者注）的报纸上写文章当然是一件不光彩的事。'"

布洛克使用的是人们在羡慕之时经常采取的做法：贬低或嘲讽对方的优势或获得的好处。这一行为体现了贬损者的恶意和其挽回面子的企图，同时也是他安慰、说服自己自身并没有那么差的一种做法。

赫胥黎的名著《美丽新世界》中描绘了一个不平等的社会：每个人都有一个自己的社会阶层，如 α 层、β 层、γ 层等，而这一分层的根据，就是他们先天基因决定的智商水平。为了把羡慕的情绪除去，人们发现了一个根本的解决方法：从婴儿时起就在这些未来公民的睡梦中不断重复这句话："我很满意做个 β。α 智商很高，但工作太累了！至于 γ，他们就是一群傻瓜。"

羡慕的起源

想要在一个段落内概括勒内·吉拉尔（René Girard）的思想，绝对是自负的行为。但我们可以简述，在他的著作《暴力与神圣》（*La Violence et le Sacré*）中，他将羡慕定义为敬仰与模仿的结果。我们仰视的人想要什么，我们也想要什么，这种就是模仿性的欲求。随后，暴力便会产生，因为想要同一件东西的人有许多。这时便需要制定规则，控制暴力。

不过，弗朗西斯科·阿尔贝罗尼在著作《羡慕之心》中举出了两个并不带有模仿性欲求的羡慕事例：

- 有些敬仰是不带羡慕的，比如粉丝对偶像的仰慕，或是球迷对某个足球队的热爱。偶像们的成功也会使粉丝和球迷们欣喜，却不会引起后者敌对性的羡慕。
- 相反地，有些羡慕情绪是不带有敬仰的：我们可能会疯狂地羡慕一个我们看不起的人，例如，我们认为对手远不及我们，但他通过不正当的手段赢得了最终的胜利。

最后，从进化派的角度来看，我们的欲望并不仅仅是通过模仿习得的，有些欲望是天生就有的，即便不存在竞争，也会萦绕我们。例如，一个男人和一个美女单独待在一座无人岛上，那么即使男人没有竞争对手，他仍会对这个女人有欲求。

羡慕的作用

羡慕并不是基本情绪的一种，因为它并不存在代表性的面部表情。这无疑是因为，在人类进化的过程中，表达自己的羡慕情绪从来都没有正面的效果。但它和其他情绪一样，是不可或缺的，并且也是人类祖先留下的。

事实上，在一个小团体中，羡慕刺激人们想要享有最富裕的人已经拥有的地位和好处。这种渴望会增加人们繁衍后代的成功概率：男人会有更多的食物和伴侣，女人则会找到地位更高的出色伴侣，以求受到保护。小小的羡慕也会使不少人免于一死，因为我们都已经了解，好胜性羡慕（典型想法："我想让部落里的女孩们都喜欢我，并成为和酋长一样的好猎手。"）在群体生活中比攻击性羡慕（典型想法："我要替代那个酋长，趁他不注意的时候打破他的头。"）更有益处。在第一种情况下，部落就有了一名新的好猎手，可以为大家带来更多的食物。第二种情况下，部落就会失去一名骁勇的战士兼猎手（若两人都受了致命伤，甚至会失去两名猎手），由此就会让部落在面对饥荒和邻国的进攻时更加脆弱。然而，在第一种情形下，酋长自己可能会难以忍受最佳猎手头衔易主，更受不了女人们的目光全都转移到了年轻的英雄身上，从而决定以暴力的形式进行对抗。不过，羞耻的情绪——即害怕自己在集体中的身价降低——极可能会防止酋长犯下难以挽回的错误（但可能阻止不了他把挑战者一顿痛殴）。这种“男性化”（我们避免使用“大男子主义”这个词）的羡慕情绪在女性当中同样存在。女人们会这样盘算：“我要和这个狐狸精一样，吸引这么多男人的注意。”

如今，羡慕情绪的表现在职场中也会出现。亨利是一家大型信息技术公司的人力资源主管，他将让我们一窥端倪。

在一家公司里，羡慕情绪是业绩的主要动力之一。销售人员就是最好的例子，公司会定期比较并公布他们的业绩，销售业绩最好的员工会被当众嘉奖。因此，每个人都非常卖力，力图超过其他人或保住自己第一名的位子。这就是羡慕情绪对公司的正面影响。然而，我同时也看到了许多负面影响：同事之间周而复始地产生不和；有人故意破坏一项方案，不让其他人成功；上下级之间产生了暗中的羡慕情绪，等等。所以，公司的领导层有责任减少公司内部会引起羡慕和不满的因素，并为薪金和升职制定尽可能清晰、公平的规则。啊，我差点儿忘了一个有关羡慕情绪的经典例子：当一个女性升职时，其他人就会说她是“睡上来的”，而这正好可以让那些没能升职的人把自己的敌对性羡慕（无法承认的）

转变为内心的不满（正直的好行为）。

羡慕情绪也会出人意料地出现在商业战场上，且听刑事辩护律师乔治的讲述：

我刚踏进律师行业的时候，实在很难理解某些客户的行为。我弄不明白，这些经验丰富、身家不菲的商界翘楚为什么还要暗中联手，为了一点比起庞大资产简直是蝇头小利的收益去冒风险，还成天担心被揭发？后来，我听了他们的叙述，才明白原委。在大多数情况下，就是羡慕之心促使他们犯下这种错误。当他们看到一个赚钱的机会时，即使风险不小，他们还是会投入不少，因为他们受不了被别人抢先。到头来，就算已经当上了首席执行官，他们还是没法摆脱儿时在操场上玩耍的时候才会有的那些情绪。

我们同时也注意到，在这一同样的羡慕情绪的驱使下，另有一些人在遵守法律的同时收获颇丰，无论是在商界、体育界还是科技界都取得了辉煌，并带领团队创造了佳绩。这些团队中的升职机会和回报若是在公正的基础上得到合理分配的话，就能避免内部出现羡慕的情绪，从而将增强团队的凝聚力，众人也会更加齐心协力。

所以，好胜性和敬仰性的羡慕都不是恶性情绪。相反，它会如针一样刺激着我们超越自己，在某些时候成为我们的积极帮助。若我们原本就以努力和积极为先，那么，它将不仅使我们自身得以提升，也会在我们尊重规则的前提下造福整个社会。

如何管理羡慕情绪

另外，没有什么比妒忌更能摧毁人的幸福了。

——勒内·笛卡尔（René Descartes）

我们已经了解了好胜性羡慕的益处，但抑郁性羡慕却使我们备受痛苦，以至于完全失去了自主。

至于敌对性羡慕，若不加以控制，它很可能会演变成巨大的心灵折磨。除此之外，它还会长久地危害您与亲近的人之间的关系，包括家人、朋友和同事。

承认您的羡慕之心

这条建议适用于所有情绪，但它尤其适用于羡慕的情绪，因为我们总是倾向于把它深埋心底。

我们一起来听听菲利普的故事：

有一天，我们受朋友之邀参加了一个聚会，这个朋友刚刚买下一艘船。我自己在年轻的时候经常坐帆船出海，但我始终没能赚到足够的钱去买令我魂牵梦绕的帆船，而他却做到了！我们半信半疑地和其他受邀夫妻一起走上了一艘帆船的甲板。这是一艘 Swan 系列的帆船，船身长达十八米，简直是美极了。他带我们里里外外参观了一番，不断炫耀着帆船的优点和各处精致的细节。直到那时，我都尽量装出一副崇拜赞叹的样子，还祝贺他买到了上品。之后，我们回到室内用餐，在场的有好几对夫妇。我们开始谈起那时刚刚成为热点的波斯尼亚战局。我和他的观点相左：我认为欧洲应以强硬的方式进行干预，但他赞成欧洲持保留态度静观。到那时为止，一切都还正常，但我忽然头脑一热，开始指责他是个胆小鬼、是个扶不起的慕尼黑后代，还加上了其他近乎侮辱性的论断。不过，我猛地停住了，但当我看着妻子的眼神时，我知道为时已晚。后来，我意识到，从见到那艘帆船的那一刻起，羡慕的情绪就一直在折磨我，最终借由这场政治话题的辩论爆发了出来。

菲利普被羡慕之心完全地“掌控”了，但他直到午餐时毁灭性的那一刻为止都控制得很好。一位精神分析专家认为，菲利普在参观帆船时运用了两种心理防御机制：一种是压抑，将羡慕的情绪从意识中驱赶出去；另一种是反作用形成，装出仰慕和热情的样子，与他内心无意识的恶意正相反。

为什么他要大费周章地运用这些防御机制呢？若是直接意识到自己的羡慕情绪，岂不是高效得多吗？那是因为，羡慕的情绪提醒我们，自己正处于弱势，而这种损害自尊的行为是我们很难接受的。同时，那也是因为羡慕是一种引起羞愧感的情绪，只有“失败者”“性格尖刻的人”才会有。感到羡慕，就会有损自爱。

所以，请承认羡慕和其他情绪一样，是正常的、自然的，并请承认受羡慕之心煎熬是人生中难免的事。不要因为感到羡慕就有负罪感和羞耻感，也不要忘记，羡慕有着它可贵的形式——好胜性羡慕，并且它一定帮助过您走向成功，所以也请您接受羡慕的另两个没有那么积极的形式：敌对性羡慕和抑郁性羡慕。

受羡慕情绪折磨是一种无意识的反应，您不需要为此寻求解释或自责；不过，您还是需要为之后的处理方式负责。

如果菲利普在见到这艘大气华丽的帆船的同时正视了自己的情绪，他应该会这样告诉自己：“天哪！这艘船太气派了！我真是羡慕得要疯了，这老兄真是快乐得叫人生气。不过，注意啦，千万别被情绪控制住！”为了不使自己淹没在羡慕的情绪里，他应该采用以下的处理办法。

以正面的方式表达羡慕，或守口如瓶

这条建议显得有些自相矛盾：要把那么负面的情绪表达出来？难道要昭告天下我是个尖刻或小心眼的人吗？

当然不是。积极地表达羡慕情绪，就是尽可能用幽默的方式表达它。以下的例句就出自几位善于处理羡慕情绪的人之口：

“这艘船（这套房子／这次升职）真是太棒了，肯定会让好多人羡慕，比如我。”

“这事儿发生在你身上真是值得高兴！不过如果发生在我身上那就更好啦！”

“你可别天天都这样好消息缠身，否则我可当不了你的朋友啦！”

“幸好我没羡慕你，不然的话我会很难受的！唉！”

如果您没有什么幽默细胞的话，没关系，您只需对外人守口如瓶，但对自己却千万不可掩饰。除此之外，还有其他的处理办法。

审视您的自卑想法

羡慕对我们的折磨常常会在我们意识到自己低人一等时（至少是暂时的）突然袭来，而当这样的痛苦“唤醒”了我们自我贬低的思想后，羡慕情绪会变得特别强烈。事实上，这些思想一直在沉睡，却随时可能苏醒：一旦我们在触及某些方面时遇到了挫折，它们便会立刻抬起头来。

这种痛苦会很快转化成敌对反应：我们会怨恨那个将我们置于如此难堪境地的人，同时，敌对反应也被我们用来“麻痹”自卑的感受。

我们来听听32岁的玛丽是如何成功处理她的羡慕情绪的。

在别人眼里，我一直是个快乐活泼的人。不过，这只是我大多时候的样子。一天，我和朋友们听说土耳其浴非常棒，便决定去体验一把。洗浴中心颇具异国风情，我们高高兴兴地在门口会合了。随后，我们前去更衣。然而，当我们都赤裸相待的时候，我忽然崩溃了。我那三位女友的身材是那样曼妙，既苗条又有着让男人倾倒的曲线；而我，如人们所形容的那样，从来都是圆圆的。当时，望着她们女王般的神色、裸露时的自如，我竭力不让她们看出我的痛苦，努力掩饰我心里的怨意。我被自己情绪的激烈程度惊呆了，因为毕竟我们不是去选美的，而且我们都是已婚且忠诚的女人。再者，我丈夫告诉过我，他一直都喜欢有肉感的女人（这是真的，他的前任们都是这种类型的）。我明白过来了，此刻的场景在我的心中唤起了我少女时代的所有噩梦。那时的我没有任何吸引力，受到过嘲笑，也因为自己的肥胖在一群受男生欢迎的苗条女生面前抬不起头来。我意识到，我的情绪正是来源于那段过去，也意识到现在的情况已经完全不同了。这些想法让我马上平静了下来。不过我是再也不会去泡土耳其浴了。

其实，玛丽在开始泡土耳其浴时的想法与少女时期的心理是一样的。而正因为她冷静分析并坦然正视了这些想法，她才得以成功平息自己的抑郁性羡慕和敌对性羡慕：她不再怨恨女友们，并且告诉自己，如今的她早就不在低人一等的位置上了。

所以，无论羡慕情绪出现在怎样的情境里，请找出并分析那些贬低自己的想法，它们一般都与您的记忆有关。请不要再用攻击性的反应掩饰这些想法啦！

弱化他人的优势

这个建议曾出现在前文羡慕情绪的处理策略所提出的前两种方法中。

有人会说，这两种方法都是在用狭隘的心理掩盖现实，但事实并非如此，因为对方纵然在某方面具有客观优越性，其背后最核心的问题是他/她幸福与否。有了您注意到的那个优越性，他/她是否就比您幸福了呢？

以帆船一事为例，在船舶爱好者中流行这样一句俗话：“一艘船的主人最美好的日子一共两天：买船的那天和转卖的那天。”这句话证明，幸福感尤其会在情况发生改变的节点出现

(“太酷了，它是我的了！”)，但它同时也说明，幸福感往往随着某事变为常态或客观条件限制而减弱。(“真是麻烦啊，有了船就得常常去检修，但修得那么辛苦，我们却总是没时间开它；好不容易有时间出海了，天气又变差了。”) 这句俗话套用在婚姻上也不错，不过幸福婚姻还是存在的。

所以，您的朋友一定不如您想象的那样，因为某些超越您的优势而格外幸福。正如拉罗什富科（La Rochefoucauld）所说，“他/她若失去了这个，将是一种多么残忍的剥夺，但现在拥有着它的快乐却早已消逝了”。

如果您怀疑这点的话，想一想您身上惹人羡慕的优势吧，它是否让您每天一起床就高兴得不得了呢？

“习惯”有着极大的削弱作用（我们将在第四章中详细分析）。在治疗社会不同层次和领域的患者时，我们很惊奇地发现，每个人都会在自己所处的位置上创造出自己对幸福与不幸的理解，即各自都对可以期待获得的东西感到欣喜（可能是三十米长的游艇，也可能是一块帆板），对可能失去的东西感到痛心（可能是一个工业帝国，也可能是花园里的小小棚屋）。但我们还会看到，到了某个贫困程度（尤其是在相对富裕的社会），幸福几乎是不可能的事情。

明星八卦杂志就是利用这两种心理机制的典范：一方面，它激起了我们对明星和皇室成员们梦幻生活的羡慕；另一方面却也毫不闲着，不遗余力地提醒我们他们并不幸福，他们也为失败（他们这一层次的失败）、分手、死亡和疾病而痛苦。

读了有关喜悦和幸福的章节后，您将明白，唯一一个真正值得人羡慕的优势，就是创造幸福的天赋个性。不过，这种被羡慕的情况是最少见的。

审视您可能存在的优越思想

阿尔贝罗尼提出，羡慕有时被用来“抵消高傲”。这在敌对性羡慕和怨恨的心绪上尤为真切。当我们觉得自己比对方更配得到某种优势时，我们的怨意会特别强烈。

我们认识的第一位羡慕者贝特朗这样讲述他的心理治疗所得：

事实上，我明白过来，我的羡慕情绪和我的自我评价过高有关。年少时，我就觉得自己很有能耐，学习和体育都很突出，还很受欢迎。所以，我很早就有了很大的野心。现在，当我看到有人实现了我的理想而我却没有时，我常常就会有这种低级的想法：“这家伙比我好在哪里了？”若这人刚好是我认识又觉得平庸无奇的，那我的情绪会更糟糕。其实，他肯定没有我认为的那么平庸，毕竟他至少会抓住机会，或者有我没有的积极性。我发现，要减少对别人的羡慕，必须承认我没有自己想象的强。

贝特朗正在学习避免成为一个“尖刻”的人——总是心怀羡慕、总觉得自己遭到生活不公平对待的人。

不过，如果认为生活很公平、成功总是属于配得上的人，这样的想法也是很荒谬的。若要做到不带羡慕地承受不公，我们建议您可以读一下本书在“喜悦”和“悲伤”方面引述的斯多葛主义哲学的理论。

为更公正的世界贡献己力

不公正会导致敌对性羡慕以怨怒的形式表现出来。对于羡慕者而言，这是一种痛苦而危险的情绪。过多的怨怒会威胁一段友谊、一个家庭、一家公司，甚至是整个社会的稳定。

弗朗西斯科·阿尔贝罗尼指出，在体育和科研这两个领域里，即便竞争激烈，怨怒却是最少见的，因为行内的规则和取胜条件均被业内人士公认为相对清晰、公正。

我们每个人都可以在自己的位置上为更公正的世界贡献自己的力量。这既是为了自己，也是为了众人。请不要再把孩子与他的兄弟姐妹作比较、贬低他，请帮助他按照公平的原则处理冲突，请教会他无论在学校还是工作中都对不应受的惩罚勇敢地说“不”，也请您在他面前以身作则地作出公正的决断。通过这些简单的举动，您就可以减少身边怨怒的产生了。

不要挑起他人的羡慕

羡慕并不是一种让人好受的感觉。因此，请再三注意，不要无端地挑起别人的羡慕情绪。这并不是要您成天隐藏自己的优势，那样会显得虚伪；而是建议您不要像约瑟在兄弟面前做的那样，过分炫耀优势。此外，别人没有理由怀有与您相同的喜悦，所以也请勿因这些优势表现得太过欣喜。

我们早已发现不过度挑起他人羡慕之心的益处。在一项研究中，一群学生被要求一起在电脑屏幕前做数学题。当电脑告知某学生他的成绩超过了所有人时，他个人单处一室时的喜悦表达远比与同学们共处一间教室时要强烈得多——不要忘记这份青春时代的大智慧。

学会处理羡慕情绪

要	不要
承认您的羡慕之心	掩饰羡慕情绪
以积极的方式表达羡慕，或守口如瓶	以敌对的方式表达羡慕
审视您的自卑想法	怪罪、贬低自己，或攻击对方
弱化他人的优势	高估他人的幸福
审视您可能存在的优越思想	长期心怀怨怒
为更公正的世界贡献己力	任由自己周围的人被怨怒吞噬
不要挑起他人的羡慕	炫耀自己的优越性或显得过于欣喜

第四章

喜悦、快乐、幸福……

Joie, bonne humeur bonheur, etc.

喔，多么喜悦！你好，高飞的燕。

喔，多么喜悦！你飞过屋顶，拥抱蓝天……

——夏尔·特内（Charles Trénet）

喜悦是最为重要的情绪之一。然而，我们不得不遗憾地说，它常常被人们忽略。近日的一项统计显示，心理学领域对悲伤、恐惧、愤怒、嫉妒等负面情绪的研究报告数量比喜悦和其他正面情绪的研究多出17倍！

为了扭转这样的趋势，我们在这一章的开始先来看看几个关于喜悦的例子，也借此了解一下喜悦的多种表现形式。

克里斯蒂安，43岁：

我还记得年轻时经历过的一次特大的喜悦。那年春天，我们高中的橄榄球队打进了学区橄榄球冠军赛的决赛。我们每个队员的家人和朋友们都来了，看台上史无前例地坐满了人，而且，整个高中部全都来加油助威，里面就有我们的女朋友或者我们暗恋的女孩儿……说实话，我们别提有多害怕了，对手很厉害，他们先前就名气很大，我们当时觉得他们每个人都比我们高大、强壮好几倍。我记得，开球的时候，我像一片叶子一样瑟瑟发抖，心都要跳到嗓子眼了。这种感觉真是差劲，因为我可是队长啊！我也怕队友们看出我的恐惧。第一次并列争球的时候，我们的前锋后退了十米，整个场面陷入了混乱，裁判叫我出来，要我让我的队伍平静下来。开场就这么糟糕！渐渐地，我们掌握了主动，开始占上风了。到了第二个半场，我成功地在对方球门线内带球触地，但我并没觉得很高兴，只是感到比较满意，也更有信心了。我当时只和队友击了下拳，又鼓励了他们几句。最后，终场的哨声吹响了。我这时明白过来：我们赢了！而我也体验到了“欣喜若狂”的含义：我瞪大双眼，嘶吼着，和离我最近的哥们儿对视了整整一秒，然后紧紧拥抱在一起，蹦个不停。赛场上，大家都疯了：有人在地上打起了滚儿，有人跪了下来，最后我们奔跑着彼此拥抱，观众都冲到赛场上来了，喜悦席卷了所有人。从那以后，我再也没有经历过类似的场面。第二天，我醒来之后，心里很快乐，但与之前完全不同了：喜悦已经不在我的身体中了，它留在了我的头脑里。

很显然，这个事例中的喜悦是胜利的喜悦。这种情绪自地球上有人类开始就已经存在了，一般是一种集体性情绪。我们可以为这种情绪写出一整部长篇历史书，从狩猎采集者捕到第一头羚羊（其实当时的人们最主要的食物都是采集而得的，而通常采集的活儿都是女人们干的）的喜悦，到球赛结束后球迷们的欢呼。不过，即使第二天克里斯蒂安仍感到快乐，他的情绪也已经不再是喜悦了，因为他不再表现出相应的身体反应，而身体反应是情绪定义的一大要素。

皮埃尔，34 岁：

要问我经历过的最大的喜悦，那就是我第一个儿子奥利维耶出生的那一刻。我参与了妻子的整个分娩过程，但我有点不在状态：我确实感到很奇妙，也很感动，但还是有一丝担忧。当助产士把新生儿放在我的臂弯里时，我忽然感到了一种出奇的平静、温柔和安详。我对自己说："这就是我的儿子。"真正的幸福之情十分钟后才袭来：在巴黎这家大型儿科医院里，我漫无方向地四处乱走，走遍了每条空无一人的走廊（那时是凌晨 3 点）。我感到幸福像潮水一样把我整个淹没了，喜悦之情猛烈地冲击着我。我不断地重复着一句话，"你当爸爸了，你有儿子了，你创造了一个生命"，一直重复到脑中一片空白。这时，我无缘无故地奔跑起来，一会儿高高跳起，发自内心地想要大声呼喊。如果有人恰好经过的话，我肯定会狠狠地拥抱他。当时我真的很想把我的喜悦立即分享给别人。

这两个例子可能深深地打动您，也可能勾起了您的一段回忆，不过，它们还可能让您想起进化论派心理学家的观点：最强烈的情绪出现在有关生存或繁衍的关键时刻，正如我们看到的那样，前者战胜了对手，后者意识到自己成功地把基因传承了下去。

米歇尔的喜悦则超越了成功或失败的境界：

我经历过最大的喜悦？这很难解释清楚。那是在我随人道主义特派队去前南斯拉夫的时候。由于已经到了深夜，我们的车队不再前进了，于是便在一个维和部队的营地附近扎营。黎明前我就起床了，爬上了一座山丘，和那里的一个观察点的士兵们一起喝咖啡。走到半山腰时，我停下歇了歇脚，因为山坡很陡。这时我看到，太阳已经升到了群山和森林的上方。轻轻的晨雾缓缓地升腾，一幅壮丽的景象慢慢露出了真容。那是一种激动人心的美，让我忽然真切而强烈地感受到了“我”在这个世上的存在。我克制着自己，努力不发出喜悦的呼喊。之后，即便是在更加壮丽的风景面前，即便我曾站在高山之上，我也没有在其他的旅途中有过类似的感受。朋友们说，我的喜悦之所以如此强烈，可能是由于眼前景象与前一天看到的可怕战况形成了鲜明对比。

米歇尔的朋友们作出的解释很有趣。研究发现，当我们的身体反应激动到一定程度时，我们的情绪会尤为激烈。还记得那句话吗：“我们的情绪源自身体的应激反应。”由于前一天的所见和这一天的登山，米歇尔的身体已经出现紧张状态。受他被激动的身躯的影响，他的喜悦之情更强烈。然而，为什么他的喜悦会在面对景色之时产生呢？进化派人士告诉我们，这是因为由注视大自然引发的喜悦之情是我们基因里固有的，因为具有兴奋潜力的人之所以能在艰苦的条件下生存下来，正是得益于强大的情绪支撑。不过，我们也不能否认文化背景的作用：在米歇尔出生的家庭中，所有人都从幼年就开始学习欣赏大自然的美了。

莉丝是一名42岁的女记者：

我记忆中最喜悦的时刻？我不确定那是否算是喜悦，其实就是我开始记者生涯的头几个月。那时，我当上了一份地区日报的记者。那并不是什么重要的报纸，所以同事们都算不上是专业记者，而我虽然只是初出茅庐，却可以负责各种题材，包括文化节、家畜市场，等等。我走遍了整个地区，采访了各式各样的人：从拖拉机上的农民、博物馆的馆长，到羊群游行、老兵集会，等等。每天早晨，我带着难以置信的激动起床，像打了兴奋剂一般憧憬着当天要发现的新世界，为这新职业的朝气和多姿多彩而高兴不已。从那时起，我在事业上不断进步，如今负责的是一份全国重要报纸的所有文化版块，但我再也没有找回从业之初那种欢欣的状态。

莉丝描述的是一种特殊的情绪，专家们称之为“兴趣式兴奋”。这种情绪激励我们去探索新的环境，在孩童和年轻人中间尤为常见。它使人克服内心的恐惧，而恐惧的情绪正是面对新事物时的最大阻碍。如果您某天首次带小朋友前去迪士尼乐园之类的游乐场，您就可以有幸亲眼目睹这种情绪以及相关的探索式行为了。成年人的“兴趣式兴奋”，通常都是在从事某项让人激动的事业或拥有某个极为热爱的业余爱好时产生的。不过，我们将会看到，某些个性的人比其他人更易有这样的情绪。

上述四个人的喜悦各不相同，但它们都符合情绪的定义：同时产生精神和生理的强烈反应，由一起事件触发，维持时间较短（但可能重复发生）。

心理学专家们一致认为，喜悦是基本情绪中的一种。它很显然也从属于正面心情和幸福这两个大类。我们之后将谈到这一点。

喜形于色：辨识真假笑容

您会辨认真诚的笑容吗？若您有这样的辨别能力，您将能知道某人是否真的很高兴认识您。真诚的笑容会带动双眼一起传递快乐，甚至会产生鱼尾纹。那么，是什么造成了真诚和假装的笑容之间的区别呢？人眼四周的表皮之下有一部分环形的肌肉，它只在真诚的喜悦之下才会活动。

这两种笑容之间的区别最初是由 19 世纪的一名法国医生发现的。这位名叫纪尧姆 · 本雅明 · 迪歇恩（Guillaume-Benjamin Duchenne）的医生同时也是诊断肌病（进行性肌萎缩）的第一人。除了高超的医术之外，迪歇恩医生还结合了当时的两大发明——照相技术和电，在经过实验对象同意后，他把电极置于对方面部的不同部位，根据不同脸部表情牵动的肌肉绘制出了多幅表情分析图。达尔文出版了他拍摄的照片，并在自己论情绪的著作中大量引用了他的研究成果。为了向迪歇恩致敬，当今情绪研究界的领军人物保罗·艾克曼提议，将最喜悦情绪的真实笑容命名为“迪歇恩笑容”(Duchenne smile)。

不过，值得注意的是，真诚的笑容带动的并不是整个眼周的收缩，而是只有其外部收缩，同时使眉毛下移。如果微笑时“眯眼”，并不足以说明这就是真诚的笑容。由此，我们便可按照微笑的“质量”区分三种演员或三种政治人物。

演技不佳的演员或通常出自非民主体系的政治家 **“空洞的笑容”**	**演技一般的演员或圆滑老练的政治家** **“虚假的笑容”**	**演技出色的演员或真心快乐的人** **“迪歇恩式笑容”**
微笑时仅牵动颧骨 双眼毫无表情 人物： **斯洛博丹·米洛舍维奇** (Slobodan Milosevic)	颧骨和全部眼周肌肉均收缩。“眯起”双眼 人物： **理查德·尼克松** (Richard Nixon)	颧骨收缩，眼周肌肉外部收缩。双眼“微笑”状 人物： **比尔·克林顿** (Bill Clinton)

这三种笑容之间的细微差别在儿童中也同样存在：当他们看到父母时，表现的是“迪歇恩式笑容”，但在看到陌生人时则表现出“空洞”或“虚假”的笑容。同样，一对爱人在见面瞬间出现的真假笑容便是衡量他们幸福与否的上佳方法。不过，真

假微笑在关心伴侣的人眼里也会变成一种“警报器”，且听玛丽·皮埃尔的讲述：

我丈夫是一个自控能力特别强的人，很少表达情绪，或者说总是用一成不变的冷静和亲切把情绪掩盖起来。别人觉得这样简直太有型了，我的不少女友都很羡慕我（有几个甚至会带着让我起疑的兴趣盯着他看）。但是对我而言，这也是个恼人的问题，因为我常常会觉得这是我们亲密关系的一大障碍，他并未真正地向我敞开心扉。渐渐地，我开始猜出一些端倪了，尤其是当他笑起来的时候，我会猜得很准。我不知道怎么解释，但我确实看得出来，他真正高兴时的笑容和他想要向我隐藏什么忧虑时的笑容是不同的。

喜悦不仅仅会通过笑容表达。年纪特别小的儿童在心情愉悦的时候，通常会以特有的边走边跳来表现他们良好的健康状况。一位朋友告诉我们，他最小的女儿塞莱斯特今年三岁，前阵子生病了。和大多数同龄的孩子一样，她低声哼哼了好几天。之后，她渐渐康复了，而康复最早且明显的标志之一就是她又重新开始边走路边时不时地蹦蹦跳跳起来。成年人表达喜悦情绪的方式还包括心满意足地傻笑、边洗澡（或边走路）边哼小曲儿……而在某些比较极端的情况下，成人还会流泪。

喜悦的泪水

2000 年 11 月 8 日，在纽约凯悦大酒店的大厅里，比尔 · 克林顿和妻子希拉里一起庆祝后者在参议员选举中获胜，台下满是热情的支持者。但就在这样一个最值得欢庆的时刻，世界各地的电视机屏幕上却出现了这样一幕：世界上第一强国的总统拭去了流下的泪水。这泪水让我们想起了其他场景：当运动员赢得世界级比赛后，站在领奖台上的他们在听到国歌奏响的那一刻流下了泪水。

不过，因喜悦流泪并不是电视机发明后才出现的，因为达尔文在家中听旅行回来的朋友们讲述旅途趣事时，他惊奇地发现，印度人、中国人、马来人、达雅克人、澳大利亚土著、非洲黑人、霍屯督人和加拿大印第安人都会在特别喜悦的时刻流下泪水。这就好比为当时号称“日不落帝国”的大英帝国绘制了一幅喜与泪的地图。

要是换在今天，这些民族的人可能会被怀疑是否看了美剧《草原小屋》(*Little House On The Prairie*) 或《马语者》(*The Horse Whisperer*) 才学会为喜悦而泣。言归正传，这些美国影视作品之所以能获得全球性的成功，正是因为它们聚焦的是人类最普遍的、与生俱来的情绪。

亲爱的读者，若您看过澳大利亚电影《小猪宝贝》(*Babe*)，就会记得主人公小猪宝贝在经历重重困难以后帮助主人赢得牧羊犬训练赛的情景。获胜时，人们疯狂地欢呼着，而他们则不敢相信这突如其来的幸福，呆呆地站在大草地中间。这一幕是否曾让您热泪盈眶？

很可能没有，因为我们每个人的“泪点”非常不同。有些人几乎从来不流泪，有些人则连看一个人寿保险的电视广告都会眼泪直打转。

您会被广告感动得流泪吗？

广告商们总是费尽心思地在我们的基本情绪上大做文章，有时会取得不小的成功。法国国家人寿保险公司的广告就是个很好的例子：镜头以快进的方式展现了人的一生，从穿小裤衩的年纪，到懵懂的青春爱恋，再由第一次当父亲的喜悦，到儿孙绕膝的暮年。整个人生在短短的广告中快速走过，以生命的延续和传承圆满落幕。该公司的另一则广告融合了两种触发情绪的情景：它以各大历史性的胜利时刻为背景，记录了一位年轻女子怀孕和生子的不同阶段（天哪，他们有没有读过达尔文啊？），广告最后，孩子诞生在了 艘宇宙飞船上。有人可能会对我们被广告感动的样子嗤之以鼻，但是，要知道，这事也会发生在真正的男子汉身上。在电影《老大靠边闪》（*Mafia Blues*）里，罗伯特·德尼罗扮演的黑帮大佬正准备去开黑帮大会，就在这时，他被房间里电视上的内容吸引了。那是一则美林证券（Merrill Lynch）的广告，讲的是一位父亲在儿子的陪伴下在乡间散步。这温情的一幕让这位（纽约人闻风丧胆的）黑帮大佬瞬间泪流满面。

久别重逢的泪水又是一副怎样的情形呢？在长期的分别之后，我们与所爱的人终于团聚了，彼此抱头痛哭。这里不得不提的是，历史往往会制造出一些让人痛彻心扉的场景，带来心灵浩劫般的经历。2000 年 8 月 15 日，南北朝鲜的失散亲属终于被允许相见。于是，电视屏幕上出现了一对又一对兄弟姐妹、父母孩子抱头痛哭的场面。

意大利导演罗贝托 · 贝尼尼（Roberto Benigni）的电影《美丽人生》（*La Vie est belle*）曾在 1998 年获得了戛纳电影节金棕榈奖。片中，父亲献出了自己的生命，从死亡和绝望中救出了孩子。在影片的最后，看到男孩与母亲重逢的那一幕，您是否也曾受到深深的震撼，久久不能平静？

《巴里 · 林登》（*Barry Lindon*）是斯坦利 · 库布里克（Stanley Kubrich）于 1976 年导演的一部史诗巨片，其中有一幕表现了男儿之泪，为观众留下了深刻印象。

故事发生在 18 世纪的欧洲。年轻又敢于冒险的爱尔兰人巴里在一场决斗之后不得不离开家乡。他在中欧四处闲逛时被迫加入了普鲁士军队，并因勇敢而颇受主帅器重。后者把他推荐给了自己时任总警长的兄弟。随后，警长指派巴里负责一起间谍案件，于是，巴里凭假身份前去调查皇后最宠爱的一名骑士。这名骑士虽然意大利语、法语和德语均十分流利，但他被怀疑是爱尔兰间谍。由于巴里原为非法身份，为了感谢主帅的收留，他只能来到骑士的家中当起了仆人。但当新主人朗读他的推荐信时，一种情绪忽然占据了他的心："我觉得我再也没法欺骗下去了。您也许从来没有离开过祖国，我想，您无法理解乡音对一个被囚他乡的人意味着什么，也没有人能理解我内心澎湃的感情。"这时，巴里的目光和眼前这位长者相遇了。两人紧紧地拥抱在了一起。

喜悦的泪水从何而来？

前文提到的几个因喜悦流泪的事例告诉我们：喜悦的泪水通常在喜悦混杂着悲伤时流出，喜悦乃是对当下情景的感受，而悲伤则常常源自对过去痛苦的回忆。有时，泪水也可能是由于目前喜悦的情景将很快迎来分别的时刻。

50 岁的苏珊是一个农民，她这样讲述自己的经历：

我所经历过的最喜悦的时刻之一，是我女儿医学论文答辩的那一天。我和我的丈夫都没有上过学，所以您可以想象这一刻对我们而言有着多么特殊的意义。当时我非常高兴，但当我看到瘦削的她穿着黑色的答辩服，站在所有气度不凡的教授面前，面色严肃地读出希波克拉底誓词时，我再也控制不住自己的泪水，哭了起来。我确实很高兴，但同时，那样的场景让我感到，我的女儿要离开我们了，她要去一个完全不同的世界了。

我们为何会在理应喜悦的时刻哭泣?

胜利的泪水	胜利来临的那一刻让您回想起了奋力拼搏之时承受的所有磨难; 在战争中,它还会让您记起那些已经离开人世的战友,他们再也无法与您分享胜利的喜悦了 胜利同时也预示着如今正庆祝着的人即将分别、各奔前程 胜利之泪或许能起到平息围观者的羡慕和敌对情绪的作用
重逢的泪水	重逢的场景同时勾起了您与深爱之人在分别过程中所承受的所有痛苦

某些胜利的泪水也许可以这样解读:它相当于一种"求助信号",吸引亲近的人来帮助您平静下来。获得胜利之后,我们的泪水可能具有了平息围观者羡慕或敌对情绪的作用,同时通过情感共鸣的方式在他们的内心激发与先前截然不同的正面情绪。比起一个高调得意的胜利者,人们比较不容易去怨恨一个激动得落泪的人。

神秘的狂喜:
"喜乐,喜乐,喜乐,喜乐到哭泣"

1654 年 11 月 23 日夜间 10 点至 12 点,帕斯卡经历了一次改变他生命的神秘狂喜。他把这次经历简单地书写在了一张羊皮纸上,缝在外套内,直到去世都随身携带着。这段文字也被称为"帕斯卡备忘录"(Mémorial de Pascal)。

泪水伴随着狂喜一同袭来之时,很可能是重逢的喜悦和胜利的喜悦一起出现之时。对于有信仰的人来说,与上帝的联结既代表他战胜了属地生命中过于缠累他的人间处境，同时也代表着他与人类最敬畏的上帝终于重逢了。

喜悦的确是一种强烈而让人向往的经历，但我们无法寄希望于长期、持续性地感受它，因为若是如此，这种情绪就不能再被称作喜悦了。想象一下，若有人问大家，谁想被连在一台永远不停制造喜悦的机器上？大多数人的回答都会是否定的。显然，他们都觉得，喜悦只能作为对某件事的反应而存在，也只能作为我们平日心情的升级形式被体验。

不过，我们还是可以寄希望于长久地处于一种不那么激烈，却同样值得维持的状态——快乐——与喜悦密切相关。快乐引起了许多专家的研究兴趣，因为它更易产生，也比喜悦更为持久，因此更容易观察到它的效果。

快乐

比我强的人有，但我最快乐。

——比尔·克林顿

快乐就如同一首背景音乐，您可能都不太注意它的存在，它也不会像喜悦那样一旦爆发就扰乱您的思绪。但是，研究表明，正是这首轻轻播放着的乐曲、这首不喧宾夺主的伴奏，决定着我们的思考和行动方式。

对快乐的研究是如何进行的?

研究过程中，专家们可能向人们询问了他们是否感到快乐，随后观察了他们在声称快乐时的行为。不过，这样的研究方法缺乏可信度，原因至少有两点：

让研究对象自己观察是否正感到快乐，这样的做法极有可能改变这种心情。

研究对象的回答可信度存疑，他们可能会夸大自己的快乐状态，或对这个状态有着与专家们不同的概念。

因此，大多数研究专家选择人为地创造出一些外部条件，来激发研究对象的快乐，然后观察他们在不同情境下的行为。这些人为创造的条件可以有许多种形式：

- 放映某部喜剧中特别滑稽的片段；
- 让研究对象参与一场有趣的游戏；
- 告诉研究对象，他们刚刚赢得了一个小奖或一笔数额较小的奖金（若数额很大，将会触发喜悦情绪，而非快乐的心情）。

随后，专家将观察研究对象在几分钟内的表现。通过如此简单的研究方法，一系列惊人的结果浮出水面，并得到了诸多其他研究的进一步证实。

快乐促使人们伸出援手

婚礼的仪式举行过后，等在教堂门口乞讨的人对这一现象再熟悉不过了：快乐的人们（当然参加婚礼的人当中还是可能存在消极主义者的）更倾向于主动帮助别人。

心理学家们曾做过一些实验，以观测这一假设是否成立。比如，某位研究人员手捧一大堆书，与某个从心理实验室走出的人擦肩而过，然后假装绊倒，让书散落一地。这些研究对象因之前的实验已变得很快乐，他们更会主动地帮助研究人员捡起地上的书。不过，快乐产生的这一效果似乎更多地表现为一般且时长较短的帮助行为（已经值得赞许了），而不一定会达到处理他人重大问题的程度。

来听一听我们的朋友马克西姆的讲述。他几乎天天都保持快乐，这非常难得：

其实，大多数时候我都非常快乐，快乐到想要让身边的人也同样快乐起来。注意哦，总的来说，我和所有人一样，是个自私的家伙，只为自己或者亲近的人付出。不过，当我特别快乐又时间充裕的时候，我会请一位流浪汉去饭店用餐。有些流浪汉很难接受这种恩惠，显得格外震惊，但其他人就会欣然接受。我相信他们都很喜欢这个体验，因为他们至少感到被人接纳、有人倾听了。当我有资源时，我还会给他们几条小建议或几个也许用得上的地址。不过，我当然不是圣人啦，我从来不会长期地照顾他们，而是把这个工作交给公益组织。

快乐让人更有创意

在类似于头脑风暴的情景中，人们都要为复杂的问题想出尽可能多的解决办法。这时，快乐的人会提出更多有用的想法，更会采纳他人的提议，更容易参与合作，也会制定出更多、更好的解决方法。这一现象已被诸多研究再三证实。请记住，想要达到这样的效果，您只需要给参与者一个小礼物，或先放几分钟滑稽的喜剧片段。

所以，把思考型会议的地点选在舒适的环境中并非只是为了让人逃避单调乏味的办公室而已。当与会者快乐起来时，他们会有更多的想法，彼此间也能更好地交换思想。

快乐使人更好地作出决策

研究表明，在实验中获得快乐心情的医学系学生们更能快速分析病例，并制定出恰当的治疗方案。尤其值得一提的是，当他们得到的新信息与自己最先的判断有出入时，快乐中的他们更倾向于马上放弃先前的判断。与此同时，他们会避免过快地下结论，他们的思考过程也会比“中性”研究对象来得更为清晰缜密。其他实验也证明了快乐对决策力产生的积极效果。

由此说明，与人们的成见恰恰相反，心情快乐的人在分析问题的时候比心情一般的人更有条理、更迅速。

快乐给您更多勇气

在失败不会导致过大损失的情况下，快乐的人更愿意承担适度的风险。他们更倾向于尝试新的解决办法，而不是经验之策，也更会启用新的产品，准备开拓一番新的事业。营销专家们都熟知这一现象：快乐的客户更有可能购买新的产品。

佐薇是一名医药代表。她向我们描述了自己在快乐心情下的表现：

有一天，我接到了女儿的电话。她告诉我她怀孕了，而这是她期待已久的。后来，整个下午，我做了许多过去我一直没勇气做的事情：我没有经过邀约，仅仅是因为路过就见了一名医生，介绍了我的业务；我去了一家医院，和走廊里撞见的某位老总聊了起来；我还挑选了粉刷墙壁的油漆，之前一直因为选择恐惧而迟迟拿不定主意。

快乐是否会让人尝试过高的风险？

实验中，当情景涉及金钱时，心情快乐的研究对象比心情一般、自制力强的人要更为谨慎。的确，快乐使他们对盈利更为乐观，但与此同时，快乐也让他们对损失的危害性看得更为严重。第二层考虑最终都会战胜第一层。事实上，快乐会激起人们保留它的愿望，而不会让人为了一场没有意义的赌博而轻易地让它溜走。所以，当您处在真正的快乐中，您更可能会申请加薪，而不是把钱全都用来购物！

快乐是否会让人变得过于温顺?

有人可能会认为，快乐的人都一定会笑嘻嘻地对待任何工作，哪怕是最让人厌烦的工作，事实并非如此。现实中，在接受一项有意思的任务时，快乐的人比心情一般的人更积极主动、更有创造力；但当分派的工作很枯燥乏味时，快乐的人要表现得更不积极、创造力更弱。请注意，有些上司对这种现象有着天生的直觉，所以，如果您想让上司在分配有趣的任务时优先考虑您的话，表现得开心些吧！

给老板们的建议

我们已经看到，快乐在合作能力、思考能力和决策力上都有着多种积极的效果。那么，我们建议您可以经常考虑这样的问题："我怎样才能让我的下属们处于基本稳定的快乐状态？"

当然，工作中的快乐由多种因素决定，其中有一些是上司能够掌控的（比如工作环境、良好团队的建设、管理水平的提升等），有些则是无法掌控的（如经济形势）。所以，上司能够做的，一是自己快乐起来，成为下属的榜样；二是主动创造激发快乐的条件。由此，便能达到增加员工的自如感、改善团队工作能力的效果。

快乐的心情确实美好，但它是否足以让我们幸福呢？当我们最初开始研究“正面”情绪时，我们自然而然地就会联想到幸福的问题。对此，古代的哲人和现代心理学家们也有着各式各样的答案。

幸福的四种状态

幸福，这不正是每个人的愿望吗？二十多个世纪以来，这个主题始终吸引着哲学家们。可以说，有多少个哲学学派，就有多少种对幸福的定义。不过，在对比了所有智者的思想并融合了他们的精髓之后，我们可以得出“幸福的四种状态”，每种都对应不同的幸福概念。

我们将通过几位受访者的叙述来了解这些内容。

让·皮埃尔，中层销售主管，30 岁：

对我而言，幸福就是美好的时刻。和朋友聚在一起美餐一顿，放声大笑，畅饮，肆无忌惮地说笑；和最好的朋友一起出游，游历没到过的国家，一同猎奇尝鲜；庆祝婚礼、洗礼、乔迁之喜，时不时也办个小型派对，和老朋友加深感情，与新朋友建立友谊。对我而言，美好的时刻还包括玩滑行运动的时候，比如帆板。啊，当然啦，一段恋情开始的时候也是幸福的时刻！总的来说，最幸福的时候，就是感到开心、有点激动、所有烦恼全都抛在脑后的时候！

对于让·皮埃尔来说，幸福似乎是由喜悦组成的，也就是不间断的、强烈的情绪片段的总和。所以，在偏爱刺激过于连续性的让·皮埃尔眼中，幸福更多的是“峰值式”，而非“进行式”。同时，他对幸福的阐释中也包括了对高兴的感觉的描述。

艾梅莉，家庭主妇，38 岁：

我觉得，当我爱的人一切都好的时候，我的感觉就叫作幸福。看着孩子们快乐、丈夫心满意足、我们的计划（合理的计划）一一实现时，就是幸福的时候。我的理想没有什么特别的，我只希望大家都健康，孩子们学习稳定又不需背负太多压力，丈夫工作顺利。我绝不会逼他们“成功”，只要他们喜欢自己所做的就够了。我也希望没有经济困难，并与闺蜜们继续保持联系。当这所有的一切都同时实现的时候，就是我感到幸福的时候。

对于艾梅莉而言，与让·皮埃尔相反，幸福更是一种长期的高兴的状态。在这种状态下，我们的愿望都达成了，于是便很满足。在她的描述中，这些愿望都很合理，也很普遍，就是与我们所爱的人关系和谐，在生活的环境中没有烦恼。

娜西玛，银行高管，45岁：

> 对我来说，幸福就是当我感到整个人活力十足的时候。比如，当我决定收拾花园的时候，眼看时间一点点过去，我却要把预计要做的事做完。再比如，在工作中，当我要处理一大堆文件的时候，我顺利地为每个问题都找到了解决办法；随后，当精力渐渐减弱的时候，我看到自己处理的事情都取得了积极的进展，我的能力也用在了刀刃上，于是，我便会有很大的满足感。即便是在休息的时候，我还是会“找任务”，比如做填字游戏、组织某个家长联谊会，或者把家里某个房间的家具重新摆放一番。我丈夫嫌我从来不会放松，但对我而言，放松就是把任务完成时的感觉。

娜西玛眼中的幸福，就是达成目的时的状态：先因有趣的任务而兴奋，然后积极地推进工作，最后因完美地达成目标或找到了自己的用武之地而得到满足。娜西玛对幸福的观念与亚里士多德不谋而合：通过投身于某项自己选择的、造福社会的事业达到幸福。

大卫，55岁：

我眼中的幸福，就是不论发生什么，无论成功还是失败，都保持一种精神上的平安。在这几十年里，我曾遇到过几个这样的人，他们都是我的榜样，深深地触动了我。首先是我的祖父。他是在集中营里去世的，但他所有的战友都告诉我，他整个人表现出的从容泰然在当时成为了他们强大的精神支柱。还有一个人，他是我的某位上司。他也经历了许多困难，但是在面对所有的挫折时，他从未失去过平静的状态。我觉得，我们是否幸福，单单取决于我们对所处现状的接受能力，而这现状里包含着许多未知的可能性。过上风平浪静的生活、有时稍微努力努力，自然是件好事，但说到底，我认为，我的幸福和我帮助他人的能力，都取决于我在或大或小的考验中是否依然能够保持从容。我没有宗教信仰，但我想，这个概念在每个宗教里都能找到。

对于大卫而言，幸福就是心灵的从容，是处变不惊的境界（即遭遇风浪时心灵和心情的平稳）。

大卫也许早就了解，也可能并不了解，他的思想与爱比克泰德和塞内卡（Sénèque）代表的斯多葛主义非常相近。这些哲学家认为，影响着我们生活的幸运或不幸之事自然地发生着，我们对此无能为力。它们当中的大多数事件都是由不得我们的。然而，我们自己却可以选择在面对它们的时候保持内心的平和，而这是可以由我们自己掌控的。不过，大卫本人还是保留了一些想要去满足的愿望，他并没有想要达到斯多葛派人士追求的“超脱”境界。在这一境界中的人将不会有任何惧怕，也不会有任何欲望。

简·布里格斯描写的因纽特人肯定没有读过这些古希腊哲学家的著作，但他们也极其看重从容泰然。在他们的文明中，一个独立的成年人，就是在北极的种种生存考验中能够用自己的 inhua（理智）成功控制心情起伏的人。

亚里士多德（从事造福于人且自行选择的事业）、塞内卡和爱比克泰德（从容泰然）对于幸福的定义的区别也许就源自他们各自不同的生活环境。亚里士多德以自由的身份生活在一个自由的国家里，先是柏拉图的学生，然后亲手创立了一个哲学学派，之后又成为了亚历山大大帝的思想导师。谁都能理解他一定会在事业和自由中找到幸福。然而，塞内卡就没有那么幸运了。起先，他有着辉煌的事业，但后来却受到了疯狂的独裁者尼禄（Néron）的折磨（要知道，他可是尼禄的思想启蒙老师！可见教育并不是决定一个人品性的唯一要素），被后者勒令自杀而死。至于爱比克泰德，他原先是奴隶，长期遭受凶恶的主人的虐待，很多年后才获得自由身。毫无疑问，在面对敌对且无法预见的境况时，后两位哲学家领悟到：从容，或其更高形式——超脱，才是最能减轻人类不幸的人生态度。

以上四种幸福的状态可以分成两大类：根据其决定因素来自外部还是内部，幸福被分为激动的和平静的两类。当然，这两种类别之间并没有严格的界线。比如，当人在参与他认为有用的活动时感到高兴，从而获得了“内在”的幸福，这样的状态其实也依赖于一些外部客观因素：若您此刻失业，或正受牢狱之苦，那么就会很难体验到这种幸福；若您为了糊口而不得不接受一份不喜欢的工作，那么结局也是一样。

亚里士多德强调的是自由选择的职业带来的幸福。他认为，奴隶是几乎体验不到幸福的，因为他的“职业”和人生目标都不是自己选择的，而是被他人界定、强加的。不过，他不会想到，两个世纪之后，身为奴隶的爱比克泰德创立了独立于自身处境之外的幸福观。

幸福的四种状态

	基于外部条件的幸福：“外因”幸福	**基于自身的幸福：“内在”幸福**
较激动的幸福	喜悦 例如：肉体快感、节日欢庆 常见用语： “真高兴啊……”	从事一项有目的且目的很有意义的事业 符合亚里士多德的“幸福论”，比如：在喜爱的事业上取得进展 常见表现： 在工作中吹起了得意的口哨
较平静的幸福	心满意足 例如：为自己所拥有的满足高兴 常见用语：“这对我来说足够了。”	泰然、从容 例如：无论成功还是失败都保持从容、平静 常见用语：“生活本是如此。”

在聚焦工作压力的一些现代研究中，我们常常可以见到亚里士多德理论的影子：您若想要活得幸福，您的职业对您而言就要与您的价值观和个人目标相关，并要在工作方式上留出一定的决策自由。遗憾的是，并不是所有职业都是如此。然而，我们都是如此强烈地希望从事具有相关目标性的职业，以至于有些人甚至在被严重剥削的状况下找到了工作的意义，或是在最一成不变的枯燥工作中创造出了自己的工作方式。

您是否对这四种幸福的状态有所感触呢？您是否发现自己更符合其中的某种状态？这很有可能，因为我们对幸福的体验也取决于我们的个性。

工作能带来幸福吗？

不管怎么说，我们都可以如此期待，毕竟理想状态下，工作可以让我们体验到幸福的四种状态：

- 感受喜悦：在节日、成功时，与工作的伙伴们一起庆祝；
- 投身于事业：此项事业对您而言很有意义（此意义视个性而定，可能是出色完成工作带来的意义，也可能是追逐权力的意义）；
- 满足感：感觉到自己从亲手所做的工作中获得了预期的回报；
- 从容不迫：在职场上以从容平静的心态面对各种大大小小的突发状况。

人的一生中，在工作上体验到幸福的概率能有多大，不仅取决于他人提供的客观条件，同时也取决于您个人从各种境遇中汲取精髓的能力。

米兰·昆德拉（Milan Kundera）的《生命不能承受之轻》（*L'Insoutenable Légèreté de l'être*）中，男主人公托马斯是一名著名的医学专家及外科医生。1968年的“布拉格之春”中，托马斯犯下了政治错误，写信批评共产党。当俄罗斯掌控了捷克的政权后，他被免职了。由于找工作实在太困难，他成了一名玻璃清洁工。起先，托马斯经历了一段抑郁时期，但他之后渐渐高兴起来，因为这项工作并不需要承担什么责任，而且可以借机认识很多女人，并趁机发展各种恋情。

幸福与个性：因人而异

在我们的另一本书《无处不在的人格》（*Comment gérer les personnalités difficiles*）中，我们将人类的各种个性分类进行了概述。如今，心理学家们仍在不断探索这一主题，其中有一种全新的个性评估方式正在慢慢被全世界的学者接受，即“大五类”人格，世称 Big Five。

在收集了世界各地不同语言中用来描绘个性的词语之后，专家们按照它们在形容各个人群时的使用频率对它们进行了分类，最终得出了一个相同的结论：世界上任何地区的人的个性都可以分成五大类，即 Big Five。

所以，我们每个人都可以通过一系列不同的测试进行自我个性测评，根据在这五部分中每个部分获得的分数了解自己的个性。

大五类人格

每个人的个性在五大类中都位于最高点（高：↑）和最低点（低：↓）之间。他在每一类中获得的分数高低即对应该类别中的相应描述。

大五类人格：您在每一类中分别处于什么位置

开放性↑： 有想象力，喜欢变化和创新，对他人的价值观持开放态度	开放性↓： 聚焦当下，喜欢常规状态，兴趣面较窄，相对保守……
自控性↑： 高效，一丝不苟，结果导向，集中力强，三思而后行	自控性↓： 时常准备不足，不看重结果，注意力易分散，自发性突出
外向性↑： 友善的，交际性强的，自我肯定，偏爱刺激性活动，热情的	外向性↓： 遵守规则，喜欢独处，不爱表现，动作慢条斯理，不喜欢刺激性活动
利他性↑： 信任他人，透明的，乐善好施的，常起到使人和解的作用，谦逊的，容易被感动……	利他性↓： 怀疑他人，有所保留，计较付出的帮助，自视高人一等，冷漠的
情绪的稳定性↑： 放松的，隐忍的，不容易气馁，鲜少陷入尴尬，善于处理压力	情绪的稳定性↓： 忧虑的，易怒的，容易气馁的，经常陷入尴尬，显得压力重重

当然，若想要获得更加客观、详细的结果，我们建议您去

做一次特别为大五类人格设计的个性测试。

您在五个人格类别中的分数将显示您更偏好哪种幸福状态，从而进一步确认研究的结果，尤其是其在喜悦和外向性的关系，以及满足和自控性的关系上的研究。

各大个性元素之间的关系以及对应的幸福种类

您个性中的首要元素	您特别在意的幸福种类	典型人物
外向性↑	喜悦	保险推销员乔利恩、女高音卡斯塔菲尔
开放性↑	发现新事物时的喜悦	丁丁
利他性↑	满足感， 人际关系中的幸福	奥利维拉先生
自控性↑	投身于事业， 达成目标时的满足	内斯特
情绪的稳定性↑	从容泰然	图纳思教授 反例： 阿道克船长

当然，若想要获得更加客观、详细的结果，我们建议您去做一次特别为了大五类人格设计的个性测试。

不过，大五类人格的真正意义在于某一个人的个性中几个元素之间的差别。

例如，图纳思教授在情绪的稳定性一类分数很高，但他的开放性也很强。我们从他在各个领域做出的新发明就可以看出端倪。他的自控性也不错，毕竟长时间的研究需要自控能力的支撑。

丁丁是开放性的代表人物，他的利他性也很强。他很容易感知他人的痛苦，也很享受和谐的人际关系。

至于阿道克船长，他的易怒、易兴奋、易气馁的表现应该给他的神经质（情绪稳定的反面）打上高分。他的嗜酒并不是偶然的，因为酒精会在负面情绪上产生很强的麻痹作用。不过，阿道克船长的利他性得分很高，一旦遇到不平，便会出手相助。

此外，我们也可以把主要幸福状态与年龄层作一联系。

幸福的年龄

青少年	青壮年	成熟年龄	老年
喜悦	亚里士多德幸福论	满足	从容
世上万事皆游戏、消遣而已	事业中的幸福：不断追求目标的达成	看重所拥有的一切	勇敢的船长：波澜不惊，以静制动

幸福是怎样产生的？

有人为幸福而生，

还有人为不幸而生。

我只是运气不好罢了。

——玛丽亚·卡拉斯（Maria Callas）

许多年前，法国已故笑星哥鲁士（Coluche）的一个段子让人哄堂大笑："又有钱又健康比又穷又病的要好。"那么，金钱和健康是幸福的决定因素吗？我们的幸福是否更取决于我们的性格和看待事物的方式？现代研究正尝试解答这些问题。

如何评测幸福？

幸福是一个至关重要的主题，但很难进行研究。心理学家们长期以来都试图彻底揭示其真义，但始终无法给出确切的定义：幸福究竟是一种"主观的美好体验"，还是"喜悦时刻的总和"，抑或是一种"正面的心情状态"？为了一直幸福下去，为什么不直接把大脑某个阴暗角落里的内啡肽彻底释放呢？

大部分心理学著作都认为，幸福（他们更偏向于称它为"主观的美好体验"）是以下两大因素综合后的成果：

- 满足的程度：对生活各方面都感到满足（如："您对您生活中的事业、家庭、健康等各个方面都满足吗？"）。这里关注的是个人对其目前生活的评判，尤其是他的期望与实际生活之间的差距。
- 实际的情绪经历：在幸福的问题上经常或鲜少体会惬意的情绪（如："上个星期，您的某种情绪是经常出现，还是出现了几次，还是没有出现过？"）。一些书的作者称其为"享乐程度"。同时，令人不适的情绪（悲伤、愤怒、焦虑、羞耻等）的产生频率也同样被考虑在内。

研究表明，这两大因素简单来说就是满足度与情绪。它们的区别很明显，但有时也会有关联。比如，仅凭直觉，我们就可以推测，当人对他生活的各个方面都感到满足时，他就更倾向于经常保持惬意的情绪。不过，我们会看到，事实并非如此简单。

诸多研究证明，正面情绪对幸福有着重要的影响。

我们每一天的每个时刻，都会感受到正面或负面的情绪。好消息是，大多数人都更倾向于怀有正面的情绪。

比起正面情绪的强烈程度，幸福更多地取决于这些情绪的产生频率，因此，可以说，许多小小的幸福时刻胜过了一两场痛快的狂喜。事实上，那些更容易变得特别喜悦的人同时也更倾向于产生同样强烈的负面情绪，而这同样会反映在他生活的美好程度上。这就印证了一位百岁老妇人对自己一生的评语。她认为，自己相对来说度过了“挺好的一生”(其实，来自东欧的她曾亲历战争、诀别、亲友的故去，还有流放)，她说道：“当然啦，确实是没有多少特别重大的幸福，反而时常伴有各种不幸，但是，有太多美好的时刻了！”

幸福：差距(Gap)理论

世界上只有两种悲剧：一是求之不得，二是得偿所愿。

——奥斯卡·王尔德

您是否曾思考过以下三种差距?

- 想得到的和已拥有的之间的差距;
- 您目前的处境和过去最好的处境之间的差距;
- 您拥有的和别人拥有的之间的差距。

根据研究,这三种差距在自我的幸福评估上具有决定性影响(方差达到38%——献给喜爱统计学的朋友们)。

这些差距可能会让人怀疑,决定幸福的是否是外部条件,并且,人是否只有当拥有了所有想要的事物以后便会幸福?

但是,请注意,以上的差距都是我们个人感知到的差距,而且我们的个性在评估幸福的缘由、达到幸福,以及对别人心怀羡慕时起重要作用。

尽管这一领域的测评有一些困难,但诸多研究仍然对某些因素是否影响幸福给予了特别关注。我们将用快乐的心情一一作出分析。

幸福:真相 vs 传统观念

这些并不重要……

年龄

有些研究称,幸福会随着年龄的增长而减弱。但这种说法带有片面性:这样的研究靠的是统计喜悦发生的次数,而喜悦是一种“激动”的幸福状态，无疑在年轻人中更为常见。同样地，若我们按照人对生活的满意度来测算平静式幸福的次数，那么结果就可能是幸福随着年龄而增加。不过，在推崇年轻化的社会中，“被年轻”的幸福将可能会使得正在衰老的人们不再满足于成熟带来的快乐，也会慢慢降低自己的满足感。所谓的“中年危机”正是一种想要重拾年轻时代的快乐的欲望：人们开始穿年轻人的衣服，买跑车，或重新追逐激情四射的爱情。

金钱

穷人们都想错了，
钱并不能使富人幸福，
但富人们也想错了，
它确实能让穷人幸福！

——让·端木松（Jean D'ormesson）

许多研究都显示，生活在主观上的美好程度与收入成正比。然而，金钱的这种效力似乎在贫穷的人们身上更为明显。对他们而言，金钱可以使他们的生活发生翻天覆地的变化，从悲惨无比变成不缺基本的日常所需，从此就有了住处、财物、健康和融入社会的可能。当人的收入水平比最低贫困线越来越高时，金钱对幸福的影响力就会越来越低。此外，一个国家整体收入的增加并不会引发幸福指数的上涨。这无疑是因为人们把互相之间对收入差距的比较与收入本身看得同等重要了。今天，一位法国工人的生活水平比起20世纪50年代的同行要高得多，但无论是与如今的其他职业相比，还是单看收入本身，他的收入都属于所有行业中最低的。我们所处的相对社会地位与我们财产的绝对值同样重要。不过，也有许多研究表明，经济水平最高、公民权利体系最发达、文化建立在个人主义至上的国家同样也在主观生活美好体验度上有着最高的平均水平。

重要的是：健康

健康水平——尤其是主体对自身健康的感受——影响着幸福。但当这种健康水平转变成了由医生诊断的客观健康状况时，健康与幸福之间的关联就会减弱。这并不奇怪，因为您的伤心或快乐会使您改变对自己的健康和幸福感的评判方式。所以，有些“想象患病”的病人可能真的会得病，同时处在不幸福的状态下。另外，严重的健康问题在产生后的最初几个月里似乎会对生活产生尤其重大的影响，比如，一下子变得虚弱无比的病人就像是永远失去了幸福的可能一般消沉。不过，在那之后，他们的幸福感会慢慢回升，恢复到与患病之前接近的水平（通常较之前稍低）。总的来说，病人或因事故残疾的人的幸福水平要低于健康人。但是，在相同的健康状况下，幸福将取决于一个决定性因素。

尤其重要的是：个性

我们已经了解到，个性对于人们感受到或正在寻找的幸福具有很大的影响。但与此同时，它也影响着幸福的整体水平。不少研究都证实了这一点：外向性和情绪的稳定性增加了感受幸福的机会，开放性的效应则相对较小。这些都是源于不同的身体机制。如果您很外向，很可能您对让人高兴的事情有着更高的心理、生理方面的敏感度，在同样的情境中会比他人更能体会到幸福感。同时，您也可能比别人更有机会体验类似的情绪，因为您会比他人更热切地寻找或制造让您幸福起来的机会。至于情绪稳定性高的人，他们本身具有一种能力，可以减轻负面情绪对整体幸福感的影响。当然，不论您的个性如何，您的幸福感还是会被不幸的遭遇或成功的时刻所干扰，但在适应能力的帮助下，幸福感会回到原先的放松水平。我们每个人的个性都决定着这个初始放松水平。每个人的放松水平都不同，并且会在我们适应了某个成功或失败以后回到初始状态。

这些也重要：

婚姻

有好的婚姻，
可是不存在美满甜蜜的婚姻。

——拉罗什富科

拉罗什富科兴许很有道理，不过，一些研究也显示，已婚者一般比单身人士更加幸福。研究中已经包括了不幸的婚姻，后者却并没有使平均水平降低。

但是，这里还是要注意，人与人之间的关系很复杂。在到达某个年龄后，您所处的文化背景中大多数人纷纷结婚而您坚持保持单身的话，说明可能有其他的个人因素在影响着您的幸福感。

宗教信仰

许多研究纷纷证明，有宗教信仰并付诸实践的人一般都更幸福，且比无信仰者患精神疾病的概率要低。宗教信仰对精神健康的效果是一个值得探索的领域。宗教会以几种不同的机制产生作用：信仰（支持从容泰然的处事方式），对某个支持您的团体有归属感，重视有规律的生活习惯（提倡满足感）。

请注意，这里仍然在谈大多数相关人群的一般情况，不能排除某些特殊案例和某些激烈、极端的宗教的存在。

事业

并不奇怪，正如亚里士多德所想的那样，投身于某项事业中的人通常比没有工作的人更为幸福，尤其是当他们的事业与个人的目标和价值观相符之时。公共组织或志愿者的工作会像其他职业一样带来幸福感。失业之类迫使某人进入无工作状态的情形自然会对人们的生活美好程度产生负面影响，甚至可能引发心理障碍。

亲友

根据一些原本与幸福并无直接关联的研究，心理学家们在通常所称的“社会支持”和“压力情形的适应性”之间建立了诸多关联。

社会支持包括四个组成部分：

- 情绪性支持：在你失去亲爱的人后，一位朋友前来给予安慰和同情；
- 评估性支持：您感到被欣赏、被接纳；
- 信息性支持：一位亲戚告诉您他买电脑的经验，或转告您一个工作机会；
- 物质性支持：您的岳父母／公婆把自己的房子借给您住，或帮您照看孩子。

这些例子都清楚地说明，在不同的考验下，以上每种支持的重要性会相对改变。总体而言，内心感受到的社会支持比外界衡量得出的“客观”支持更有助于缓解压力。社会支持的水平与密集程度同样受到各种因素的影响，包括个性、环境、从属人群等。

幸福由环境决定还是由个性决定？

显然，以上这些幸福的因素是相互影响的：您的健康影响着事业；您的个性影响着寻找合适的另一半的能力，也影响着您对高压状况的适应性、创造愉快状态的能力、走向事业成功的潜力，以及欣然接受成功或贬低、无视所获成功的可能性。

不过，虽然个性有一部分是由基因决定的（数据表明，在个性的不少方面，基因影响的方差均超过一半），但您童年时的环境也必然会影响您的个性成长。

现代人对幸福的研究常常专注于个体外部的环境与其本人性格之间的相对重要性。若您认为环境对幸福有着更大的决定作用，那么您就属于“自下而上”(bottom-up) 派的支持者，若您认为个性才是决定幸福的首要因素，那么您更赞同的是“自上而下”(top-down) 派理论。“环境决定幸福”的支持者们援引了各种研究成果，总结道：“满足与幸福的产生源自一种集合了大量幸福时刻或幸福条件的生活，而这些幸福时刻或条件存在于不同的方面：家庭、夫妻关系、收入、工作、居住地，等等。”相反，支持“个性决定幸福”的人们则引述了其他研究结果。这些研究显示，给一个人的正面及负面情绪评分（加上个人对生活满足度的自我评估）在几个月或几年的间隔中几乎没有明显变化，无论这期间他的环境如何。他们认为：“幸福的人之所以幸福，是因为他们在任何境遇中都能找到快乐，而不是因为他们遇到的事情或环境比他人更称心如意。”

总之，哥鲁士的名言可以这么扩充：“若要幸福的话，最好您既外向又情绪稳定，还已婚，有工作，有信仰，没有经济困难（非富有），没有重大健康问题，生活在民主国家。”悲观主义者会说，这样一来，90%的地球人都被排除了；乐观主义者会借研究数据称，大多数人都觉得自己是幸福的；怀疑论者们则会认为，评估幸福是不可能的。不过，在这些决定性因素之外，是否有可能通过一些努力，增加您的幸福感？我们认为这是可能的，而这也是我们作为心理治疗师和心理学书籍作者的意义。

走向幸福几大问

别担心，快乐点。

——博比·麦克费林（Bobby Mcferrin）

自人类使用文字开始，无数书籍都试图创造出独家幸福秘籍。从《尼各马科伦理学》到东方的哲学巨著，再到最近上架的“个人发展”类畅销读物，我们从来都不缺少指点。在茫茫书海里，我们当中的某些人已经找到了与自己最为契合的那一本，作为困境到来时的明灯反复阅读。

相较于继续提供各种指导，我们更倾向于提出一些问题供您思考，而这也是我们作为心理治疗师最熟悉的工作内容之一。

这些问题旨在帮助您打开思路，更清楚地看到您个人是否正处于幸福状态中。我们建议您用书写的方式记录您的答案，帮助您进行深入的思考。您也可以和其他人一起做这个练习，别人的观点通常会为您自己的思想带来启发。

那么，就请您拿出纸笔，回答以下的六大问题：

现在，什么会让您更加幸福？

您是否已经对心中向往的幸福有清晰的概念？还是说您目前没有时间思考这个问题？另外，您在乎您的幸福吗？若不在乎的话，这样的漠视是出于什么原因？不过，您也可能觉得自己已经是个幸福的人了，那么，您希望这样的幸福长久地保持下去吗？为自己的幸福考虑，对您而言是否是一件毫无意义、自私的事，是否反而意味着永远得不到幸福？

使您更幸福的事是可能实现或获得的吗？

您与幸福的梦想之间是否被巨大的障碍阻隔？您对于达到这一梦想的期待是否合理？您的幸福梦想与您的年龄是否匹配？还是您更想获得比您年轻或年长之人通常期待的幸福？

您理想中的幸福更接近于哪种类型?

是充满了喜悦、不时发生些有趣故事的快乐生活，是让您实现理想、意义远大的毕生事业，是轻松舒适、无忧无虑的生活带来的心满意足，还是心中无惧、不为欲望所累的泰然自若?

您曾经最幸福的时刻是怎样的?

在心理学中，过去的经历对未来有着一定的预示作用。曾经让您幸福的情境在将来重现时仍然可能再度带来幸福，当然，它的表现形式会不同。不要忘记，无论您亲近的人和这个社会如何建议您追求怎样的幸福，您最愿意接受的幸福类型很大程度上还是由您的个性和年龄决定的。

您曾经错过哪些幸福的时刻?

您是否在幸福溜走之后才意识到它来过? 您是否曾错过幸福的时刻?

如果这些发生过的话，那时的您是因为有罪恶感才错过的吗? 是因为您一边在羡慕着比您更富有的人，还是您期待着更大的幸福感，所以完全没有注意，或并不满足于眼前的幸福? 在这一点上，过去对于未来也有着预示作用，所以，请注意，不要再因为同样的缘故丢失掉您将来的幸福了。

使您更幸福的事物是否取决于您自己?

如果让您更加幸福的事物取决于您自己，那么为了实现它们，您会怎么做？若情况相反，您又会怎么做？如果让您幸福的事物不取决于您，那么在等待它发生的过程中，您会用什么样的方式让生活更加幸福?

在提出这些“查问”式的问题后，我们想特别建议您：千万不要错失生活中点点滴滴的幸福时刻。它们非常重要，请在遇到时用心珍惜，无论其发生背景是悲是喜。

有这样的一个人物为我们完美地诠释了何为在最艰难的环境中追寻幸福，他就是亚历山大·索尔仁尼琴（Alexandre Sojenitsyne）的作品《伊凡·杰尼索维奇的一天》(*Une journée d'Ivan Denissovitch*）中的主人公舒霍夫。舒霍夫是一个普通的俄罗斯农民，他被流放到了西伯利亚的劳改营。小说记录了他的一天：

“舒霍夫心满意足地入睡了。他这一天非常顺当：没有关禁闭，没把他们这个小队赶去建‘社会主义生活小城’，午饭的时候赚了一碗粥，……砌墙砌得很愉快，搜身的时候锯条也没有被搜出来，晚上又从采札尔那里弄到了东西，还买了烟叶。也没有生病，挺过来了。”

一天过去了，没碰上不顺心的事，这一天简直可以说是幸福的。

这样的日子他从头到尾应该过了三千六百五十三天。

第五章

悲伤

La tristesse

我的心中倏地涌上了什么，

我闭紧双眼，呼唤着它的名字：你好，忧伤。

——《你好，忧伤》（*Bonjour tristesse*）

弗朗索瓦丝·萨冈（Françoise Sagan）

有一天，父亲大雄鹿告诉小鹿斑比，他再也见不到母亲了，因为她已经被猎人所杀。许多观看电影的孩子（包括一部分父母）刹那间泪眼蒙眬。

一些孩子从此以后便拒绝再看《小鹿斑比》(*Bambi*)，甚至不愿再提起，以免再度陷入这种彻底的悲伤。孩子与母亲分离的悲伤，长久以来深受人种学家和心理学家的关注。

当我们渐渐成人，就会感受到其他形式的悲伤。接下来，我们选择了三则例证，它们分别提出了关于悲伤的几个重要问题，我们将在之后一一解答。

韦罗妮克，32 岁：

我都不敢承认，比失去亲人、事业惨败更让我悲伤的，是情伤。对我来说，这是人生中最大的悲伤了。我有一段不怎么特别的经历，简单来说，就是我爱得死去活来的男人抛弃了我。之后，整整两年，我每天都活在悲伤中，而且这种悲伤沉重到渗透进了我生活的全部。那时，我觉得我无法再正常生活了。最糟糕的是，我的女友们起初都十分同情，但最后都忍不住骂我“没出息”，说这种男人根本不配我为他神伤，有的甚至怀疑我是不是太夸张了。于是，我就再也不提这事了。

韦罗妮克的例子是一种持续性的悲伤。但在这个例子中，她的悲伤是否还符合情绪的定义，属于“发生时间短”的反应？事实上，专家们承认，悲伤作为一种严格意义上的情绪，其反应是短暂的。但这一短暂反应会自动延长，以至于产生一种悲伤的心情。当伤心的人再次回顾自己的失落时，这一心情就会因悲伤情绪的一再爆发而长期不断地持续下去。

不过，韦罗妮克的故事也提出了另一个问题：她究竟是怀有单纯的悲伤情绪，还是陷入了抑郁状态？（因为精神科医生都会对这样的描述格外警觉：“对我而言，一切都没有意思了。”）如何辨别悲伤情绪和抑郁状态？

居伊，43 岁：

最近让我最悲伤的经历，是我在看一部关于门格勒医生（Dr Mengele）的纪录片时发生的。他在奥斯威辛集中营做“医师”的时候残害了许多人。片中说，门格勒在战后和一群同为纳粹的朋友在南美洲过上了舒服的日子，有的做起了生意。他们跻身上流社会，常常光顾剧院……纪录片在这些镜头之间穿插了数段人物专访，这些人在奥斯威辛时都还是孩子，如今一一现身讲述那些令人痛彻心扉的悲剧。四十多年过去了，我们却能感觉到，他们依然被过去的经历折磨着、纠缠着。刽子手和受害者的命运竟有着如此大的差别，这让我整晚都悲痛不已。我感觉到了一种对生命、对世界的深切悲伤。时不时地，我也感到了愤怒。那夜，我不得不靠安眠药入睡。

居伊的悲伤源自同情心，即能够为他人（甚至是陌生人）所受的痛苦感到悲伤的能力。他的例子也告诉我们，在许多情形下，悲伤会与愤怒相掺杂，而这一愤怒可能针对他人，也可能针对自己。

此外，我们还可以从此例中看到，我们由某起特定事件（一部纪录片）引发的悲伤心情可能会波及我们的视野，以至于我们眼中的一切（生命、世界）都被悲伤所笼罩。

弗朗辛，43 岁：

关于悲伤的记忆？应该是我卖度假别墅的那段经历吧。那时，我们的经济状况已经没法继续维持房子的开销了，丈夫几度失业，好不容易找到了一份工作，但薪水比几年前要低得多。不少买主都对房子很感兴趣，但好几次我在带他们看房的时候都会走开一会儿，借口去洗手间——其实我是在偷偷地流泪。房子早已空空荡荡，但每一个角落都有着我们最幸福的回忆：那时，孩子们还和我们住在一起，朋友常来串门，丈夫也高高兴兴、干劲十足。

这样的悲伤是由过去的幸福经历所引起的，是一种怀旧。在希腊文中，“怀旧”(nostalgie) 一词由两部分组成——nostos，即回到过去；algos，即痛苦。该词在西方原指对故乡揪心的怀念，后来词义经过引申，不再单指某地，亦指某段幸福的时光。弗朗辛同时也提到了丈夫的悲伤，而此悲伤无疑是由后者事业的挫败造成的——这种苦恼不仅是现代人痛苦的主要原因之一，也是古代的狩猎采集者们看重的痛苦源头，因为它意味着某人在其中的地位已然下降。总之，弗朗辛的悲伤中含有的怀旧情感对我们都不陌生，那就是我们对年轻时代的怀念。

悲伤的起因

我的欧律狄克，我失去她了，
世间怎会有如此的不幸；
残忍的命运啊！你为何置我于此？
世间再没有更大的不幸！
就让我沉沦于痛苦至死！

——《俄耳浦斯与欧律狄克》(*Orphée et Eurydice*)

前文提到的三个事例可能会让您有些伤感，但您也许注意到了，这些悲伤的情绪都有着同一个起因——缺失。当然，根据已失去的事物在您眼中的价值，您的伤感的持续时间会有所不同：丢失最喜爱的钢笔，您大概会伤心几小时；失去事业上的希望或政治上的梦想，您的伤感也许会持续几年；最爱的人亡故，则可能会让您的余生都在忧伤中度过。

在某些情况下，几种缺失会缠绕在一起。比如，当两个人离婚时，除了要与自己也许依然爱着的人分开以外，还要失去曾经带着强烈情感投资的东西（如住宅、物品），另外也可能导致个人地位的失落（变成“被抛弃的人”）。若是再加上不得不与亲生的孩子疏远，或自己先前以家庭为重的价值观被彻底破坏，那么情况将更加糟糕。

缺失、悲伤与文学作品

在各式各样的精彩小说中，极少有作品不加入悲伤的情节，也就是说，绝大多数都会包含分离、失败和死亡的元素。一方面，这无疑是因为所有人都无法逃避它们的发生；另一方面，这些伟大的作家中也鲜有顺风顺水的乐天派，所以他们自然会从痛苦的经历中汲取灵感。

导致悲伤的缺失类型

缺失类型	事例
失去所爱之人	— 因远赴他乡而分别 — 因纠纷而与朋友从此疏远 — 恋情终止 — 亲近之人亡故
失去珍贵物品	— 某件珍藏信物被丢失或遭损坏 — 永久离开已有深刻感情的居住地 — 个人的心血毁于一旦 — 灾难摧毁了长期居住的房屋
失去身份地位	— 考试失利 — 受集体排斥 — 请求升职被拒 — 衰老（尤其在崇尚年轻的社会中） — 因事故突然残疾 — 失去自由
失去价值/目标	— 政治梦想破灭 — 事业理想破灭 — 长久以来付出的努力与汗水没有任何收获 — 感到个人价值观受挫（混蛋居然比所有人都活得得意）

不过，有些作品看上去则像是在有意堆积悲伤情节，例如著名的《苦儿流浪记》(*Sans famille*)。作者埃克多·马洛（Hector Malot）讲述了19世纪末，弃儿小雷米在欧洲颠沛流离的流浪生涯。小说开篇便描写了一系列的缺失和分离：

雷米发现他的贝尔兰妈妈并不是他的亲妈……

而且，当他还是婴儿的时候，就被遗弃了。

雷米被养父卖到了维达理老爷的戏班子里，从此离开了养父一家。

维达理入狱，雷米被迫与维达理分开。

维达理出狱，重新启程；雷米离开好心的米利甘一家。

暴风雪导致一系列悲剧：戏班里的猴子“小宝贝”最先死去，随后母狗多尔丝和日比洛为保护雷米不受狼群攻击而被咬死。

最后，维达理被冻死。

雷米被种花人一家收养，但由于一家之主被捕，全家拆散，雷米被迫离开，与小丽丝分别。

小说的第二部分中，一切都得以好转。雷米战胜了一系列考验，不断成熟，最终与生母重聚，并娶丽丝为妻……

出人意料的是，埃克多·马洛本人的一生几乎是一帆风顺的，成功不断，家庭幸福。而且，他的《苦儿流浪记》常年高居儿童畅销书榜，影响了好几代人。该书曾被改编成动画片，也曾数次被搬上大银幕，就连日本人都将雷米跌宕起伏的生活画成了漫画，使人们随着书中的人物一起流泪、一起欢笑（不过，奇怪的是，日本漫画中的雷米变成了女孩）。

这部作品能够获得全球性的成功，恰为文化主义理论的支持者们带来了佐证：多亏了现代媒体，全世界的人们，特别是孩子，习得了同样情境下相同的情绪反应。

但我们更同意进化派学者的观点。他们认为，某些文学作品的全球性成功证明，它们唤起了世界各地的人们天生就具有的内在情绪，而这些情绪是普遍存在于所有人身上的。根据他们的观点，孩子们之所以会被《苦儿流浪记》深深吸引，原因就在于它勾起了幼儿内心与生俱来的一种极大恐惧——被抛弃。与此同时，这部作品用一个男孩成功克服恐惧的经历为孩子们带来了安慰。

人为什么会流泪?

眼泪的产生原因至今仍是一个谜。专家们只对它的触发条件有所共识，即悲切或极度喜悦之时。但为何它们触发的是泪水呢?

达尔文认为，泪水是眼周肌肉非主动收缩后压迫泪腺而产生的。眼周肌肉的收缩是为了保护结膜（俗称“眼白”）血管不受动脉压力骤增的危害，在人咳嗽和产生强烈情绪（如悲伤、喜悦或暴怒）时都会发生。

这一解释听上去很深奥，但已经被当今的眼科学家们证实了。在某些情况下（如咳嗽、呕吐），泪水很可能是某种反射性机制的“成果”，用以保护眼睛避免承受过大压力。

然而，眼泪绝不仅仅是一种生理反应，和诸多面部表情一样，它也具有沟通的功能，向对方传递出您正处于悲痛中、需要他人帮助的信息。因此，它和微笑或皱眉一样，都是一种生来就有的信号，目的是为了吸引别人前来帮助，或获得别人的怜悯。

关于泪水，还有一种化学性假设：它通过排出神经递质或毒素，达到舒缓的效果。不过，对这一说法的研究并未获得任何有说服力的结果。

悲伤的表情

与愤怒、喜悦、恐惧一样，悲伤也有一种世人普遍具有的面部表情，无论在任何文化和国家里人人皆识。这一普遍性很早就被达尔文猜中，而后为保罗·艾克曼所证实。

悲伤的面部表情首先表现为眉毛的向外倾斜，代表性人物就是伍迪·艾伦（Woody Allen）。这一动作是由两块肌肉完成的，较小的是眉弓肌肉，较大的是额肌的内侧部分。

您可以试着让眉毛这么倾斜，但您会发现，我们当中的大多数人都是不可能刻意地做出这种标志性的悲伤表情的，由此更加凸显了伍迪·艾伦的惊人天分。不过，如果您不费吹灰之力就做到的话，您可以让您的父母或孩子也试试，因为这个特殊的能力极有可能是遗传的！

当这种悲伤的表情被强调至一定地步时，额头的纹路就会扭曲成马蹄形，或者也可以称作希腊字母 Ω 状。所谓“欧米伽忧郁症”，指的就是精神科专家们在某些陷入深度忧郁的患者中发现的症状。

眉毛并不是悲痛之时发生的唯一面部变化，我们的嘴唇也会通过上下唇结合处（即口角）的下压表达悲伤（由唇部三角区带动）。互联网聊天消息中用以表达伤心的表情符号就准确地抓住了这一点。

悲伤的作用

我们已经了解到，进化论派认为，情绪对人类生存和成功具有重大作用。乍一看，悲伤似乎是这一理论的反例，使人失去了对生活的冲劲，也让人在面对艰难的生活时处于劣势。

然而，悲伤实际上有着几种至关重要的功能。

悲伤教您避开类似的触发情境

与痛苦一样，悲伤会让您明白什么样的情境是对您不利的，由此您便可学会在未来如何保护自己免受类似事件的伤害，或至少在避免得了的情况下保护自己。

总的来说，人会感到悲伤，也就能在珍重伴侣、维系友谊、制定与能力相符的事业目标的同时或多或少有意识地避开带有缺失的情境。

在爱情的关系中，分手带来的悲伤可以让我们学会选择更适合我们的伴侣，也学会怎样更尊重他们（但若曾因过于善良而让前任轻视，便可能从此减少尊重）。

所以，悲伤有着和痛苦类似的教导作用：当人受伤后，会倾向于避免重蹈覆辙。这种教导作用与安东尼奥·达马西奥提出的躯体标记作用类似。

悲伤使您停止行动，反思自身过错

弗洛伊德曾针对悲伤给出了一个观点：

“当一个人不断加重自我批判时，他会把自己视为斤斤计较、自私自利、虚情假意、依附于他人的形象，是一个付出诸多努力只为掩盖天性缺点的人。在我们看来，这种表现接近于自我认知；但我们唯一要提出的问题是，为什么人不得不以患病的方式来触摸这样的真理。”

虽然弗洛伊德此处谈论的是一位患有抑郁症的病人，但他的观点里明显肯定了悲伤带来的清醒作用：它可以让我们更好地自我认知，并认清失败的原因。不幸的是，我们都看到，抑郁或忧郁症患者中，这种觉醒并没有带来新的实质性作为，而是转向了放弃与绝望。

在皮埃尔得知女友抛弃了他时，别人问他有什么感受。虽然内心里备受煎熬，但皮埃尔还是开了个玩笑：“噢，我挺好的，只不过接下来的六个月我都要一个人捧着速冻食品看电视了。”

这个回答很幽默，但同时也代表了人们在遭遇失落之后产生的一种普遍反应——后退。后退可以让人调整后振作起来，也会让人重新审视自己的处境。您过去是否在行为上犯过错？您是否曾对交谈对象概念不清？

从这个角度来看，无论是政界选举的失利、体育竞赛准备不周导致的败北、考试的失败，还是恋爱以分手告终，悲伤都可以让人“放手不管，转身走人”，从而冷静思考，作出恰当的决定。

悲伤会吸引他人的注意，引发同情心

雅克的妻子去世后，朋友们的反应让他颇为吃惊：

和我关系最好的一直是一帮铁哥们儿，我们的交往方式有些“大男子气概”：我们的友谊最初就是从运动、泡妞和其他活动中建立起来的，彼此之间一直处于竞争状态。一开始我们在运动场上、追女孩的事上你追我赶，工作后就会互相比谁的工作好、谁的车更酷（所以我们买的车都稍微超出了各自的经济实力）。我们之间就连聊天也要比一番，总喜欢互相讽刺几句、起些搞笑的绰号，个个嘴上都不饶人。我有时觉得，外人要是见了，一定会觉得我们都是多嘴粗俗的家伙，但其实我们都不是傻子。后来，我们都结婚了，也成熟了，但我们还是保持着这种交流方式；我们的妻子都觉得我们一个个傻得可笑。然而，我妻子的过世让他们都像变了个人一样。我妻子得的是突发性白血病，没几个月就走了。我整个人都被这可怕的悲剧击垮了。这时，我的朋友们竟然私下商量好要聚一聚，好好谈谈心——这在之前从未有过。其中有几个朋友甚至陪着我一起流泪。这些要在悲剧发生前我无论如何都想不到。幸好他们在我身边，有了他们的支持，我才可以振作起来。

一般情况下，他人是会感知您的悲伤情绪的，而您最亲近的人或那些敏感的人还会产生同情心或同理心。即便您并非故意为之，您的悲伤还是会吸引他人注意的，从而主动为您带来情感或物质上的支持，帮助您尽快走出失落。不过，日常生活的现实和心理学家的研究显示，悲伤的表达和他人的支持之间并没有必然的因果关系。

您被安慰的需求是否能够得到满足?

若只消一哭就能得到安慰的话，这将是个多么温柔的世界！孩子们如果拥有柔情的父母，他们或许至少会在幼年时期对这样的世界稍有印象，但很快，生活的经历就会告诉我们，我们被人安慰的需求是永远不会得到满足的。

心理学家詹姆斯·科因（James Coyne）等人曾就“悲痛者”和“帮助者”的关系进行研究，研究报告中明确提出，他人是不可能为我们永久地提供安慰的。整个互动关系分为几个阶段，研究对象包括夫妻（其中一人处于困境）、心理治疗师和病人，以及其他职业或家庭范围的互助组合。

在互动的第一阶段，悲痛者所有的受伤迹象都会吸引帮助者通过安慰和支持给予回应。这种互动形成了两者之间非常强烈的私密情感，可谓帮助关系中的“蜜月期”。所有精神科医生在收治新病人时都会有这样的亲近感，而患者也会在这一阶段感到终于被人理解，并对第一次治疗非常满意。相应地，医生会因为自己获得了病人如此大的信任而感到自我价值备受肯定。

一段时间过去后，如果悲痛者状况未见好转，帮助者的耐心和信心就会慢慢枯竭，内心也会越来越受两种因素的煎熬：一是其安慰者的角色，二是其脱离这种全身心投入式状态的愿望，但后者往往会让他觉得在此阶段是一种自私的想法。因此，他表达出的仍然是支持与安慰，但由于他开始掩盖自己的疲倦和不满，悲痛者便会感觉到“和过去不一样了”。这时，悲痛者自己会产生内心的斗争：如果继续表达他的悲伤，帮助者就会受过大的影响，并与自己保持距离，但掩盖悲伤是与自己的感受相违背的，况且这种斯多葛（即自制）式的态度也许暂且能用假象让帮助者安心，却很可能在将来诱发问题。

随后，双方的负面情绪都不断增加。帮助者会指责悲痛者未付出努力，于是变得专横，给出的都是详细明确的建议，同时强烈要求对方必须要达到最终的结果。悲痛者则会指责帮助者冷漠无情，并将对方给出的建议和要求视为羞辱性指令，从而进一步加深对帮助者的不满。

这时，两者的关系也许会随着互相的疏远而暂停，原因是双方对彼此已然失望，期待宣告破灭。

接下来，双方的关系极有可能在一种消极的竞争中渐渐恶化，两人都越来越多地表达出敌意。这种机制会自行保持下去，因为彼此怀怨的双方日渐失去了对原本所要做的事情的积极性。两者已经忘记了最初建立关系时的目标，双方都开始试着控制对方的行为，使用的方式也愈发粗暴：帮助者会强加限制性措施和最后通牒，悲伤者则回以越来越严重的拖延和/或攻击性行为。

正如我们在后文的建议中所说的那样，请谨慎表达您的悲伤，因为即使是最富同情心的人也有他们的底线！

在人类还过着小集体式狩猎、采集生活的时候（那段时期的长度占到人类历史的95%），悲伤这一吸引他人同情和支持的能力曾非常有效。在那样的背景下，个人的颓丧和悲伤极易被其他人察觉，很快就会引起安慰者的注意，而安慰者也是众人熟识的。然而，在现代城市化社会中，一个独立个体的悲伤情绪可能不会引起任何人的注意，于是就产生了悲伤——孤立——悲伤的恶性循环，最终造成抑郁。

进化论派心理学家们认为，悲伤可能具有吸引集体中他人注意的功能，但若不存在集体，情况会如何呢？

悲伤会暂时保护您不受他人的攻击

在争斗中，若失败方明确表示承认失利，获胜方一般不会继续追击，而悲伤就是承认失败的一大标志。47岁的让·皮埃尔是医药行业的一名销售主管，他讲述了自己的经历：

我的小儿子热罗姆今年13岁，是个喜欢交际又善良的好孩子，但有些心不在焉，也不守规矩。他刚刚留了一级，因为初二那年他没有用功。我们给他报了暑期补习班，他也答应我们会好好学习的。开学了，一段风平浪静的时间过去后，我们收到了第一份成绩单。我一看就气不打一处来：他不仅成绩很差，还被老师特别指出了他对待作业“极其自由散漫”的态度——这样说已经是客气的了。晚上，我在他的房间里和他非常严肃地谈了话。我十分生气，说了很多教训他的话（这并非我一贯的方式）。起初他还想要争辩，但后来他不说话了，扭头看着窗外。我继续批评他，直到我发现他竟轻轻地抽泣起来，满脸的内疚与挫败。我忽然无言以对，因为他从未如此，平时一直是一副玩笑式的自吹自擂的样子。我坐到了他的床上，改变了语气，不再说教，而是开始问他问题。于是，他向我承认，他自己也对这样的成绩非常失望。他目前已经意识到了我们的担忧，但他对自己的学习能力很怀疑也很困惑。我们谈了很久，彼此都获益良多。我想，倘若那晚他不低头示弱、让我看到他的伤心，反而一直与我顶嘴的话，我们的那段谈心将不会发生，而会一直冲突下去。

当然，您也许会说，父亲的态度之所以那么快就软化下来，是因为他面对的是自己的儿子。但是，悲伤在家庭关系之外也会产生保护作用，比如广告设计师马里耶勒接下来要分享的例子：

我们的团队里有一个同事叫埃克托尔，我觉得几乎所有人都对他很反感。他自命不凡，老是不把别人的想法放在眼里，有时候还会语带讽刺地嘲笑别人的作品。而且，他挺反复无常的，有时神色阴沉、脾气火爆，有时又变得欢欢喜喜、滔滔不绝。有些“毒舌”的人说他“把自己当艺术家呢”。此外，我们感觉到他很渴望被人欣赏，但做出来的事却让别人讨厌，幼稚得像个青少年。一天，我们在开会，他又用讽刺的语气批评了一个实习女生的提议。那个可怜的姑娘显得非常受伤。我再也看不下去了，开始斥责埃克托尔。我跟他一一算账，指责他把自己当艺术家，总以为自己高人一等，但根本没资本，行事为人就像个宠坏了的小孩，等等。我感觉得到，所有人都赞同我说的。但是，我看到埃克托尔竟然身子猛地一抖，就像我打了他一拳似的。他双眼低垂，我甚至觉得他眼中噙泪。这时我意识到，他所有的态度可能都在掩盖缺乏自信的事实。于是，我不再说下去了。之后的几天，他表现得就像一条挨了揍的狗一样——这样做也算是识相，从此大家就比较能够接受他了。

悲伤的表达与愤怒的表达一样，都可以被视为动物生态学家口中“仪式化争胜行为”(ritual agonistic behavior，简称 RAB) 的组成部分，意即同一物种的个体之间用以解决冲突的各种行为。我们曾经提到，事实上，同类基因的个体发生争斗，目的是为了保持或提升自己的地位，而非摧毁对方。(大多数情况下，争斗双方都是雄性 / 男性，但在现代社会中，我们越来越多地看到男女之间，甚至女女之间为地位的征服或坚守而战。)

在动物界，同类基因的个体互相之间以仪式化的方式争斗，以避免不必要的伤亡。例如，多数有角动物的争斗是以面对面的方式角角相对，而不会自相残杀。它们从来不会用自己的角去侧面袭击、捅破对方的肚子，虽然这在生理上其实是可行的。

当争斗的某一方显出颓势时，它就会发出仪式性的投降信号 (yielding subroutine)，而这种信号在人类中也同样存在，如姿态降低、态度谦恭 (正如这些借代用语所说，败者“低下头颅”“缩在一旁”“一蹶不振”等)、像埃克托尔一样避免眼神接触，或像让·皮埃尔的儿子热罗姆一样哭起来，甚至因难过而叫出声来。

与此同时，战胜方也会发出仪式性的胜利信号（winning subroutine），如态度骄傲、下巴抬起、眼神鄙夷（一些专家认为，鄙夷也是一种基本情绪，具有代表性的面部表情）。我们发现，人类还有一种普遍的仪式性胜利表达方式，即手臂半伸，举起紧握的拳头挥舞起来——全世界的运动员在取得决定性优势时都会做出这一手势。

仪式化争胜行为的目的在于终结冲突，而终结的方式是在争斗双方及围观者面前清楚地宣告谁是胜者（谁守住或提升了地位）、谁是败者（谁没有提升地位，或地位降低）。

当悲伤和屈服无法阻止攻击

然而，您还是可能不幸地遇到这样的人：您的悲伤和低头反而激起了他们继续攻击您的欲望。我们认为，这种情形尤其会在对方不确定自己是否已经处于获胜地位时发生，即他的自尊处于不稳定的状态。由此，您的任何投降信号都不足以使他彻底确信自己的地位。

此说法看似在为这些“天性邪恶的施虐狂”辩护，实则有两种情形可以佐证。

首先是青少年的朋友圈。这个年龄层的人自尊尚不稳定，在他们中间，经常会出现一种可悲的现象，称作“冤大头”，也就是在这样的圈子里，有一个成员是所有人频繁嘲笑、羞辱、攻击的对象。他／她受到的折磨周而复始，且持续很长时间，即便他／她明确表现出屈服和痛苦（甚至有人痛苦到自杀）。这种现象普遍存在于男性儿童和青少年中，实际上是一种在群体中建立阶级和从属关系的手段。

由威廉·博伊德编写的英国电视剧《好球手差球手》(*Good and Bad at Games*) 便是一个例子。在一间私立男子高中里，几个“领头”的男生对他们的同学考克斯施以越来越残酷的羞辱，虽然后者已经无数次认输求饶、叫苦不迭。成年后的考克斯成了一个被孤立的人，生活不幸。他开始酝酿一场报复行动……

在剧本的引言里，博伊德提到了他少年时亲眼目睹的霸凌事件，谈起了一个男生怎样被同学们虐待（虽不及电视剧中残忍）了整整五年：

“他是个看上去挺弱的家伙，脸色泛黄，姓吉本，所有人——包括我——都讨厌他，虽然我完全不知道为什么。有时候，一群人就这么突然出现在他面前，把他桌子上的东西统统掀翻，还故意一个个走过去撞他；不过，他受的侮辱大部分还是口头上的。他一个朋友都没有，永远都是一个人。他被所有人都瞧不起，甚至就连其他班级最不受欢迎的人都不愿和他联手，怕他把什么毛病传给他们。”

博伊德自问：“他虽然已经成人多年，但那五年对他该有多么大的影响啊！我不觉得他现在会是一个活泼开朗、无忧无虑的人。”

这部基于真实生活改编的电视剧让人注意到，当年轻男性的活动不受成年人约束时，他们可以残忍到何种地步。另外，一群自我概念本就模糊的人竟自己制定了一套阶级制度，显得甚是可悲。

米歇尔·威勒贝克（Michel Houellebecq）的小说《无爱繁殖》（*Les Particules élémentaires*）中的故事更为骇人：在一所寄宿制学校里，一群青少年费尽心思地折磨一个肥胖、笨拙的同学，甚至对他进行性羞辱。

人们常把焦点集中于办公室骚扰，但学校中的骚扰——人称霸凌事件——会对一个未成形的人格产生摧毁性的影响，因此也急需关注。一些研究已经指出，父母和教师大大低估了霸凌现象的严重性，因为孩子们一般都不敢开口。在荷兰，一项全国性的校园动员政策已经实行，教师、家长和学生都得到了各类建议，从而对类似的心理摧残产生警觉、学习面对。

此外，悲伤的表达也无法保护您免受夫妻间或工作中类似于精神虐待的折磨。因为在这样的情形下，折磨您的那一方不会满足于您的悲伤或屈服，他／她更希望您离开。

还有一种最糟糕的情况：一般用以使获胜方停止攻击的仪式化屈服可能从来都不存在于对方的概念中，就如同被隔离式驯养的格斗犬，即使对手发出求饶的信号，它们仍然会继续攻击对方。人类中的一些极端主义者和它们并无二致，其原因极可能是扭曲变态的教育背景。

康拉德·洛伦茨指出，当动物身上拥有天然的致命性格斗武器时（如尖牙、利爪、犄角），同物种间的争斗会更为仪式化，因为若采取非仪式化攻击，就可能导致本物种的自相残杀，最终自行灭绝。不幸的是，人类并没有任何天生武器，只有一对可怜的拳头和一排细碎的牙齿——这也许就是人类没有发展出仪式化争胜行为的原因。也可能正因如此，我们才会看到无视求饶、穷追猛打的街头斗殴。不过，人类的仪式化争胜行为却在体育格斗（如拳击、搏击）和武术（如柔道、空手道）中得以重现：有限的击打次数、详细制定的暂停规则……奇怪的是，人类将这些看作文明行为，但它们其实只是动物间天然行为的翻版而已。

悲伤使您对他人的伤痛产生同情或同理心

要理解别人的伤痛，办法之一（当然不是唯一方法）就是自己也体验过同样的伤痛。从某种角度来说，如果您要为某位悲伤的亲友带去支持，您自己的悲伤就会让您成为更好的安慰者（心理医生就不是乐天派的代言人）。一些研究确证，一个人情绪反应的激烈程度和他对他人情绪反应的同情是有关联的。

所以，当您下次再感到悲伤时，不要怪罪自己。请您把这样的情绪看成是失落或失败经历之后自然的恢复步骤，它将让您更了解他人，也更了解自己。

不同文化中的悲伤情绪

您感到过 hujuujaq 吗？乌特库（Utku）当地的因纽特人用这个词指代一种混合了悲伤与孤独感的情绪。要想走出 hujuujaq，最好的办法就是寻求他人的陪伴。别人会向您表达 naklik，即一种与怜悯心非常类似的情感。不过，如果您是一名成年男子，naklik 会让您下不来台，因为接受太多 naklik 意味着您是弱者；但它对妇女和儿童是非常适用的。（连因纽特人都强调男人必须要有男人的样子。）

男女大不同

女性比男性更会流泪，也更善于主动地表达悲伤。这不仅仅是出于文化因素（社会允许女人显露自己的弱势和依赖性），也有着客观的生理依据：当女性悲伤时，她们的大脑活动与男性是不同的。

近日的数项研究都成功地探测到了男性与女性在悲伤时各自的大脑运作（这些实验均首先要求研究对象主动回忆起一件经历过的悲伤往事）。

根据捕捉到的图像可知，当情绪悲伤时，男性大脑只触发了一部分杏仁核和右前额叶皮质的一小块区域，而女性大脑却触发了更广的区域，并且这些区域分散地位于左右脑。

这一现象同时也解释了女性为何比男性更容易说出自己的情绪，因为女性大脑的反应近似于惯用右手者的左脑语言区作出的反应。

另外，您的 hujuujaq 若基本是由客观的不幸外因引起的，将比较容易得到他人的接受；反之，如果您的情绪属于 quiquq，也就是没来由的伤心、疲倦、隐退的状态，人们会连提都懒得提，您的配偶也会很焦虑，甚至会表现得很冷漠。

人类学家发现，世界上许多地区的原始文明中都几乎没有泛指悲伤的词，而只有用来描绘不同逆境中不同情绪的多个词语。这些词语分别被用来形容失去亲人、患病、爱情破碎和孤身一人时的痛苦。泛指的悲伤由于缺少确切的可观测的成因，所以没有被命名，因而也就无人能识了。密克罗尼西亚（Micronésie）联邦的伊法利克居民会以 fago（即怜悯心）对待受某事沉重打击的伤心人，但他们无法理解那些不知悲从何起的忧郁范儿。

在非洲阿瓦拉德阿里（*Awlad'Ali*）部落的贝都因人中，悲伤可以通过歌唱或作诗来表达，但遇到失落时应当以愤怒回应，更显男子气概。悲伤被视为软弱的表现，他们只能容忍女人和孩子怀有这种情绪。

悲伤与互助

人类学家发现，悲伤情绪的命名方式揭示了群体与个人之间的关系。任何一个缺乏互助的集体都不能继续生存下去；反之，倘若一个群体的成员之间都变得被动且相互依赖（即悲伤的相关表现），群体的安全也危在旦夕。因纽特人和伊法利克人的部落同属生存型经济，他们能够在集体中辨识出悲伤的人，并向这样一个陷入困境的人提供安慰或帮助，目的是让他振作起来。但是，没有明显缘由的悲伤是不被理会的，尤其对于男性是禁止的。

虽然我们所在的社会更加发达，少数社会成员的消极并不会造成很大危害，但悲伤仍是一种不被社会鼓励的情绪，尤其因为现代文化高度推崇个人自主性和自我对命运的掌控能力（在西方社会特别突出），同时也不提倡当众表达悲伤。这在男性身上更为真切，他们被社会要求必须比女性表现得更为自主、独立。相反，在某些崇尚宿命论和家庭成员互相依存的社会，当众哭泣就会被容忍，其他人也会更为自在地安慰悲伤者。地中海居民的丧礼场面就是一个很好的例子。

男儿有泪不轻弹：两首著名诗作

法国诗人维尼（Vigny）在作品《狼之死》（*La mort du loup*）中以自

击者的口吻讲述了一头公狼掩护母狼和幼崽逃脱、自己与猎狗搏斗至死的故事。公狼直至死去都控制着自己的“情绪”。目击者被公狼最后的眼神深深打动，觉得后者正向他说着什么：

它又抬头看看，终又颓然倒下，
舐着嘴边的鲜血，默默地边舐边咂，
明知必死无疑，可神情异常峻冷，
然后合上一双大眼，至死都不哼一声。

另一首将情绪控制描写到极致的诗是由鲁德亚德·吉卜林（Rudyard Kipling）所作的《是否》（*If*）。英国私立学校的孩子们至今都能从中汲取精华。诗的前几句如下：

当周围的人都丧失理智并归咎于你时，
你是否能够保持冷静？
当所有的人向你投来怀疑的目光时，
你是否能够相信自己却又允许他们怀疑？

随后，为避免让孩子在成功中过于陶醉，诗人写道：

你是否能够不计往昔的荣辱，放手一搏？
即使遭遇失败苦痛，也要从头再来。

这两首诗的写作时间——19 世纪——有着巨大的意义，因为历史学家发现，在 19 世纪初，男儿之泪便开始被社会摒弃。《眼泪的历史》（*Histoire des larmes*）一书告诉我们，直到 17 世纪，公众仍然能够接受男性公开流泪，并不会以此视为男性特质受损的表现。后来，上流社会开始流行自我控制等理想主义，同时也显露出要与庶民划清界线的态度。从此，流泪便慢慢地变成了女人和孩子的特权。

悲伤与哀悼

在《亚历山大四部曲》（*Le Quatuor d'Alexandrie*）的第三部《蒙托利弗》（*Mountolive*）中，劳伦斯·杜瑞尔（Lawrence Durrell）描写了一个埃及科普特人大家族之子纳鲁兹死后守灵之夜的场景。

当死者的遗体被抬到家族的大别墅时，整个家族的女人和亲戚们开始了一出让身处异乡的我们匪夷所思的表演：

女人们围着死者跳舞，一边捶胸一边喊叫，但舞步甚是缓慢复杂，看起来就像是一群直接从古代剧院里跳着舞走来的人。她们向前走的时候，全身都摇晃着，从喉咙到脚踝都在颤抖，弯腰，旋转，口中不断命令死者起来："起来，我绝望的人儿！起来，我死去的人儿！起来，我的爱人，死去的人，我的骆驼，我的守护神！

噢！你这充满了精气的身躯，快快起来！”她们的喉咙像被掐住了一般，发出猫头鹰般可怕的叫声，她们的眼睛从破碎了的灵魂中喷射出滚烫的泪水……

就这样，痛苦成倍地增加、蔓延。女人们从四面八方聚集到了这里，每个人脸上都胡乱地抹上了蓝色，用咧开嘴发出尖叫来回应楼上死者的房间里姐妹们的哭喊。随后，她们都上了楼，就像一群飘荡的鬼魂一样，慢慢地占满了整个宅子。

这一幕中，哀哭呻吟的死者遗孀们比那些必须在公众面前克制泪水、回家后孤身面对空房的妇女更易走出丧夫之痛。

事实上，您从哀思中是否能够走出来，很大一部分取决于家人在之后给您的支持。但亲人的努力并不能永久奏效，比如下面这个例子。

马林娜的弟弟在其22岁那年出车祸身亡，她向我们讲述了父母此后的表现：

奥利维耶的死对父亲的打击很大，但是，可以说，他还在继续过着正常的生活，该工作就工作，有时见见老朋友，就和以前一样。他还依旧去钓鱼，唯一不同的是，他再也没有踏进过网球场，因为过去他经常和奥利维耶打网球。的确，我感觉得到他的悲伤会一阵阵袭来，整个人也失去了活力，但若是一个没见过他之前模样的人看到他的话，一定会觉得他一切正常、很好相处。不过，母亲的状态可谓一落千丈。她再也没有振作起来。首先，她的颓丧状态一直在持续，只在客人来或她出门做客的时候没有那么明显。可是一旦和我在一起，她的努力就坚持不了多久了。我和妹妹们都曾试着让她换个思路，就像人们说的那样，参加些活动分散一下注意力，但几乎都被她拒绝了。如今的她每天大多数时间都紧盯着电视，有时候，我会很震惊地发现她正在双眼无神地发呆。要知道，过去她虽不至于是个超级忙人，但也是个到处找事做的人。起初，我们觉得她的反应再正常不过了，更何况我们也一样痛心，但是，现在已经过去一年多了，母亲还是这个状态。我们动员她去看心理医生，她就回答我们——她肯定会这么回答——说她没疯。

当失去至亲以后，大部分人都会在数月的悲痛低迷之后重新振作起来，继续生活（但仍然会悲伤地思念逝者），马林娜的父亲正是如此。但有一些人会无法走出悲痛，陷入精神科专家所称的病理性哀思，即马林娜母亲的状态。马林娜和妹妹们说得没错，母亲确实需要接受心理治疗。

走出缺失

您是否能够走出所爱之人亡故或离别带来的缺失？您是否有抑郁的风险？这两点取决于以下几大因素：

▶ 您个人对缺失的敏感度（可能已经由于儿时经历的缺失而敏感度甚高），也是您个性的组成部分之一。研究依恋心理的专家发现，您在婴儿时期的早期阶段与母亲的互动在一定程度上形成了日后您的依恋模式。这一依恋模式会表现在您成年后与人缔结的所有关系上。我们会在“爱”这一章具体谈到这个话题。

▶ 缺失的产生原因。一般来说，若您经历了一个较长的渐变过程后失去了所爱之人，那么您会比较容易克服哀思。因为，正如知晓亲人得了不治之症以后，他/她的家人们就会有一段时间做出准备。相比之下，突如其来的缺失几乎是毁灭性的。例如，出远门后回到家中，发现恋人竟把所有东西都搬空了，只留下了一纸简单的道别；又比如，像马林娜的父母遭遇的一样，警察突然打电话来通知您，您的亲人去世了，而几个小时前他还生龙活虎地与您谈天说地。

▶ 您与失去之人的关系亲密度及长久度。在成年人中，病理性哀思最常发生于失去配偶和孩子之时。不过，一些病患在爱犬死后也发生了这种病理性哀思，甚至有自杀倾向。这就证明，人建立亲密关系的对象不仅仅是同类。的确，大多数主人都看重爱犬与人类的通性，忽略彼此之间的差别。主人尤其会在它们身上看到与我们类似的基本情绪。米兰·昆德拉在《生命不能承受之轻》中描写的母狗卡列宁就是一个绝佳的例子。

▸ 情绪的复杂度。您对失去之人的情感若是在悲伤之外还混合了其他情绪，那么您会比怀有“单纯”的悲伤要更难走出哀思。

▸ 最后就是从他人那里获得的支持。一些研究表明，家中的主要沟通模式对于丧夫女性内心的哀思变化具有非常重大的影响。一般来说，被社会孤立的个体会在缺失面前尤为脆弱。

悲伤与抑郁

虽然悲伤是抑郁的成因之一，但两者之间有诸多根本性的区别。

悲伤是一种正常情绪，也是任何健康人都会有的情绪。但是，抑郁则是一种常见疾病，每十位女性中的两位和每十位男性中的一位都会在一生中经历一段严重的抑郁期。

病理性哀思的经典人物：德·都尔范勒夫人

在小说《危险关系》（*Les Liaisons dangereuses*）中，放荡的花花公子德·范尔蒙子爵打算勾引年轻貌美的德·都尔范勒夫人。对他而言，这是个刺激的挑战，因为德·都尔范勒夫人与众不同，是个品格高洁、忠于丈夫的女人。他的同谋德·梅尔提侯爵夫人是个与之旗鼓相当的荡妇，两人保持着书信往来。在她书写的建议的帮助下，德·范尔蒙子爵的计划终于得逞。经过精心策划的追求过程，某天晚上，他进入了纯洁的德·都尔范勒夫人的卧室，终得床笫之欢——对风流成性的德·范尔蒙来说，他也从未体验过如此美好的时光。然而，他们的私情刚刚开始不久，德·范尔蒙就受到了德·梅尔提侯爵夫人的挑衅，要他做出真正花花公子的样子来。于是，德·范尔蒙接受挑战，转身就把新情人抛弃了，只撇下一句可怕的话："过去你的德行有多高，我的爱情就有多深。"德·都尔范勒夫人当即卧床不起，拒绝进食，几周后就去世了。

德·都尔范勒夫人病重后，德·范尔蒙子爵起初还假装无动于衷，但他渐渐发现，自己竟然陷入了失去爱人的深深伤感之中，于是以主动迎向死亡的方式聊以慰藉。

《危险关系》展现了纵欲行为的局限性：德·范尔蒙子爵和德·梅尔提侯爵夫人都以为自己有能力控制自己的情绪，同时也玩弄着别人的情绪。然而，他们根本做不到。在意识到德·范尔蒙背着她竟真的爱上了德·都尔范勒夫人时，德·梅尔提侯爵夫人变得嫉妒无比，直接导致了她命令德·范尔蒙抛弃爱人。

今天，纵欲主义和享乐主义的支持者们都应该吸取一下前辈们——18世纪的风流贵族们——的教训：就连这些风流界的"大师级人物"也是逃不过人类情感依恋的天性的。要知道，我们可不（只）是爬行动物。

然而，在这些数据之外，其实还有许多未作诊断的抑郁病情，尤其是老年人、身体有疾病的人和残疾人的抑郁症。这是因为，人们（有时包括他们自己）始终认为，悲伤在他们这个年纪或这种处境中是很正常的情绪。

最近，精神科专家们确认了一种叫作病理性性情改变的抑郁形式。这种性情障碍的患病人数占全部人口的3%左右，属于一种慢性且非外显性的抑郁症。患者表现为每隔一天就感到悲伤、消极，一直持续两年以上。同时，患者自尊感极低，注意力和决断力均非常弱，伴有疲劳和希望渐失的现象。不过，病理性性情改变也引发了有关精神疾病与人格特点之间的界线问题，因为病理性性情改变最常萌发于青少年时期，为慢性发展，常常成为一个家庭中每位成员的特征。

悲伤与抑郁的区别

悲伤	抑郁
正常情绪	病理性障碍
不稳定，持续时间短	长期持续
身体出现适度且短暂的反应（几小时或几天）	睡眠及食欲发生持续性紊乱（几周至数月）
会因积极正面的事逐渐好转	对积极正面的事几乎无动于衷
自我形象仅出现微小或短时间的改变	长期坚持负面的自我形象

简言之，抑郁是悲伤的一种特殊形式，它持久、顽固、剧烈，伴有自我贬低，并掺有其他情绪。

抑郁症患者的思想通常可以用以下三大负面视角概括：

- 关于自己：低人一等、卑微低级；
- 关于未来：消极无望；
- 于世界：艰难、严酷、不公。

这三点被称为“抑郁的认知三元素”。它们与抑郁的其他典型思想都显示：抑郁症患者不断地进行着错误的信息处理，而这些错误反过来又造成或延续了悲伤的情绪。在这一主题上，有大批学者正在用一种全新的治疗方法潜心研究，即认知疗法。到目前为止，此疗法的效果堪比抗抑郁药物，已逐渐成为北欧和英美国家首选的治疗方法。

抑郁、悲伤和愤怒

悲伤和愤怒的关系是抑郁症研究领域中众多精神分析理论的基础之一。弗洛伊德认为，在某些严重的抑郁状态下（精神科专家称之为精神忧郁症），患者遭受着缺失之痛（例如配偶去世），但他／她强行抑制自己对缺失对象的愤怒（这是一种“幼稚型”的愤怒。对方的消失造成了他／她的痛苦，因而十分愤怒)，因为他／她哀痛的意识接受不了这种缺失。怎么能去怪罪一个去世的爱人呢？于是，他／她便把这种潜意识里的愤怒转向了自己(有些分析人士将这种现象描述为“客体错误的心力内投”)。正如这一理论所言，由此，抑郁症患者便倾向于进行残酷的自责，指责自己的各种不堪，并尝试用各种残忍的方式结束生命。一项近期研究显示，三分之一的抑郁症患者表现出频繁的愤怒情绪。有专家甚至将患者对他人产生攻击性的症状诊断为“敌对性抑郁”，但这一症状在患者中并不多见。

抑郁、悲伤和厌恶

让我们一起来听一听重度抑郁症患者索菲在康复期的一段记录：

今天，我感觉好些了。我的心理医生告诉我，他注意到了一个细节：我重新开始化妆了，而这在女患者中是病情好转的标志。这让我沉思起来。当然，各种治疗的确让我的体力增加了，但当我感觉不好的时候，再小的日常琐事都显得特别繁重、难以忍受，其中就包括化妆。但我知道，这并不是我不想在外表上花力气的唯一原因。其实，每次我看着镜子里的自己，都觉得很厌恶。在我眼里，对眼前这个恶心的东西——我，再美化外表都是没有用的。

厌恶——基本情绪之一

厌恶也属于人类的基本情绪，原因如下：

- 厌恶具备特有的面部表情。通过向研究对象展示恶心的图片，他们都表现出了这种表情。
- 厌恶是由可能致病或毒害人的东西触发的，比如：尸体、变质的食物、虫子、软体动物等。厌恶会让我们排斥或避开这些危险。
- 这种情绪根据不同的文化背景有着大量不同的表现，尤其常见于烹饪中。烤蜗牛、烤蚱蜢、刚杀的新鲜猴脑、温热的海豹肝脏……许多菜肴都是如此：在某些人的眼里是绝世美味，在另一些人看来则令人作呕。不过，有一些厌恶主题对绝大多数人而言是基本相通的，它们就是那些会让人想起人类动物性的东西，如体表污垢、排泄物和月经等。
- 厌恶最初一般是由某件具体的东西触发的，但它随后可能会延伸到一些让人反感的行为或人物上。厌恶和鄙视之间的界线一直是某些学者感兴趣的主题，他们认为，鄙视也是一种基本情绪，且有可能有其标志性的面部表情。根据时下的部分研究，一些抑郁症患者的实际经验更接近于悲伤—厌恶（对自己）的情绪组合，而非悲伤—愤怒的组合。

悲伤与连带情绪

以下是妮科尔的讲述。她至今仍沉浸在被男友抛弃的痛苦中——他们曾一起生活了三年。(在悲伤情绪的论述部分,我们的大部分讲述者都是女性。这并非是大男子主义作祟,而是因为女性比男性更善于表达情绪,也更愿意表达出来。)

我大多数时候都非常悲伤,孤独感特别强烈,即便我和一群人在一起也是如此。这种悲伤太沉重了,重到妨碍了我的日常生活。有时,我还会产生对未来的巨大焦虑,我常常自问,我一个人该怎么过、怎么面对生活。我甚至开始害怕,若再这么下去的话,可能都没法继续工作了。而当我想到他的时候,我会想起他是怎么抛弃我的、他承诺过的一切,还有我们一起幻想过的未来,于是我就变得愤怒无比。然后我会立刻试着停止这种想法,因为若不停止的话,我就会回忆起那些在一起时最幸福的时刻。这简直太让人心碎了……最后,我就会彻底否定自己,觉得这样的自己既没用又脆弱,且情绪不稳。这些原本就是我最讨厌自己的地方。我想,也许这就是他离开我的根本原因吧!

妮科尔的悲伤原因是失去了爱人,但这种悲伤并不单纯,因为它混杂着其他情绪。这样分析当然不能带给她多少安慰,但研究表明,在大多数情况下,当人从另一种基本情绪里恢复过来的时候,他/她同时也会从悲伤中恢复过来。我们将在之后谈到“爱”时进一步分析。我们会看到，婴儿在早期就会有这种情绪混合的经历。

悲伤与连带情绪

分手之后 由悲伤产生的连带情绪	连带思想
悲伤－忧虑	我会变成什么样？
悲伤－愤怒	这卑鄙无耻的家伙！
悲伤－幸福（怀念）	噢，我好怀念过去幸福的时刻，真是遗憾！
悲伤－厌恶	我真可悲！
悲伤－羞耻（可能更常见于男性）	别人肯定觉得我可笑极了！

不幸的是，据一些专家称，这种混合情绪会导致您更难走出悲伤。每种情绪都可能会激发另一种情绪，原理类似于反射。所以我们建议，如果您在分手或某位至亲亡故之后希望接受心理治疗，那么请您先和治疗师一起整理出您对所失去之人尚存的所有情绪，包括最矛盾的情绪。

悲伤与愤怒

愤怒与悲伤这两种情绪都是由我们不希望发生的事情引起的。但是，愤怒会使我们对真实的或疑似的事件负责人采取行动，而悲伤则更会让我们关注自己、聚焦事件造成的损失。

三种负面情绪的典型思想

悲伤时的思想	愤怒时的思想	忧虑时的思想
关注这起负面、确定的事件带来的损失： “太不幸了！”	关注这起负面、确定的事件的责任方： “他会为此付出代价！”	关注这起负面、不确定事件的风险： “万一发生的话会多么不幸！”

电影中的悲伤——愤怒组合

由艾腾·伊戈扬（Atom Egoyan）执导的电影《意外的春天》（*De beaux lendemains*，1997）——改编自罗素·班克斯（Russell Banks）的小说——讲述了加拿大西部某座冰雪覆盖的城市遭遇的一起惨案：一辆校车发生了可怕的事故，城里几乎所有的孩子都丧生了。一名律师看到了事件可能带来的丰厚佣金，于是来到当地，挨家挨户地游说家长们起诉事件的责任方——市政府、校车生产商和驾驶校车的女司机。起初，悲痛的家长们对律师的提议充耳不闻，只把事故归咎于命运，但这位法律界人士最终通过各种努力，还是把他们的悲伤（和对他坚持游说的愤怒）转变成了针对事故假定责任人的强烈愤慨。他说：“我到这儿来，不是为你们的伤感代言的，而是为你们的愤怒发声的。”他成功地让一部分家长参与到了诉讼中。

马丁·斯科塞斯导演的电影《好家伙》中，罗伯特·德尼罗饰演的角色完美地演绎了这两种情绪的组合。电话亭里的他在通话时得知了挚友被谋杀的消息，他随即流下了泪水，接着，出于难以自控的愤怒，他猛踹电话亭，然后又哭泣起来，再猛踹电话亭，再哭泣……

用愤怒处理悲伤?

以上两则电影故事让我们看到，愤怒也许可以作为处理悲伤情绪的一种方式。罗伯特·德尼罗肯定不知道，他处理情绪的方式和菲律宾的伊隆戈人（Ilongots）很相似。伊隆戈部落靠狩猎、采集维生，素以“猎头”（即猎取外人头颅）习俗闻名。

当伊隆戈人感到uget，即与失败和失落有关的情绪时，他们会立即外出寻找下一个受害者，因为对他们而言，走出这种uget最好的办法就是“砍头”（虽然这个方法看似立竿见影，但我们不建议您照做）。

不过，无论是黑帮、伊隆戈人，还是中世纪的贵族阶级，在尚武的社会中，将悲伤转化为愤怒的做法被广泛使用。我们都是尚武的狩猎、采集者的后代，因此，我们“找出始作俑者”并惩罚他／她的做法并不奇怪。这是人类以愤怒处理悲伤的常用机制，早已用鲜血书写了一页又一页的历史。

为他人悲伤：同情心与同理心

您也可能在自己没有缺失的情况下感到悲伤，而您悲伤的原因也许仅仅是由于您目睹了他人遭受的缺失。

这种情形叫作怜悯(compassion)，或同情(sympathie)。这两个词在希腊语和拉丁语中的词根是相同的——pathos，即遭受痛苦。

然而，在现代法语中，“同情”一词已经失去了“遭受痛苦以体贴他人”这层意思，人们只在对死者家属表达慰问时会使用此义，相应的表达为“我对您表示深切同情”(用法已过时)。

当今的精神科专家和心理学家们也使用“同理心”(empathie) 一词来说明这种心理。该词的词源与上两个词接近，词义是指一个人理解另一个人的情绪及其成因（由此，具有同理心的一方就会感受到对方一部分的情绪），属于情商的构成元素。

当遭受缺失的悲伤者是对您特别重要的人，或他／她与您有着诸多共同点，那么您的同情心就会更加显露。但如果您对全人类有着强烈的同胞情怀，那么您就更可能对素未谋面的陌生人产生同理心（您理解他们的情绪）和同情心（您也感受得到他们的情绪）。这些陌生人可能是电视新闻中自然灾害的受灾者，也可能是身处战乱和饥荒的悲苦人民。17 世纪的道德主义者和一些心理学家会说——也许有些道理——这种同情只会把我们自己和受害者们混为一谈，当为他们哀哭的时候，我们其实是在为自己哀哭。但若这种同情让我们去帮助这些人，混为一谈又有什么关系呢！

由罗贝托·罗西里尼（Roberto Rossellini）导演的电影《意大利之旅》(*Voyage en Italie*）便是同情／认同的极好范例。凯瑟琳（由英格丽·褒曼饰演）和亚历克斯（由乔治·桑德斯饰演）是一对富有的英国夫妇。他们来到了战后的意大利旅行，对外称是处理遗产继承，实则试图借旅行挽回他们日益破碎的感情。旅途中，他们随意大利朋友来到了庞贝古城的一处遗址，当时正好有一队考古人员在挖掘因维苏威火山喷发而遇难的人的遗体，使它们在二十个世纪后重见天日。考古专家们挖出了一对夫妇的遗体：男人和女人并排躺卧着，紧紧抓着对方的手一同面对死亡，而男人最后的姿势就是在试图保护自己的爱人。看到这一幕，凯瑟琳崩溃大哭，而亚历克斯作为上层社会的英国绅士，立刻叫妻子不要再哭了（为了不让意大利朋友尴尬）。后来，两人独处时，亚历克斯承认，他也很感动。

在这个例子中，亚历克斯夫妇表现出的不仅仅是对陌生人的同情，还有对死者的同情，正如电视在播放灾难片或屠杀死难者的纪录片时我们的反应。

如何管理悲伤情绪

请记住，悲伤是一种正常的情绪，它是您人生经历的一部分，参与着您的心理成熟历程。因此，您不需要排解或压抑所有的悲伤情绪，那是既不现实又对心理有害的。

但是，和其他情绪一样，悲伤也需要被控制在一定范围内，若超出该范围，便会产生问题。我们已经了解到了悲伤的益处，以下是它可能带来的负面影响：

悲伤的益处	过度悲伤的负面影响
教您避开类似的触发情境	过度压抑您的内心
使您重新评估形势、反思自身过错	使您反复审视自己的失败
吸引他人的注意和同情	最后让原本出于好意的他人厌烦不已
(暂时)保护您不受他人的攻击	使您在他人眼中显得脆弱、容易被利用
使您对他人的伤痛产生同情心或同理心	让您变得对任何痛心之事都过于敏感

为了使悲伤带来尽可能多的益处，我们列出了几条建议。请注意，这些建议只在正常的悲伤情绪上奏效；若您处于抑郁中的话，它们是远远不够的，若有需要，请寻求医疗和心理援助。

接受悲伤的事实

今天，悲伤常常被认为是脆弱的表现，然而在历史上，它却曾被重视及推崇。

- 宗教人士视其为谦卑的标志，表明此人对自身不足之处有意识；
- 艺术家，尤其是浪漫派艺术家，以其为内心敏感的象征，并且在这个日益不完美的世界，它的存在是可以理解的；
- 医生和哲学家们深知，忧郁乃是许多伟大人物的共同特质。

即便我们如今的社会不再推崇悲伤，也请您坦然地接受自己的悲伤。它将帮助您思考、铭记、认识四周的世界，避免再次犯错。

这是一种无法避免的情绪，请接受它。想要永远不带悲伤地生活，就和想要长生不老一样不切实际。

谨慎地表达悲伤

表达悲伤会吸引他人的注意和同情，并有助于与倾听和安慰您的人加深关系。

和失去妻子的雅克一样，我们的不幸有时会让我们惊奇于他人身上让人意想不到的善良与宽容，而不表达悲伤则会错过这些分享情绪的珍贵时刻——情绪的分享是最基本的人类体验之一。

但是依旧要注意两个风险，一是过度支取他人的善意，二是显得脆弱。

尤其要注意的是，请避免在高竞争性的环境中表达悲伤，特别是对于男士而言。

继续保持行动力

退缩、不作为、自省是伴随悲伤的常见反应。

但是，若您让自己过久地沉浸在这样的状态中，您的悲伤将可能延续：您什么都不做，尤其当您故步自封于孤单、缺乏变化的环境中时，注意力就会集中在自己的缺失上。

悲伤与思想

好的心情有利于付出行动、进行合作、发挥创意，而悲伤却会产生相反的效果：

- 悲伤会勾起人们的悲痛回忆，弱化其他记忆；
- 悲伤使人的注意力集中在事物的负面上；
- 悲伤扰乱人的关注点。

即便这些现象都是正常的，也可能有利于个人错误的自省与总结，但我们还是要注意，若我们继续不作为，那么这些现象将越发严重。

归因

悲伤同样会影响我们对失败和成功的看法。当人处在悲伤中时，会更易于把自己视作该为失败负责的人，并将失败归因于自己个性中某个固有的特质。心理学家们称这种现象为“内在固有式归因”（典型想法：“我失败是因为我没有天赋。”）。相反，万一遇到成功，悲伤者往往会把它归因于有利的外部环境，这就是“外在非固有式归因”（典型想法：“我成功是因为这本来就简单。”）。当抑郁症状中包含着几乎不变的悲伤时，这些机制就会一直维持下去。许多实验证明，一些人的这种具有代表性的思想会导致突发抑郁状态。

就算无法避免一段时期的退缩，也请保持警觉，在必要的时候继续行动，哪怕只是有限的行动。亚里士多德的幸福论，即从事某些目标导向的活动，可能是悲伤的一剂良方。

也许您还记得面部反馈理论：故意微笑将对心情带来积极的效果，并会让人较难记起悲痛的回忆。当然，我们不可能期待光靠微笑疗法就治愈深度的悲伤，但可以肯定的是，一直阴沉着脸只会让您的心情越发低落。所以，请注意您的面部表情，它对您的心情并非毫无影响。

重拾您喜爱的活动或事业

除非您在较严重的抑郁中，否则您的悲伤通常是可以通过您喜爱的活动调整的。您不需要期待狂喜的状态，只需用片刻的快乐时光来达到减轻悲伤的效果。

请注意，我们已经知道，我们并不敏感于所有的喜悦形式。即便您还没有陷入悲伤，也请不要强迫自己尝试您并不真正喜欢的“快活事”。

对某些人来说，悲伤可以通过狂欢一场来减轻，但对另一些人来说，两个人一起散步就足够了。若您想要让朋友的心情好起来，请先思考一下他/她喜欢的方式。

若您和如下事例中的弗洛朗丝和马丁一样，素来注重用喜爱的活动提高生活品质的话，您将很容易做到我们的这一建议。弗洛朗丝和马丁的女儿在一起交通事故中丧生，他们将讲述自己是如何努力走出哀思的：

事实上，最初的几周，我们只能勉强做些该做的工作，但一回到家，我们就瞬间崩溃了。一个朋友提了些建议，我们听了之后决定试着照做。我们开始计划怎样尽量不在家里过周末，要不就去朋友家，要不就出游。这么做并没有特别好的效果：当我们来到曾经和女儿一起游玩的地方时，我的丈夫潸然泪下。不过，除此之外，我们还努力地重温了二人世界，尝试着彼此交流些愉快的主题，而不要像几周以来那样一直在分享悲伤。总的来说，情形有所好转，虽然我明白，我们离找回生活的美好还很遥远。

这个见证同时也证明了心理学家口中的“社会支持”的重要性。简言之，社会支持就是朋友和周围人的角色。他们会带给您关怀、建议，会邀请您去做客，甚至会提供物质援助。

考虑咨询专业人士

如果您的悲伤长时间地持续，并且具有以下特征中的任何一项：

- 您的悲伤已让您难以继续面对手头的工作；
- 您从前喜爱的活动对您的悲伤丝毫不起作用；
- 您总感到异常疲劳或睡不着觉，或者胃口受到严重影响；
- 您常有失踪或自杀的想法。

请您尽快咨询心理医生，向他坦白说出这些问题。他将判断您是否已得了抑郁症；若确实如此，以上的建议远远不够，您将需要接受药物和心理治疗。

学会处理悲伤情绪

要	不要
接受悲伤的事实	抑制悲伤
表达悲伤	不惜一切地装作一切都好
保持行动力	生活全面瘫痪
重拾喜爱的活动	自己营造出阴郁的生活环境
考虑咨询专业人士	拒绝任何帮助

第六章

羞耻

La honte

羞耻，已经成了我的生活方式。

说到底，我都感觉不到它了，

它早已长在了身体里。

——《羞耻》（*La Honte*）

安妮·埃尔诺

52 岁的安妮讲述了她的一段童年旧事：

我还是少女的时候，和班上的另一个女生成了好朋友，我并没有意识到她的家庭背景远远超过了我。我的父母都是普通的小农民，没有读过什么书，而她的父亲是负责整个地区公证事务的大公证员。她也并没有怎么注意我们之间社会地位的差距，有一天，她请我去她们家吃饭。用餐期间，她的父母对我非常友善。（不得不提一句，我当时学习非常出色，所以他们无疑觉得我“配”被看得起。）我感觉得到，朋友很高兴我能去她家。不过，那天我们也见到了她的弟弟。他是个好动的男孩，一直显得很想赶快吃完就离开。那天的主菜我记得特别清楚，是红酒烧兔肉，简直是太美味了。我吃得非常享受，同时也很“注意形象”，一边吃一边聪明地回答着 N 先生和他太太提的问题。我吃完以后，看到盘子里还剩些汤汁，于是拿起了一块面包，像我家里人那样开始“擦盘子”。如果不是她的小弟弟开始模仿我的话，我可能完全不会意识到这有什么不妥。他这么模仿，可能是出于好玩，也可能带有恶意。N太太是个很细心的人，她什么都没说，但N先生看不下去了，生气地说道：“伯努瓦！”她弟弟立即放下了面包。我看到了，也看懂了，觉得自己的心跳都停止了。我自认为之后我的举止表现都很得体，但我还是觉得自己就像被一层炙热的羞耻烟雾笼罩着一样。后来，只要一想起那一幕，我就会脸红。

安妮感受到的就是羞耻，即“一种低人一等、不够资格，或遭他人看低的痛苦感受”。

这段讲述中的低人一等是关于社会地位的：安妮意识到，邀请自己的是一个社会阶层“远超”她家的家庭，并无意间流露出自己不懂这种家庭的规矩。在她自己看来，由于不知道中产阶级家庭的餐桌礼仪，她是不配受邀请的。总之，纵然主人们最初表达了对她的性格和聪慧的欣赏，但她还是害怕他们会因为看到她用面包擦剩下的汤汁而想起她不过是个小村妇。为此，她的内心因被人看低而痛苦不已。心理学家考夫曼(Kaufman)将羞耻描述为“自卑的情绪”。

但是，请问，把盘子里的汤汁吃完或不吃完与一个人的价值有什么关系？既然安妮的个人品质已经受到了朋友及其父母的赞赏，为什么她却会如此看重这么小的行为细节呢？

安妮无疑夸大了当时情形中这一细节的重要性：不管怎么说，朋友的父母是知道她出身清贫的，况且她也没有想让别人把她当作公爵夫人。不过，这个小小的举动却暴露了安妮的社会阶层，而这是他人鉴定我们身份的一大依据。这也是为什么N先生虽然对安妮没有什么意见，却把自己儿子擦盘子的举动看成了“自降身份”的行为，因此大发雷霆。

羞耻——深藏不露的情绪

亲爱的读者，您是否曾感到羞耻？您了解自己会因为什么而羞耻吗？您一定了解。那么，最近您向谁倾诉过这些呢？

研究表明，我们在倾吐自己的羞耻时，比坦白与其他情绪相关的回忆要谨慎许多。面对上面这个问题，人们纷纷承认，自己不会在事情发生的当日吐露自己的羞耻，并且只会告诉身份地位与自己相当的亲友。他们基本从不会向引发自己羞耻的人坦白。

在分析诸多心理治疗的录音时，我们发现，病人和诊疗师之间往往要经过许多次治疗后才会触及与羞耻有关的问题，而这些问题有时恰恰是病因的核心。然而，若心理医生非常直接地提问，病人基本都会诚实相告。

在《羞耻》一书中，安妮·埃尔诺坦陈，在写了好几部小说之后，她才有足够的勇气描写儿时经历的羞耻。她的坦白并非说笑，因为她将此形容为“这本书会让人用我难以忍受的眼光看我”。不过，我们会看到，事实上，说出羞耻可以让她得到真正的自我释放。

和羡慕情绪一样，人们对坦白羞耻的抵触也许正解释了这一情绪直到最近才出现系统性研究的原因。相比之下，其他基本情绪——如愤怒和悲伤——很早就得到了全面的研究。

羞耻情绪是如此强烈、如此容易在记忆中留痕，又如此难以启齿，那么它的存在对我们究竟有什么意义呢？为了更好地理解这一点，我们先来了解它的触发原因。

羞耻的起因

我们一起来探究一下引发羞耻的情景。希望您从此可以不需常常脸红，因为有时羞耻也可能是出于同情心。

于贝尔，43岁：

我父母很晚才有了我，特别是我父亲，他第一次当爸爸的时候都快50岁了。我差不多10岁那年，有一天，他来学校门口接我。我远远地看到了他，他头发都白了，大腹便便，穿着过时的西装，看上去样子有点傻。和他比起来，其他家长都突然显得很年轻，又有朝气，穿得又好。于是，我感到了羞耻。他看到我后，笑得很灿烂，但我没有穿过马路去找他，而是径直往回家的路上走去，使他不得不在稍远一点的人行道上和我会合，而不是在同学面前。他愣住了，完全说不出话来，但他应该是明白了我这么做的原因，于是默默地与我会合了。我还记得当时的我有多么羞耻，但今天的我更加羞耻，我羞耻的是我曾经的行为——我伤害了深爱我的父亲。

于贝尔描述的是他因为和父亲外表不搭调而产生的羞耻：在他当时的那个年纪，他的父亲和别人的父亲看起来太不一样了。“感到与别人不同”是许多领域内引发羞耻的原因之一，这些“不同”可能是关于形体长相、人种外貌、家庭出身，或身体／智力残疾。

另外，于贝尔儿时的感受确实是羞耻，而现在他的情绪则是负罪感。

桑德里娜，38 岁：

我青少年时期读的是寄宿制高中，离父母家很远。学校的伙食和它教学上的名气简直不可同日而语，不但不好吃，量也不足，对正在长身体的我们来说实在太少了。幸好，大多数家长都会给孩子们寄些东西以改善伙食。在我们宿舍，大家自动地定下了规矩：每个人收到包裹之后必须和大家分享一些，而我们的分享方式特别复杂，复杂到人类学家大概都会感兴趣吧。我母亲平时会固定地寄马卡龙给我，这些马卡龙只有我们家那座城市才有，我特别喜欢。不知为什么，我对自己的马卡龙搞了回“特殊”，决定无论如何都不分给别人。我偷偷地打开包裹，把它们锁在柜子里，背着别人吃。不过，母亲寄来的马卡龙太多了，我吃都吃不下，以至于我囤积了很多。如果在这时候把它们拿出来的话肯定会很尴尬，大家会发现我藏了这么久。然而，有一天，我彻底完了。室友们发现我正在打开的柜子前嚼马卡龙。她们惊呼起来，而我则羞愧得脸通红，恨不得立刻消失。从此，她们嘲笑了我整整一年，一直叫我“马卡龙小姐”。我非常难过。

桑德里娜感到羞耻，是因为自己拒绝帮助别人、拒绝互利互换的行为被暴露了。“被当场逮个正着”（法语中直译为“钱偷到一半被抓住了”）是触发羞耻的原因。有意思的是，美国人形容这种情形为“裤子脱到一半被发现了”（pants down），可见天主教背景下对羞耻的概念（金钱）不同于基督教背景下的羞耻概念（性）。

让·皮埃尔，40岁：

当我还在读法律系一年级的时候，我喜欢上了学校里的一个女生。所有人都想和她约会，因为她看上去既性感又纯洁。我们当中，谁都不知道她有没有男朋友。一天，她出乎意料地接受了我的约会邀请。我们去看了电影，然后我把她带回家，两个人一起喝了几杯。这时，她开始大胆起来。她轻轻地晃着手中的朗姆酒，一双迷人的眼睛若有所思，而我则不停地给她斟着酒。她告诉我，她更喜欢比我们这些大学生年纪大得多的男人，而且她早就和好几个已婚男人发生过关系，其中有一个还是学校的教授。她说的这些让我很震惊，因为我一直以为她是个纯真的女生，没想到她比我经验丰富多了。然后我们上床了。最后，只能这么说：我的表现不怎么样。她讽刺地总结道："就这么完了？"让我一点补救的可能都没有了。我感到非常羞耻：在她眼里，比起那些成熟的情人，我简直成了性无能。由于我在这方面的经验非常少，这次带给了我很深的挫败感。我们的关系没有下文了；而且，之后每次在学校里看到她，我都觉得她在嘲弄地微笑着，而我则会羞耻地脸红起来。

让·皮埃尔的羞耻和性有关，也是两性之间特别常见的羞耻原因。它可能与各人的能力、性征的特点、各人的偏好有关。

马蒂厄，38岁，某制药厂的管理人员：

我不是那种口才好的人，而且每当我要公开发言，尤其是要用英语演讲的时候，我就会怯场。然而，自从我去了一家跨国公司以后，我就不得不经常面对这种情况。一天早晨，我们公司召开了一个通报会，要向从美国公司来的一批高层报告业绩。我们当中有好几个人都要报告，每个人都要站到投影屏幕旁边的讲台上。这种情景让我很头疼。我自己觉得，那天我做得并不差，只是在中间常常停顿而已。但是，我发现每一个在我后面报告的同事都比我表现得好，讲得更生动、更自然。不过我告诉自己——就像我的心理医生建议的那样——是我把事情想得太糟了，事实上我并没有那么差劲。通报会还在继续，我回到了观众席，坐到了两位同事的后面。他们很显然没有发现我在场。其中的一个人对另一个说："目前进行得还挺好的，算是把马蒂厄的那段补救过来了。"另一个人表示同意。我的脸唰地红了，顿时羞愧难当。

马蒂厄的羞愧与身份－竞争有关，在职场上很常见。事实上，不仅仅是在职场上，我们个人身份地位的维护在假期、在家庭中等各个场合都非常重要，它会造成我们内心非常痛苦的羞耻感。

当代的心理学家认为，当我们在他人面前表现出自己无法达到所身处的集体在以下四个方面的准则时，我们就会感到羞耻。这四个方面是：一致性、互助行为、性以及身份－竞争。

下表列出了其他的羞耻情形，包括各个情形的根本羞耻核心（一种情形中可能出现几种羞耻核心）。

所属人群	群体准则	羞耻产生原因举例	羞耻核心
儿童	不再是婴儿	尿床	一致性、身份
青春期少男	有男子气概	性器官很小（或觉得很小）	身份 - 竞争、性
00后青春期少女	苗条	身材圆润	一致性
20世纪50年代青春期少女	有女人味	胸部平坦	身份 - 竞争、性
士兵、海军、帮派年轻人、黑帮、武士	表现得勇猛无畏	流露出惧怕	身份 - 竞争、互利行为
传统社会中的男性	有个顺从的妻子	妻子不忠或妻管严	一致性、身份
20世纪上半叶来到城市务工的农民	不能表现得“像个乡下人”	不由自主地说出土话	身份
40岁以上人群	显得年轻	有皱纹、赘肉	一致性、性
公司管理层	事业有成	失业	身份 - 竞争
20世纪50年代的年轻女性	贞洁	不是处女	一致性、性
20世纪70年代的年轻女性	性观念开放	还是处女	一致性、性

在这些事例中，羞耻的外显形象或始发行为有两大特点：

- 第一，所在群体和羞耻的人自己都认为这一行为是不好的，羞耻者希望“要是我不是这样就好了”，或者“要是我没有这么做就好了”，即使给他们带来羞耻的行为曾在某一瞬间极有吸引力（就像贞洁少女在“让步”的那一刻）。感到羞耻，意味着您把所属群体的准则看作了自己的准则。

这是因为，若您无视群体的准则，被“当场逮个正着”只会让您尴尬，但绝不会引发真正的羞耻。有些真正以诚信为人生守则的政界人物在被人曝光了自己行为上的偏差后，竟以自杀谢罪。类似情况下，其他政客可能只是感到窘迫，或为别人的曝光而怒不可遏，随后便以略带嘲弄的方式冷静地为自己辩护。

第二，作为羞耻起因的行为或外形决定了您在所属群体中的自我身份。即便从其他角度看来，这只是一个行为细节（把盘子中的汤汁吃完、动手反击不尊重您的人），但这个细节可能在您熟悉的人眼中会毁了他们对您的所有印象。社会学家欧文·高夫曼（Erwin Goffman）在谈论羞耻时就曾提到“受损的自我身份”（spoiled self）。

羞耻的表情

“史温侯先生曾见到中国人脸红，不过，虽然他用了‘羞耻得脸红’来形容，但这种情况其实很少见。波利尼西亚人脸红得非常明显。斯塔克先生则在新西兰人里看到很多脸红的。华盛顿·马修先生在北美的印第安人部落中经常见到年轻的印第安女子脸红。还有几个值得信赖的人都肯定地告诉我，他们在黑人当中看到了和脸红相似的表情，而且让他们有这种表情的情形和让我们脸红的情形是一样的。”

在肯特郡的乡间，达尔文由于健康原因已经难以动弹，但他仍在竭力地丰富着情绪的普遍性理论的根据。他采访的人中包括海军军官、探险家和殖民者。

关于羞耻，他总结道，脸红是普遍存在、与生俱来和非文化性的表征，是世界上任何一个地方的人都有的表现，虽然肯特郡青年的脸红比祖鲁士兵要更容易观察到（和引发出来）。

达尔文的直觉得到了现代研究人员的确认。在世界上任何角落，除了“羞耻得脸红”（即面部血管扩张）以外，羞耻还有其他的普遍表情，并且结合了面部表情与身体姿势：双眼低垂、头部前倾。

所以，感到羞耻时，我们不仅会脸红，还会低下双眼、弯下脖子。大多数文化中还可见到一种羞耻的表现：用手遮住眼睛，捂住脸庞。这一反应通常出现在犯错的幼儿中。

加埃唐这样描述四岁的女儿西多妮的表现：

一天，西多妮和两岁的妹妹埃洛伊兹吵架后，把妹妹推出房间，用尽全身力气狠狠地关上了门，可她没有想到，妹妹的两根手指夹在了门缝里，在她大力关门时被夹断了。我们立刻带埃洛伊兹去了医院的急诊部。由于两根手指的末节指骨粉碎性骨折、骨端外露，她接受了全身麻醉，然后进行了手术。当时我也得知，手指被门夹伤的情况在儿科中很常见。我们在医院陪了埃洛伊兹一夜，让西多妮睡在了她叔叔家。第二天是周日，我去接西多妮，她显得特别难以面对我，不敢说话，也不敢看我。前晚，我们没时间责备她，因为当时情景实在是紧急。一迈出叔叔家的门，西多妮立刻用外套蒙住自己的脑袋，好躲起来让我看不到她。就这样，她一路蒙着头回到了家。我想，这一夜她肯定是在负罪感中度过的，而我严肃又不快的目光可能激起了她的羞耻感。这一天，直到妹妹回来之前，她一直躲躲藏藏。

西多妮的情绪就是羞耻，同时也怀有一种相近的感受，即负罪感。我们将在之后详细解释。

文学作品中的羞耻

在约瑟夫·康拉德（Joseph Conrad）的作品《吉姆爷》(*Lord Jim*)（1965年被理查德·布鲁克斯翻拍成电影，由彼得·奥图主演）中，主人公吉姆曾是一艘轮船的大副。他在某次出航时犯下了让他后悔一生的错误：帕特纳号即将沉没时，船员们惊慌失措地逃生，而他也屈从了自己的本能，弃船而逃。于是，带着底舱中的三百位前往麦加朝圣的香客，帕特纳号渐渐沉没。然而，帕特纳号很快就被另一艘船发现了，船员们的行为也遭到了披露。羞耻感从此纠缠着吉姆，逼迫他从一个港口逃到另一个港口，每次他都只能停留不久，因为很快就会有人发现他的来历（“他先后生活在加尔各答、孟买、仰光和巴达维亚”）。最后，他在热带丛林中的一个马来人村庄里住下了，被土著尊称为“吉姆爷”。他确实配得上这个称号。

弗朗茨·卡夫卡的《变形记》（*La Métamorphose*）中，可怜的格里高尔·萨姆沙某天早上醒来后发现，自己变成了一只巨大的甲虫。他的外表再也无法符合人们的标准了。看到他的变形，家人十分惧怕，又非常厌恶，自此把他反锁在了房间里。唯一表达过同情的只有他的妹妹，但也只是偶尔几次而已。有一天，格里高尔意识到自己带来了多么大的恐慌，于是用床单把自己盖了起来，他不想吓到母亲。小说中只有两处写到了羞耻。一处讲的是格里高尔第一次溜到自己房间的沙发底下过夜，第二处描写了他听到家人在谈论全家日益困难的经济状况时想到自己再也没有能力帮忙赚钱了。然而，虽然书中只提到两次，但在格里高尔的行为和思想的描写上，羞耻的情绪一直是基调。

安妮·埃尔诺的《羞耻》一书记录了20世纪50年代一个诺曼底少女心中的羞耻。这位少女在青春期时，日益意识到社会上人与人之间的差距，同时也开始认为自己所处的环境（她的父母只是普通的工人，现在开了一间小作坊式的手工缝纫店）中所有的生活习惯都是低等人的表现。主人公虽然是个成绩优秀的学生，但她开始接近那些家庭条件更加优越的女生，由此她的自卑变得愈发强烈。书中非常精彩地描写了这种既经常发生又难以启齿的感受：“羞耻的发生再正常不过了，它就像是一个自然产生的结果，它的原因就是我父母的职业、他们的经济困难、他们过去工人的身份、我们的行事为人……羞耻，已经成了我的生活方式。说到底，我都感觉不到它了，它早已长在了身体里。"

阿戈耶夫（Aguéev）的小说《可卡因的故事》（*Roman avec cocaïne*）中的情节发生在俄国十月革命之前，由一个莫斯科的高中生讲述。他一直为自己在同学中的名声担忧，没想到，一天，他年迈的母亲来学校帮他付学费，在他们的课间休息处现身了。当时她"穿着磨损的旧皮袄，戴着一顶可笑的软帽，帽檐上耷拉着一圈细碎的灰头发"。主人公心中袭来一阵强烈的羞耻，转而变成了对母亲的愤怒，使得他迎向母亲时"用憎恶的低语对她说话"。他的同学们前来戏谑地问道："刚刚和你讲话的那个穿裙子的小丑是谁？"他开玩笑式地回答："是个活得挺惨的老保姆。"

小说在之后披露了主人公黑暗的人格（尽管他曾经确实有过负罪感）。但是，即使是人们眼中最有道德的人都可能会有这种根本性的羞耻，也就是针对自己父母的羞耻感。被封圣的文生·德·保罗神父曾坦白："小时候，父亲常带我去城里散步，但我每次都觉得很羞耻，也不想承认他是我父亲，因为他穿着破旧，又有点跛……我记得，上初中时，有一天有人告诉我，我父亲——那个穷苦的农民——来找我。我拒绝出去和他说话，这是我的一个极大的过错啊。"受人敬仰的文生在快要去世之前才说出了这段往事，可见，就算是对圣人来说，羞耻也是如此难以启齿。

在小说《艾尔丝小姐》(*Mademoiselle Else*)中，阿图尔·施尼茨勒(Arthur Schnitzler)写道，年轻而贫穷的艾尔丝想尽快赚到六万弗罗林，救家人脱离破产的境地。一个腰缠万贯的老头保证自己能帮她还清她父亲欠的债，但条件是她必须在他面前脱光。起初，艾尔丝非常抵触，但最后还是妥协了，不过她根本没有想到，自己是要在某大酒店赌场的晚会上当众裸体。巨大的羞耻包围了她，以至于她晕了过去，甚至最后选择了自杀。"这个禽兽看了我的裸体！噢！太羞耻了！我太可耻了。我做了什么？我再也不要睁开眼睛了，永远都不！"

羞耻的作用

有些情绪的作用是立竿见影的：恐惧使我们逃离危险，愤怒使对手受到我们的威慑。那么羞耻呢？为什么我们会突然自卑、脸红、低下双眼、想要立刻消失？让我们如此难堪的情绪会有什么作用呢？

羞耻使他人更宽容

同样犯了错误的孩子中，表达羞耻的会受到较轻的处罚。在真实或模拟的案件庭审中，表现出羞耻的罪犯比其他罪犯的量刑轻，而表现出愤怒的罪犯量刑最重。

这一现象在日常生活中很常见，比如在下面这个例子中，旅行社老板让娜向我们讲述了一段经历：

上班的时候，我发现临时代工的马克很多时间都在上网，远远超过了他工作中需要上网的时间。一天，趁着他不在，我查了他的历史浏览记录，发现他竟然都在上色情网站！我气极了，他是来这儿工作的，不是来用这些下流无耻的卖肉照片找刺激的！（看来，让男性格外敏感的视觉性刺激对让娜来说特别难以容忍。）他回到公司后，我原本打算和他正面谈话，指出他的问题，然后马上让他滚回临时工培训中心。但是，当我告诉他我发现了什么之后，他立刻脸红了，低下头看着地面，结结巴巴地道歉。这么一来，我反而觉得，再进一步指责的话我就会很尴尬了。于是我告诉他，我再给他最后一次机会。事实证明，我这么做是对的：接下来，他用尽了一切努力来“赎罪”。

羞耻让我们更有同情心

许多经验表明，在不小心犯了错之后（比如在超市里弄翻了一整摞盒子），表达羞耻的犯错者会比不表达的人获得他人更多的帮助。错误发生后，比起仅仅表现出尴尬（眼睛望向一边，“紧张”地笑）的人，面部出现羞耻表情（双眼低垂、低下头）的人被认为更具有同情心。

和大多数情绪一样，羞耻也具有与他人交流的作用。在做错事或发生冲突时，它可能会起到缓和的作用。

羞耻使我们“努力表现得体”

请想象一下这样的画面：您还不知羞耻为何物，觉得自己有足够的自由，一边想做什么就可以做什么，一边嘲笑别人的观点。

也许这样的画面对您而言比较难以想象，但它却真实地存在于一些前脑内侧部分受损的病人当中。在情绪上，他们对别人的眼光和不同观点已经完全不在乎了。他们的具体行为会如何呢？这就取决于他们神经受损的严重程度，但通常他们的行为都会与社会准则相违背。神经科专家安东尼奥·达马西奥的病人露西就是一个例子。在她的访谈录像中她说道，自己曾经是非常害羞、低调、谦逊的妻子，但她突然变得非常大胆：她对男性的表现一反常态地热烈起来，让她身边的人很是不满。露西视这种新状态为自由的释放（特别是连坐飞机时，她都一点不害怕了），但同时也知道其中有很大的风险。不过，她的受损情况算是轻微的，还能够“管住自己”。

患有这一疾病的患者较常见的症状包括经常起誓、与上级表现得过于随便等，男性还会以超乎情理的大胆与女性交流。

当人们了解到这些行为在某些人身上是由于疾病后，社会就会对他们增加包容度；若非如此，这些行为就会导致这些人被鄙视，甚至会被惩处或驱逐。

羞耻就像警报器一样，它告诉我们，自己很可能会在某些方面违反所属群体的准则。

主动寻求避免羞耻会使我们免于……	**也会让我们避免……**	**险些触及的方面**
显得与他人太不一样	被群体排挤	一致性
表现我们的恐惧或其他弱点	失去身份，变得“低人一等”	身份－竞争
弄虚作假或故步自封	被看成造假者、自私的人，无法再享受互利互助	互利（交换）行为
显露我们的自卑，或表现得不合群	不再被视为有吸引力的可选配偶（即性的吸引力和为人父母的潜力），无法找到配偶	性

因此，羞耻对于我们的社交行为有着极佳的调节作用，可以维护我们在群体中的自我身份，就像疼痛有助于保护我们的人身安全一样。

不过，就像我们没必要通过不断弄疼自己来避开危险一样，我们也不一定要通过羞耻感来明白自己犯了错，因为我们平日里的本能就是避开痛苦和羞耻——您不可能期待通过羞耻来阻止自己在开会时挖鼻孔，因为出于羞耻的危机，您根本不会想到在会上这么做。青春期的少年会和同学们买一样的衣服，以此避免因为“穿衣品位差”而产生羞耻。

所以，羞耻并不是一种神经官能症，也不是犹太基督徒某项教义带来的结果，更不是有钱人某种潮流里的时髦症状。这是一种普遍的情绪，也是一种有用的情绪，它使我们的祖先们避免身份降低或被部落排挤。祖先们将基因遗传给了我们，使我们经过“编排”后也能感受到羞耻。

羞耻与社会压力

作为一种在人类进化中被自然选择出的情绪，羞耻使人类在集体生活中得以受益，随后也在所有的人类文明中被用来规范人们的行为。

《圣经》中写到的第一个情绪就是亚当和夏娃对裸露的身体感到羞耻，而他们是在吃了智慧树上的果子后意识到自己赤身裸体的。古老的宗教教义中经常会提到“廉耻”一词，指人在道德上对任何可耻之事的惧怕。到了现代社会，我们称其为“羞耻”，关于廉耻，只会使用“不知廉耻”一词。骄傲是天主教信仰中最大的罪，与羞耻恰恰相反：它指的是个人对自身全面正面的评价。

过度羞耻的弊病

和所有的情绪一样，羞耻也有两面性。

经常表现出羞耻的面部表情的人会被看成是温和、与人无争的人，但研究也发现，他们同时被认为无趣、没有魅力或不值得信赖。过多表现羞耻可能会让人对您的评价和您对自己的评价变得一样负面，您也由此会变得不受欢迎。

羞耻的诞生：婴儿也会脸红

羞耻与尴尬都有基本情绪的一个重要特征：它们清楚地表现在15个月至24个月大的婴儿身上，但比喜乐、愤怒和恐惧出现的时间要晚许多（喜乐：3个月；愤怒：4个月至6个月；恐惧：8个月至10个月）。但羞耻的延迟产生是有理由的。羞耻情绪与自我意识有关（因此被英美心理学家与尴尬、自豪和高傲一同列为自我意识情绪），所以人只有在意识到他人看自己的眼光时才会感到羞耻。这种自我意识直到两岁左右才开始形成。

然而，一些教育方式似乎故意促使孩子尽可能早地感受羞耻，甚至在他们成人的过程中一直在刺激这种情绪的出现。

以下就是几个激发羞耻情绪的教育方式，甚为可悲：

- 向孩子表现出爱是有条件的（即父母对孩子的爱取决于孩子是否符合他们的期待）；

- 将他几乎达不到的过高要求强加于他；
- 在孩子失败时，用嘲讽或轻蔑的方式指责、嘲笑他。

主动激发孩子的羞耻是很不应该的行为。经常感到羞耻的孩子比其他孩子更为懦弱退缩，或更具攻击性，他们的自尊也更低。不过，针对孩子的某些行为，激发他的负罪感将有利于他做出弥补或互助的行为，并增进他的同理心。

羞耻与尴尬

尴尬与羞耻的区别首先在于尴尬的激烈程度要远低于羞耻（虽然也可能会让人脸红），并且尴尬不会引起自我贬低或自卑的想法。

在窘迫或尴尬的情况下，行为表现也会不同：当我们只感到尴尬并无羞耻时，我们会避开别人的目光，望向一旁，并且“紧张地”微笑，同时会触碰面部。值得一提的是，这三个动作恰恰是撒谎时的非语言标志，是心理学专家们研究的一大热门。

尴尬的起因

有这样的一个例子可以让您清楚地分辨羞耻和尴尬。请想象一下，您把一份报告的草稿交给上司，上司在读完之后告诉您，他对报告内容很满意，但他发现了几处拼写错误。

根据您个人的背景，您可能会感到尴尬，也可能会感到羞愧：

- 背景 1：您的拼写从来都没有问题，这次只是因为打字太快，时间太紧，没有检查。在这种情况下，您会为犯了错误而有些尴尬（这时您显得比较轻松）。
- 背景 2：您有诵读困难症，学生时期就因为糟糕的拼写成绩而受到羞辱，甚至被老师不留情面地当众批评，或被同学们嘲笑过。经过许多努力之后，您好不容易在拼写上有了进步。在这种情况下，现在的这些拼写错误意味着您没有达到所属群体的标准（过去这个群体是您的同学，现在则是同事），您肯定会感到羞耻。

心理学家们也会认为，在第一种情况下，您将拼写错误归因于不稳定的条件（大多数情况下您不会拼错，这次只是因为太着急或过度疲劳）和一些外部原因（造成您犯这些错误的是过大的工作量）。在第二种产生羞耻的情形下，您将错误归因于稳定的原因（您总是会犯拼写错误）和内部的因素（这是个人的弱点）。

另外，羞耻一般伴有逃离场景的愿望，而尴尬则更会带来补救眼下傻事的想法，有时甚至会让旁观者们看了很高兴。

温斯顿·丘吉尔（Winston Churchill）在议会开始讲话几分钟

后，一位关系亲密的同事偷偷地提醒他门襟开了。沉默了一会儿，这位身经百战的老政客大声地回答道："别担心，都这把年纪了，鸟都不出窝了。"

缺乏经验的小情人让·皮埃尔因为他平庸的床上表现而感到了如同瘫痪一般的羞耻，但类似的情形若是出现在一个对自己平时的表现较自信的人身上，则会引起尴尬，而他可能会用调侃的方式圆场（也许会让女方觉得有趣）。

尴尬也可能在我们成为他人注意力的焦点时产生，比如某个仪式上的公开讲话，或走进一间已有好多人的房间。若您的尴尬激烈到让您想要逃离现状，那么您的表现叫作社交恐惧症。

羞耻	**尴尬**
强度 +	强度 −
持续的自卑	行为失误
对个人自身的看法负面	对个人行为的看法负面
归因于稳定的内部因素（"是我的错，我可以改变状况。"）	归因于不稳定的外部因素（"这不经常发生在我身上，说到底并不是我的错。"）
目光低垂，无微笑，难以为自己辩解	目光看向一边，有时带有微笑，想要辩解
想要消失、逃离	想要弥补错误，挽回自己在对方眼中的形象

羞耻与羞辱

请听米歇尔回忆的一段年轻时的经历：

我在青春期的时候很害羞，但还是成功地和一伙比我机灵的男生成为了哥们儿。这伙人中有几个很接纳我，但另外一些人却总是喜欢嘲笑我，笑我在女孩儿面前害羞，也笑我说话声音轻柔。起初，我把这些嘲讽都视为玩笑，但有一天，其中一个人重重地推了我一把，只是为了好笑而已。可是我的自尊强烈到已经使我无法用同样的方式回击了，我直接冲到他面前要去揍他。然而，他比我强壮多了，不费半点力气就把我变成了被揍的那一个。他把我摁在地上，我挣扎着却怎么都逃脱不了，他就和其他人一起大笑、辱骂我。最后他把我放了（因为我们头儿的插手），我觉得非常羞耻，所以转身就走了。从那时起，我就一心想着要报仇。最后我回到了这伙人里。这回我推了他，是我先挑衅的，他便来推我，我们又重新打起来了。有人把我们拉开了，他又占了上风，但这一次我成功地让他摔倒了，还把他的鼻子打出了血。自那天开始，其他人几乎再也不嘲笑我了，我也真正地融入了这个圈子。

这段讲述的第一部分中，米歇尔描述了一种羞辱的感受（拉丁文是 humilis，意为低下），即我们由他人故意导致的身份失落。推米歇尔时，这位同学首先是想证明米歇尔没有能力回击他的挑衅，而当米歇尔反击时，他又想证明米歇尔没有打架的能力。米歇尔因为自己没法达到这一群体的标准（即有能力自卫、让人觉得是个狠角色）而觉得羞耻，但他还是对挑衅他的人心怀怨恨，想要反击。当他主动出击时，他便达到了群体的标准，赢回了更高的身份。

因此，我们可以总结：为了除去羞辱，米歇尔使用了两个很重要的方法：愤怒与攻击。

幸运的是，米歇尔所在的团体中，攻击行为是有限制的：他和对手都只能使用“自然”武器，而且每一次都会有人及时介入，制止斗殴，以免发生无法挽回的伤害。社会学家大卫·勒普特就曾写到“制止者”的角色：

“由于每个人都曾或直接或间接地接触过暴力行为，他们都清楚地意识到，在某种程度上暴力是需要存在的，是有意义且值得鼓励的，但它必须被控制在一定限度之内，以免让争斗的双方暴露于太大的风险中……当获胜方的主导性十分明显，或围观者情绪过于激动，抑或是出现了流血状况时，就会有人来制止争斗的继续：如果一方倒在地上，或一个人把另一个揍得特别狠，我要是看到被揍的人快不行了的话，我就会去把他们分开。”

然而，有些具有社交能力障碍的青少年很可能会以不相称的方式反击。他们会带着刀、枪之类的武器“杀回来”，造成我们有时会在报纸上看到的惨案。我们可以设想，若一方感到了特别强烈的羞耻，非常自卑，那么他的反击很可能异常激烈、残酷。1999 年 4 月 20 日，两名携带大量武器的青少年忽然闯进美国俄亥俄州的哥伦拜恩（Columbine）高中，射杀了十三名同学和一名教师，然后饮弹自尽。这起屠杀究竟是出于什么原因，我们已经无法知晓了，但我们注意到，这两名学生之前并不受欢迎，体育也并不突出，学习成绩一般，因此平日里很可能是“强势”的学生们嘲弄、打击的目标。

专门研究男性之间暴力问题的专家发现了最常见的谋杀触发情景——两名男性关于身份问题产生了冲突，且冲突发生在他们共同认识的人面前。对此，心理学家们提出了羞耻－愤怒的恶性循环螺旋体（shame-rage spiral）的概念，即受到羞辱的人会以好战的狂怒来作出回应。

正如马修·卡索维茨（Mathieu Kassovitz）的电影《仇恨》（*La Haine*）中年轻的郊区青年们说的那样：“过去，我羞耻；但现在，我仇恨。”

在人类祖先的部落中，保卫身份对于在群体中的生存至关重要。而如今，我们仍时刻准备着用暴力维护自己的身份，特别是当我们几乎没有其他选择时。若我（作者以第一人称口吻叙述）有一群与我为善的好友、一份体面的职业、一种对人生成就的满足感，我肯定可以不用冲出车门，很好地处理某个暴躁司机对我的羞辱。

但支撑我全部人生的若是只有所谓的“男性的尊严”，我就会更倾向于不惜一切地捍卫它。那么，那些来羞辱我的人就自认倒霉吧，尤其要小心我的好哥们儿。

另一种与自我意识相关的情绪：自豪

自豪很像是与羞耻相对的一种基本情绪，其面部表情与后者正好相反："高高在上"的眼神、抬头挺胸，甚至还有特殊的嘴部特征。这一情绪也是在儿童两岁左右时开始出现的。谁不曾记得孩子们在完成一幅画、一幅拼图之后期待父母表扬的自豪的小眼神？

心理学家将自豪与高傲进行了明确的区分：自豪与行为上的成功有关，而高傲却是一个人对自身全面的正面评估。

对天主教而言，高傲是最大的罪。古希腊人用 hubris 一词来形容自认为超脱于一切责任与限制、与神齐肩的狂傲态度。

自豪和负罪感－尴尬都是由自我对于某些行为的正面或负面评价产生的，而羞耻和高傲则是我们针对自身各方面的综合评价产物。

有趣的是，从社会学角度来看，长期受到羞辱（尚不至于死亡威胁）的弱势群体更热衷于创造出让自己自豪的标语，其中最著名的当属 Gay Pride（同性恋自豪日）。

四种"自我意识"的相关情绪

将事件归因于……	事件失败	事件成功
自身	羞耻	高傲
行为	尴尬－负罪感	自豪

受害者的羞耻

在众多强奸或侵害事件中，为什么羞耻也是受害者的痛苦心理之一？

克莱尔曾遭陌生人轮奸。她是在每天常规的晨跑中被盯上的。就在每日固定的跑步路线上，几名男性将她拖进了一辆车中。

除了害怕外出、失眠、噩梦、怕染上艾滋病以外，我还觉得羞耻。我不敢跟朋友们说，只告诉了一个最好的朋友，当然还告诉了心理医生。然而，我的羞耻感让我觉得很不可理喻，因为我明明什么都没有做错，我也不是特别掉以轻心，那个地区也没有什么犯罪历史，我就是碰上了倒霉事。但我真的羞耻，我感觉得到。我觉得自己很卑贱，被玷污了。我永远不会把这些告诉哪个男人的。

如果克莱尔生活在一个高度重视女性贞洁、会把受强暴的妇女逐出群体的文化中，那么她的羞耻就很容易理解，因为一旦被强暴，她就不符合所属社群的标准了。然而，事实并非如此。她所在的社会对于被强暴的人有着非常理解的态度，同时提供许多帮助，并不断地在朝更好的方向努力着。

如果她在事发当时的判断力特别低弱，我们也会较容易理解她的羞耻，因为她可能会埋怨自己：这种羞耻（负罪感）通常会折磨那些被主动带回家的男子强暴的女性或是那些单独搭乘顺风车的女性，等等。

心理学家们提出了这样的假设：我们每个人的内心都有自己设定的个人自主准则与行为自控标准，它们都属于我们的尊严。在这种情况下，即使没有先前的错误，当自己变成脆弱、恐惧、可怜的受害者时，我们就会感到羞耻。

在众多曾遭受暴力或性侵犯的儿童和青少年中，羞耻是他们最严重的心理后遗症之一。成人后，他们常常会感到羞耻，并且倾向于把所有在外遇到的失败全部归咎于自己的责任。

羞耻、疾病、残疾

疾病与残疾也极可能是引发羞耻的原因，因为它们触及了我们对于自主或身份的理想意识。不少病人都把自己的病形容为羞辱。

一些公益机构将病人和他们的家人聚集在了一起。在诸多职责中，这些机构也肩负着让病患重获自豪的责任。在让病人感到在集体中被接受、有充分归属感的同时，机构也竭力地为病人们赢取全社会的承认，让社会摈弃伤害、拒绝或惧怕。有许多人都是这条道路上的先驱，如美国前总统杰拉尔德 · 福特

(Gerald Ford) 的夫人贝蒂·福特 (Betty Ford) 就曾公开了自己患有乳腺癌的事实。罗纳德·里根 (Ronald Reagan) 则以自己罹患阿尔茨海默症 (Alzheimer disease) 的事实捍卫了众多患此症病人的尊严。

当病人宣称要为尊严而死时，他们其实是在宣告自己对自主权和掌控权的渴望，因为重病正威胁着他们的权利。这就是为什么人们会不遗余力地减轻他们的痛苦，尽可能地还给他们自主权，使他们避免等待、裸露和不洁，并杜绝使用侮辱性的词语指代他们的病症或残疾——这一切都是为了维护他们的尊严。

是否存在让人羞耻的疾病？

某些疾病之所以被人认为羞耻，不仅因为它发生在所谓羞耻的部位（西方解剖学中，有向生殖器官输送血液的"羞耻血管"和"羞耻动脉"），还因为这些疾病意味着人违反了宗教所呼吁的洁身自好与对爱情的忠诚。当性开放不再被视为严重的罪时，这些医学名称也随之消失，取而代之的是以爱神维纳斯 (Vénus) 的名字为词根的一系列性病名词。这些名词看似带着"爱"，但实际上性关系并不一定与爱相关，所以这种命名方式再一次被淘汰，只剩下性的元素。如今，性病在西方就直接被称为“通过性进行传播的疾病”(MST，maladie sexuellement transmissible，英文缩写为STD)。不过，这种命名法还是让人觉得沾染了太多感情色彩，所以它正在被另一个短语替代：“通过黏液接触传播的疾病”(MCM，maladie par contact muqueux)。

羞耻与负罪感

羞耻和负罪感有时会被当作同义词使用，然而，如表格所示，它们在许多方面存在差别。

羞耻会使人想要消失，或有时让人产生攻击性，但负罪感会带来对人对己都更具建设性的行为，即想办法弥补或减弱他人受到的伤害或损失。

羞耻与负罪感的几大差别

羞耻	负罪感
生理反应明显，如脸红	认知反应明显，如折磨人的思想、反复深思
关注自己是否在他人眼中低人一等	关注自己为他人带来的损害
有旁观者	不一定有旁观者
对自身看法负面	对自己的行为看法负面(但可能演变为对自己看法负面)
想要消失、逃离现场，或在被羞辱时想要攻击对方	想要道歉、坦白、弥补过失

但是，与羞耻一样，负罪感的程度也可能过于强烈，以至于引发没有意义的痛苦，并“让幸福白白溜走”。银行管理人员伊莲娜讲述了她的经历：

我极其容易有负罪感，但其实没人要为任何事指责我。负什么样的罪？实际上，这些“罪”就是我比他人好的地方。这样一来波及范围就很广了：小时候，我比我姐姐的成绩好；青春期，我很受男生欢迎；长大后嫁了一个很有魅力的男人，生了两个漂亮的小孩，而姐姐却离婚了；在事业上，我工作很好，但姐姐做什么都失败。对于我姐姐，我很早就有了负罪感，而且这种负罪感一直延伸到了我生活的方方面面。如今，我总是会隐隐约约地对我的同事们有负罪感，因为她们的生活没有我的好；我还会对那些夫妻感情不好、孩子不省心的人有负罪感，更别说那些无家可归的流浪汉了。我从来都不会谈及这些，但到头来我的丈夫只能猜我的心思，说我浪费生命。这么说太夸张了，我的生活很幸福，但负罪感确实总是像背景音乐一样，一直在那里。我去看过心理医生，但就算咨询的时候，我也会产生负罪感，觉得不应该请他来帮我再进一步提高我生活的舒适度，他更应该去帮助那些有严重心理疾病的人。他把我这个最新的负罪感揭露了出来，我们现在正在处理它。

伊莲娜的心理医生使用了认知疗法，即从目前她有负罪感的情景出发，让她挖掘出引发负罪感的思想和内在信念（即认知）。几周的治疗后，伊莲娜认为，她被暴露出来的内在信念就是：“如果我显得比别人好，别人就会拒绝亲近我。”所以，之后的治疗就会通过不同的问题来查验这个内在信念：

- 这一信念有基础吗？当你显得比别人好，你真的会被拒绝吗？伊莲娜能否举出对这一点有说服力的切身经历？
- 如果别人的拒绝确实发生过，那么它有那么严重吗？

这些探讨会带出第二个更深层的内在信念（“我应该被所有人爱并接受”），并对这个信念进行查验。在这期间，伊莲娜意识到，原来她的内在信念都是由一种原因形成的：从小，母亲对天资稍逊的姐姐付出了许多精力，所以她很早便有了被抛弃的感觉。这种抛弃和她之后因自己的出色而感受到的抛弃是一样的。她之后也明白过来，原来自己被现今的职业束缚住了，虽然她比姐姐要成功许多，但这并不完全符合她自己的心愿和能力。心理治疗让伊莲娜走出了自己的负罪感，并更好地接受了让别人不快的可能性。

避开负罪感

我们的负罪感源于我们对自己的行为的负面看法，并且认为这样的行为侵害了他人。与羞耻相比，我们可以看到它的几大益处和弊病。

可以让人有负罪感，但不要羞辱他们！

如果有人为您带来了烦扰，或让您失望，请让他有负罪感，但不要让他感到羞耻。

事实上，负罪感会激发他弥补过错的愿望，而羞耻感会让他躲着您，或者会反过来攻击您（心理学家们提出了羞耻－愤怒的恶性循环螺旋体。

这就是在职场和夫妻间进行批评时要遵循的规则：批评对方的行为（让他／她有负罪感），而不是指责他／她这个人（不要让他／她感到羞耻）。再者，如果您已经读过“愤怒”一章的话，您现在应该会记得，被羞辱了的下级是会报复的。

负罪感的益处：

- 它是由我们对自己行为的负面评价引起的，导致的被贬低感比羞耻的涉及面少很多。
- 若我们去“弥补”这些行为造成的问题，我们就可以减轻或消除负罪感。但是，若我们因为自卑而感到羞耻，那些自卑是很难改变的。

此外，研究人员发现，易有负罪感的心态一般都与利他行为有关。人们常常批判那些帮助他人的人是在“让自己心安理得”，但是，不管怎么说，这不正是互利互助的基本机制吗？何况，一个社会中，若所有人都从来不曾有负罪感，人人心安理得，那会是怎样的一番景象呢？

负罪感的弊病：

- 负罪感的激烈程度轻于羞耻等情绪，但常常是慢性的。它是一种长期的感受，可能会压在我们的肩头达几个月、几年，甚至一生之久。

- 羞耻是可以避免的，我们可以在交流范围内只保留那些能够接受我们弱点的人，或只接触接受我们的环境。例如，如果我对自己的外貌、出身地位或性取向感到羞耻，我可以只选择接受我的或与我有相同情况的人做朋友。

- 然而，若造成的错误再也无法弥补，那么如何才能消除负罪感？作为精神科医生，我们经常会遇到负罪感极为严重的人，他们的亲人自杀了，所有的自杀情况都是无数负面情形不断叠加后的结果。这些负面情况可能是未曾康复的心理旧疾、正在遭受的精神疾患、最近遭遇的失败或损失、酗酒或吸毒等毒害健康的行为、家中留有自杀工具、家族自杀史，等等。不幸的是，他们的亲人常常只关注自己与逝者的关系，不停地自责，觉得没有在逝者生前给予足够的关注和照顾。

- 虽然自己并非他人不幸的制造者，但人们也可能会有负罪感。这种“幸存者负罪感”(syndrome du survivant) 表现为某些从死伤无数的自然灾害中存活下来的人常常会有长期持续的负罪感，但实际上他们面对受害者的死亡根本无能为力。

然而，负罪感比羞耻更容易表达，而将它向一位善良智慧的交谈者倾诉（如倾听告解的神甫或心理医生）始终是使自己释放和减轻负罪感的最佳方式。

所幸，大多数我们背负的负罪感都没有那么悲剧性，我们通常可以用更简单的方法避开它，即遵守我们所属社会群体的行为准则，并关心我们所爱的人的需求。

尴尬、羞耻、负罪感：一个故事的三个瞬间

为了更好地总结羞耻、负罪感和尴尬之间的区别，我们来给您讲一个婚礼上发生的故事：

我和妻子一同受邀参加都彭儿子的婚礼。一到现场，我就很尴尬地发现自己打扮得不够正式，因为这个婚礼比我想象的要奢华、高级许多。为了让我放松下来，我喝了好几杯香槟，同时滔滔不绝，认识了很多新朋友。但我的妻子走过来扔了一句话："你别出丑了。"这下让我很是羞耻，因为我知道我一喝酒就话多。因此，我开始走得离人群远些，想一个人待着。可就在这时，在餐桌边上，我看到了一位老友。我曾经疯狂地爱着她，但自从我结婚后就再没见过她了。我们一直在聊，聊着聊着，趁着我们激荡的情绪，也为了找个安静点的地方待会儿，我们上了二楼。楼下还在继续接待来宾，而我们则在楼上云雨。过后，我回到了妻子身边，心中有着深深的负罪感。她后悔自己不该激怒我，并想要向我示好，但这让我的负罪感越发加重了。

在这个故事中，虽然妻子并不知道他出轨，但主人公还是有很深的负罪感，不过他并没有感到痛苦。当我们触犯道德规范时，即使我们是唯一意识到自己犯了错的人，我们还是会出现罪恶感。这种罪恶感的产生，往往是因为我们会设想万一对方发现了我们的所作所为，他 / 她会遭受多大的痛苦，会如何谴责我们。宗教教义中很提倡对这些隐而未现的过错有自觉的负罪感，因为上帝是无所不知的。

羞耻、尴尬、负罪感与精神障碍

羞耻、尴尬与负罪感都是情绪，而非疾病。但是，这些情绪一旦过度或过于麻木，就很可能产生某些精神疾病或人格障碍。

尴尬与羞耻的相关疾病：社交恐惧症

社交恐惧症，即极度恐惧自己不恰当的情绪反应或不得体的行为举止会被他人看来滑稽可笑。社交恐惧症使人遭受一种比害羞激烈许多的长期恐惧，害怕谈话对方或观察他的人对其有负面的评价。

社交恐惧症是两种基本情绪混合而成的精神疾病：恐惧（在社交情境发生之前及进行过程中）和羞耻（社交情境发生过程中及之后）。这两种情绪都很激烈，会渐渐使病人逃离或避开日常生活中的各种社交场合。

以下是拉季法的讲述。她患有某种特殊的社交恐惧症，名为赤面恐惧症（由于恐惧和羞耻引起的极易脸红的病症）。

> 每次我在别人面前脸红的时候，我都羞耻得无地自容。这样一来，我再也没法有正常的表现了。我每次都以最快的速度离开所在地，再也无法和别人交谈，因为我总是对着他们脸红。我还没找到工作的时候曾经参加过一次就业培训。第一天的上午，有一个环节，每个人都要轮流介绍自己。那真是我的噩梦。我一直结结巴巴，显得很可笑。随后，一直到课间休息，我都低着头不出声，根本不敢抬眼看其他同学或培训师。休息时间到了，我急忙把自己关进了卫生间里，直到上课；要不是我的东西还在教室里，我早就打道回府了。中午的时候，我借口家里有事，避免和别人一起吃饭，拿了自己的东西偷偷地离开了，再也没有回去上课。那天之后，我把自己关在家里整整三天，既不敢出门也不敢接电话。我觉得，整个世界，包括我的邻居、周围商家……所有人都知道我丁了什么。

与害羞相反，社交恐惧症不会自愈，需要特殊的治疗。十多年来，在心理治疗和药物的帮助下，患者们已经得到了很大的改善。

抑郁症——负罪感与羞耻主导的精神疾病

抑郁症会在情绪上表现出特殊的悲伤，我们在前文已经谈到了。但除了悲伤，它还会引起其他的情绪。

抑郁症中，有一种形式被精神科专家们称为忧郁症，而它的首要特征就是负罪感。病人们为行动错误而自责，把过去经历中最小的过失无限放大，指责自己（有时到了近乎妄想的地步）犯下了各种罪过。这一病症还伴有失眠和食欲不振。自杀的风险较高，为了避免其自杀，通常需要让患者住院，使其接受治疗。

	忧郁式抑郁症
主要情绪	负罪感
从所受教育习得的规则	履行自己的职责
触犯规则的方面	互助互利行为 我是个差劲的母亲 / 妻子 / 员工等等
防卫机制	完美主义，无止境地自我苛责，禁止自己享受快乐

抑郁症患者中，他们慢性的负罪感通常都与自卑感联系在一起。此外，某些专家认为，慢性负罪感与羞耻情绪常常相关。

如何管理羞耻情绪

我们从本章之初就已经了解到，羞耻是一种有用的情绪，会帮助我们预先避免触犯社会准则，并减轻我们可能冒犯到的人对我们的敌意。

然而，羞耻也可能使人寸步难行，若我们不愿将它分享出来，就会让这样的痛苦更加强烈而顽固。事实上，羞耻具有可怕的自动维持功能，一旦再次想起让自己羞耻的事，就会再度激发羞耻感，就这样一直恶性循环下去。

不过，在某些具体情况下，一概否认我们可能造成羞耻的缺点或自卑也是没有意义的。

所以，我们列出了四条基本建议：

说出您的羞耻

关于羞耻，最糟糕的是，
我们以为自己是唯一一个感受到它的人。

——安妮·埃尔诺

在《流动的盛宴》(*Paris est une fête*) 中，海明威回忆了他于20世纪20年代在巴黎度过的年轻时光：“那时候我们很穷，却很幸福。”一天，名声人噪的司各特·菲茨杰拉德（Scott Fitagerald）请还只是个小作家的海明威去教皇路的一间餐厅和他共进午餐，说有非常重要的事情要请教他，而且“此事的重要意义对他来说超过了世界上任何事情，因此我必须绝对真实地回答”。午餐快要结束时，司各特终于把问题提了出来。他告诉自己的朋友，除了妻子姗尔达之外，他从没跟任何女人睡过，但其实不少女人都对他饶有兴趣。他对自己的忠诚解释道，姗尔达告诉他，生殖器长得像他这样的人永远没法“博得任何女人的欢心”。“她说这是一个尺寸大小的问题。自从她说了这话，我的感觉就截然不同了，所以我必须知道真实情况。”海明威被司各特的秘密弄得有些无言以对，于是建议对方一起去盥洗室看一下，好给出客观的回答。接着，这两位名垂青史的世界级大文豪就一块儿挤到了米肖餐厅的盥洗室里，进行了一番泌尿科检查。仔细观察之后，海明威告诉他的朋友，他的生理构造完全正常，根本不需要为那个地方的尺寸问题害羞，可司各特还是将信将疑。于是，海明威提议一起去卢浮宫看看人体雕像，但司各特质疑雕像的真实性（“那些雕像可能并不准确”）。最后，两人的雕像之旅还是成行了。经过海明威的点拨（“你从上面往下看自己，就显得缩短了”），司各特终于感觉好些了。

让司各特·菲茨杰拉德痛苦的就是他的羞耻。（被贬低的感觉——“我的感觉截然不同了”——他认为自己已经再也达不到所属群体的标准，即“博得女人的欢心。”）

我们认为，司各特将自己的羞耻告诉海明威，对他而言是一种宽慰。他得到了朋友友善的倾听，也正面面对了自己内在信念中的羞耻之源。

不幸的是，海明威的话并没有给菲茨杰拉德带来很大的效果：他继续酗酒，并和他的妻子姗尔达继续维持着糟糕的夫妻关系。姗尔达的人格很复杂：30 岁起就有了很严重的人格障碍，患有躁郁症。幸好司各特后来与真心爱慕他的姑娘希拉 · 格雷厄姆（Sheila Graham）发展了一段婚外情，他也为了她彻底地戒了酒。

这个事例证明，向信任的人说出自己的羞耻会有几大益处：

- 理清自己的羞耻：这是掌握羞耻的第一步，您可以通过组织语句来与这种情绪保持距离；
- 在友善的朋友面前描述自己的羞耻，这将使您明白：与您自己的想法不同的是，您并不可笑，也不会被人鄙视。

不过，请注意，请像司各特 · 菲茨杰拉德那样，在安全的状态下分享您的秘密，也就是说，请选择一位您足够熟悉，并确定他会友善相待的人作为倾诉对象。

或者，您也可以选择向以倾听为职业的人讲述（如心理医生、神甫、互助机构的“关怀者”），但请您在分享这些内心深处最隐秘的事情之前先了解一下对方的倾听能力。

即使您已经在进行心理治疗，这项说出羞耻的建议仍然要送给您，因为许多病人都倾向于避免与心理医生谈论羞耻的问题，但这些问题很可能是心理疾病的真正症结所在。

将羞耻转变为尴尬

如果您经常感到羞耻，很可能是因为在许多更适合用尴尬来面对的情况下，您在遭受羞耻的折磨。所以，若您的情况正是如此，很重要的一点是您需要重新判断某件事及其带出的情绪究竟有多大的重要性。28 岁的记者西尔瓦妮分享了她的经历：

最近，报社新来了一名记者，他很热情随和，举止自然。一天，我们在开会的时候，他不小心把咖啡打翻了，洒在了主编的衬衫上。主编是个没什么幽默感又不太好相处的人，所以有那么一两秒，所有人都屏住了呼吸，不知道他会有什么反应。如果我是他的话，肯定会羞愧得要命。不过，还没等头儿有反应，我的同事就带着很真诚的歉意说："啊呀，我本来还在庆幸自己从没做过这种蠢事呢！看来我是出了名的笨手笨脚。"他马上跑去接了水，帮头儿稍稍擦拭了一下，然后没有再多做什么，而是让刚才的讨论继续下去。会议结束时，他再次走向头儿，说道："我真的非常抱歉……"最终，他把问题放在了它该有的位置上——一起小事故。后来，我开始反思自己过于羞愧的原因，然后我从此也学会了开口说"对不起"，而不是一言不发地盯着地板，等着上天来惩罚我。

西尔瓦妮的同事表现出的就是尴尬——他试着弥补、挽救——而西尔瓦妮可能会表现出羞愧（目光低垂、一动不动）。

所以，请回想一下让您感到羞耻的情景，思考在那些情况下，是否可以用更近似于尴尬的态度来作出反应。当您在精神上做好了“尴尬”的准备，您就会不那么感到羞耻，也不会被他人觉察出您感到很羞耻。

反思您的内在信念

您的羞耻感通常来自于两种截然相反的评估：

- 对所属群体或想要加入的群体的准则（即规则和目标）作出评估；
- 对自己无法达到这些准则的事实作出评估；
- 此外，您对于从属于这一群体有多么重视，将使您在无法达到标准时进一步加深您的羞耻感。

您可以在以下三个问题的帮助下审视您的三种内在信念：

- 群体的准则是否如您想象的那样严苛？
- 我是否真的失败了、没有达到这些标准？
- 归属于这一群体真有那么重要吗？

以西尔瓦妮的经历为例，我们可以如此分析：

想要归属的群体	内在信念 1： 设想准则：必须达到群体的要求方能被接纳	内在信念 2： 被发现失败	内在信念 3： 归属此群体的重要性
一支充满动力的同事合作团队	行为放松得当，充满自信 **问题：** 群体中的每个成员确实个个都行为放松得当、充满自信吗？ 群体真的会拒绝做不到这两点的人吗？	别人都会注意到我的莽撞和笨拙 **问题：** 您在别人的眼中确实如此吗？	如果我不被这个群体接纳，我就低人一等 **问题：** 为什么？（被一个集体拒绝确实很让人痛苦，但它是否就标志着您低人一等？）

我们可以想象一下，若西尔瓦妮所在的团队有着非常激烈的竞争，人人都疯狂竞争，一旦失败就被嘲笑蔑视，那么，被这样的团队排挤算不算灾难？难道不应该在更友好的环境中建立不一样的人际关系吗？

这三个问题是我们建议的思考方式，它们不能永久地让您避免羞耻，也无法帮助您减轻过于激烈或历史久远的羞耻感。在后一种情况下，相信专业性强的心理医生会帮得上您，他们一般会向您具体询问您感到羞耻的想法。

回到“案发现场”

您也许记得，羞耻感会让您逃避那些与我们的羞耻有关的人（“我在这个女孩面前脸红了，还结巴，所以要我再见她实在是太尴尬了”）或那些让我们觉得自己不够资格的环境（“我以前演讲的时候那么可笑，我再也不想公开讲话了”）。事实上，这些过去的事情会让您的羞耻情绪继续延续下去，您只有回到“案发现场”才可能永久地消除羞耻。

让我们来听听菲利普的分享。第三章中，他没能控制住自己对朋友的帆船的羡慕，在后来关于波斯尼亚战局的交谈中狠狠地损了朋友一把：

当妻子提醒我说得太过分的时候，我立刻感到了一种深深的羞耻。我突然安静了下来，其他朋友马上把话题引向了另一件没那么有争议的事上。但那时天色越来越晚了，朋友们都开始回家了。我忽然意识到，这天的聚会停在了一个很尴尬的境地，大家都没时间把气氛重新带起来了。从此，羞耻感不停地折磨着我：一想到我那天的行为，朋友那张被我侮辱性的话憋得紧绷的脸就会出现在我眼前，而我就会脸红，开始想象其他人会怎么看我。我想，那个时候，最自然的做法就是再也不要与那天晚上的任何人见面，但从另一个角度想，我觉得这种做法很消极。于是，我打电话给朋友，请求他的原谅。他虽然接受了，但态度很冷淡。后来，我的妻子建议我再办一个聚会，邀请所有人来我家。那天晚上，我在等门铃声的时候特别焦虑。不过，最后一切都很顺利，我想，他们都感觉到了我的尴尬，也明白了我想寻求谅解的愿望。但我也明白，若没有妻子的支持，我可能会为了躲避羞耻而从此与他们不相往来。

菲利普成功地摆脱了羞耻的辖制，没有屈从它，没有永远地躲开那些见证了他错误行为的朋友。他选择了尴尬情形下的行动：寻求谅解、弥补过错，而他的这些行动也被证实有利于消除他的羞耻，也有利于他和朋友之间的关系。

减少与习惯性羞辱他人者的来往

激起他人的羞耻感是一种企图控制他人、让他人惧怕的行为（然而可能会导致某天面对对方时的暴怒）。出于某些复杂的原因（家教模式，或曾遭受别人的羞辱性报复），有些人惯于对他人进行羞辱，并常常以玩笑的方式掩盖他的羞辱目的。

在英国电视剧《好球手坏球手》中，中学生奈尔斯一直被同学叫成“wog”（英国俚语中的“软蛋”，带有很强的贬义），只是因为他出生在非洲。他假装置之不理，只把它当作一个玩笑，多年来始终忍受着这个绰号，直到有一天，一个女孩在听到以后表现得惊诧不已。

即使羞辱披着玩笑的外衣，也请您清楚地将它辨别出来，不要让他人随意伤害您。根据您的能力范围和事发背景，您可以进行反击，让对方知道得寸进尺对他们没什么好处；您也可以简单地告诉他们，您不接受他们的言论；您还可以索性避免与他们接触。

学会处理羞耻情绪

要	不要
说出您的羞耻	一个人默默地积压在心
将羞耻转变为尴尬	陷入羞耻中不可自拔
反思您的内在信念	认定您的羞耻有据可循
回到“案发现场”	永久逃离事发情境
减少与习惯性羞辱他人者的来往	任由他人视您为“冤大头”

第七章

嫉妒

La jalousie

嫉妒比爱情有更多的自爱。

——拉罗什富科

克洛迪娜今年 32 岁，她前来就诊，但她描述的夫妻间的问题让她的心理医生不禁担忧：

我刚刚认识热尔曼的时候，很快就发现他很容易嫉妒，但那时我觉得很放心：他嫉妒，说明他对我专一，也说明他觉得我对别人也有吸引力。所以，从某种角度来说，这是对我的赞美。由于我一直对自我形象不自信，他的嫉妒让我感觉好了起来，让我觉得竟然也有男人会为我这个小女子疯狂。不幸的是，他的嫉妒与日俱增，现在，我都不知道我在过着什么样的日子。他开始劝我辞职，理由是他比我赚得多，我没必要工作。但事实是他不能忍受我在他不知情的情况下接触别人，当然是指男人了。自从我住进他家后，他一天会打好几次电话来，美其名曰看看我有什么新鲜事要和他说，但其实是要掌控我的行踪，看我都见了谁。不论什么时候，我都要告诉他我的时间安排，如果我改变一点的话就惨了。他曾经忽然出现在家门口，仅仅因为我漏接了他的一个电话。另外，他也不想让我用手机，也不让我开车，因为他说，我既然不工作，要那些没什么用，但他就是想限制我的自由。还有，除了特殊场合外，他禁止我化妆，而且不经过他的同意就不能买衣服。一天，我们一起出门和另一对夫妇吃饭，他整晚都在生气，最后我才弄清楚，原来他是嫌我的裙子太性感了。在公共场合，一旦他发现有男人看我，就会用很挑衅的眼神凶狠地盯着别人，这时别人马上会很害怕，因为我丈夫确实做得挺夸张的。他逼我和好朋友们一个个疏远，对她们每一个人的意见都很大，而且也受不了我和她们说悄悄话。现在，我们两个人根本没有任何社交生活，平时只会去看双方的父母，或者顶多我会陪他去参加职场上的晚宴（因为他带我出去的时候显得很得意），不过条件是我必须一直待在他身边，不能和男人说话。可是即使是这样，他也根本不放心。一回到家，他就指责我卖弄风情、穿得太性感。他不停地侮辱我，有时候我甚至都觉得他要打我了。但是，每次事情发生后，他都会内疚，第二天会给我买个礼物或送我一束花。可是他的好脸色从来都不会持续太久。每次我试着跟他谈嫉妒的问题，他立刻就会打断我，说这证明他爱我，而且男人这样是很正常的。他常常让我觉得很害怕。另外，我不知道我来见您是否是对的，因为他只能接受我看病找女医生。

当然，我们要回答克洛迪娜，来找我们确实不是个好主意，我们已经把她介绍给一位女医生了。也许有人会说我们胆小，但我们要说，当一位有着善妒的丈夫的女性前来咨询时，我们对她最大的帮助就是不要激起她丈夫对其他男人的嫉恨，尤其当这个男人是在私密的气氛下倾听女方秘密的心理医生。

根据我们今天所掌握的心理学标准，我们可以判断，热尔曼的嫉妒是一种疾病。他使用了最善妒的人常用的三种主要的嫉妒方法：

- 密切监视：他每分钟都在试图掌控妻子的时间安排。
- 限制接触：他费尽心思地将妻子孤立，把她与朋友们分开，限制一切可能让她交到新朋友（不允许使用手机、开车）、认识其他男人（禁止化妆、限制穿衣自由）的途径。
- 贬低对方：他使克洛迪娜感到自己脆弱无力，并羞辱她、威胁她。

事情后来的发展如何呢？克洛迪娜成功地离开了丈夫，不过她是偷偷离开的，搬去了另一座城市。在那之前，热尔曼曾两次殴打她，导致警方和检方均出面干涉。克洛迪娜的谨慎是对的，因为大部分遭到杀害的女性都是被丈夫或恋人下的毒手，而嫉妒则是全球排名第一的谋杀动机。

热尔曼的行为似乎正揭开嫉妒的可悲面具。20 世纪 70 年代，它曾是最受嘲笑的一种情绪——在性开放、政治动荡的背景下，嫉妒常被视为旧时中产阶级的产物、资本主义社会的禁锢、一种神经官能症，以及缺乏自信的表现。当时社会存在自由交换思想和性伴侣的团体，有嫉妒心的人若是看到他们开放、自发式的性交，想必是要昏厥了。那个时代最理想的状态无疑是玛格丽特·米德所描绘的萨摩亚（Samoa）岛上"温和的野蛮人"的情况：一个人类学女专家向他们解释嫉妒的意思，而这些野人不仅不知嫉妒为何物，也没法明白她的解释。

48 岁的吕克向我们讲述了 20 世纪 70 年代初他青春期时的一段经历：

朋友们带我去一个希腊的小岛游玩。当时，那里已经有很多年轻人了，男孩女孩都有，大部分是德国人和北欧人。有些人在那里一待就是一整年，但大部分都只是度假而已。那个地方像天堂一样，我们每天都在树荫下谈哲学，在海里游泳或潜水，还吸各种各样的毒品。至于性嘛，那儿的规矩就是，谁都有权利与不同性别的任何人直接发生关系（当然，对方可以拒绝）。起初，我觉得这个规矩特别美妙，不像在法国，女孩都要考虑很久，但是，这种美妙只持续到我接近一个叫萨比娜的美女为止，因为她的男友赫尔穆特把我的鼻子打断了。所有人都对他感到愤慨，这场面几乎成了公诉案件一样，但他泰然自若，因为他是左派的一个头儿，很会辩论。更糟糕的是，他之后还和其他女孩儿发生了关系。男生们都气疯了，所以他不得不逃离这座岛，以免被别人暴打。这个故事只有一群人觉得好笑，就是当地的希腊渔民。

吕克自己也意识到，事实上，人为消除嫉妒的想法本来就建立在错误的基础上。许多事例都证明了这一点。虽然前苏联整整三代莫斯科人都免受“旧时中产阶级规矩”的限制，但他们之后还是为自己犯下的情杀罪付出了代价。至于那些所谓不存在嫉妒的热带天堂，专家重新进行了实地考察，而事实正如研究嫉妒主题的心理学家戴维·巴斯（David Buss）所说：“这些天堂只存在于浪漫主义人类学家的想象中。”简言之，世界上所有国家、所有族群的人都了解两性之间的嫉妒，即便各文化背景的人对待出轨——尤其是女性出轨——有不同的方式（从立即扔石块击毙到离婚并支付赡养费）。

当人类学遇到空想
——萨摩亚人真的是“温和的野蛮人”吗？

1925年，24岁的玛格丽特·米德历经一年的萨摩亚岛之旅后回到了美国。三年后，她出版了《萨摩亚人的成年》（*Coming in Age of Samoa*）一书，取得了极大的成功，在人类学界和教育界都产生了深远的影响。她描绘了当地温柔的土著形象，称他们既没有暴力又不知两性嫉妒为何物，从而得出结论：我们西方的教育才是诸多恶行的罪魁祸首。

大约15年后，澳大利亚心理学家德里克·弗里曼(Derek Freeman)在萨摩亚岛度过了更长的时间，学习了那里的语言，最终发现了截然不同的景象：萨摩亚人是了解两性之间的嫉妒的，不仅如此，他们原本就有一个词语特指这种情绪：fua，并且这种嫉妒正是大量暴力事件的源头。至于西方文化，和米德所说的恰恰相反，正由于西方传教士的影响，当地的家庭暴力和“破处仪式”才会逐渐减少，在米德上一次旅行时已是如此。此外，弗里曼也指出，一些还记得米德的萨摩亚人向他坦白，他们在某种程度上利用了这位年轻的女人类学家的善意，夸大了他们风流韵事的数量(这倒是全世界男性的通病)。

米德和弗里曼的研究竟有如此大的反差，这在人类学界引起了轩然大波，甚至导致了意见的分裂。而比起对手，玛格丽特·米德虽然至今仍对大众而言有着更高的知名度，但我们可以看到，她年轻时的冲劲与热情很可能蒙蔽了她对科研的客观态度。

我们只消读一读她的《大洋洲诸国的风俗和性》(*Mœurs et sexualité en Océanie*)就可一窥端倪。在对萨摩亚人田园般的惬意生活进行描写时，米德还是提到了当地对高等级少女进行的公开的破处仪式。她写道：“过去，如果她在仪式前就已经失贞，她的父母就会扑到她身上用石头打到她毁容。有时，一些让家庭蒙羞的少女会被殴打至死。”

但是，在之后的几页，她断言：“萨摩亚人并不了解我们所知的浪漫爱情，即专一的、带有嫉妒的、单一配偶、忠贞不渝的爱情。”随后，她告诉我们，如果一名首领的妻子与他人通奸，“通常她会被赶走”，并且，“在过去，当人心刚硬的时候”，丈夫不仅会用棍棒打死情敌，还会杀死情敌家中所有的男性，就算后者前来求饶也无济于事。然而，米德在书末却是这么总结的：“正如我们已经了解到的，萨摩亚人的两性习俗带来的结果就是减少了神经官能症的发病率。”这下我们可知道治疗病人时该说些什么了！

嫉妒的形式

第一种人们自动爆发的反应被心理学家称为“嫉妒心突闪”，它发生于人们感觉到彼此关系受到威胁后的最初几秒内。这种“突闪”所包含的最常见的两种情绪是愤怒和恐惧。

让·皮埃尔有一天去妻子的公司接她，于是有了如下的经历：

我并不认识妻子的同事，我们把个人生活和工作分得很清楚。但那天，我要见的客户正好在她公司附近，出于方便，我结束后开车去接她。当我到了她的公司大楼时，看到她正站在人行道上和一位男士说话。那位男士一看就是她的同事。我渐渐开近，也渐渐意识到，她的这位同事真的是个很有魅力的人，相貌英俊，举止潇洒，谈吐自信，西装笔挺，更重要的是，他看上去和我妻子关系很好，说说笑笑，感觉很亲密。我的心里特别乱，还没开到就停下了。这时她看到我了，立刻走过来上了车。我尽力装出一切都很好的样子，但她很快就察觉到我不对劲，明白了我在想什么。我的内心有一股可怕的怒火，不仅针对她，也针对那个男人，但同时还有一种恐惧感。我先前几乎都忘了，我的妻子也可能吸引别的男人，她也可能被别人吸引，但这番情景让我瞬间想起了这种可能性。

在“嫉妒心突闪”这种基本情绪出现后，紧接着就会产生一系列的认知（即思想）。我们会重新评估情境中的各个元素以及危机的真实情况，然后会决定以什么行为来面对，如下面的事例所示。

您和您的配偶或情侣一起参加一个人数众多的聚会，其中有许多人都是第一次见面。聚会到了某个时候，您和爱人离得比较远，但您发现他／她正在和一名异性交谈。他们双方都看似对对方的话很感兴趣，而且，他们彼此凝望着，时不时一起大笑。您的爱人看起来精力充沛，但他／她在来这儿之前是一副萎靡不振的样子。

您的感受会如何呢？以下几位设想了自己在这样的情景中后，分别给出了这样的回答：

玛丽·克莱尔：“太气愤了，简直要气疯了。我觉得我很难控制自己不冲上前去闹它一番。还有，我想，我还会恐惧，惧怕阿德里安会离开我，怕他找别的更有意思的女孩。最终，我觉得我会倒一大杯威士忌一饮而尽，然后去搭讪别的男人，把我男友的注意力吸引过来。”

乔斯琳：“觉得被抛弃了，甚至于我的生命在那一刻都终止了。我想我会去找好朋友倾诉一下，寻求安慰，也问问她的建议。但就连想象这种场景都会让我很难过。我觉得，可能在心底里，我从来都怀疑他，怕他去找比我更有意思、更美丽的女孩。”

汤姆：“我想我马上会先掂掂这个家伙的分量，看看他整体上确实比我强，还是只是一个来碰碰运气的普通人。不过，就算他比我强，那也没什么了不起的。我会过去参与他们的谈话，而且肯定会在某个方面表现得比他好。但我不会告诉你回家路上我会对伊芙做什么。不过，看到这次她这么做以后都发生了什么，我想她下次不会再这么和人搭话了。”

阿诺：“我会很难过。同时，我会对自己说，不管怎么样，要么她真的对那个人感兴趣——这样就说明她不爱我了，那么我做什么都是徒劳；要么就没什么大不了的，我为什么要表现出一副吃醋的样子？我早就懂得，嫉妒是一种卑微的情绪，说明你对自己信心不足，也不相信你的另一半，我肯定会竭尽所能不把它表现出来的。”

从这四种回答中可以看出，嫉妒是一种复杂的情绪，它至少混合了三种情绪：恐惧、愤怒和悲伤，有时还会包含羞耻。除此之外，各种情绪的相关思想也会被带入。

嫉妒包含的情绪类型	内在机制	相关思想
愤怒	沮丧失落 身份受损	“他 / 她走着瞧！” “竟敢这么对我！” “他 / 她以为自己是谁啊？”
恐惧	害怕失去	“万一他 / 她离开我怎么办?” “我掌控不了局面了！”
悲伤	伤及自尊 感到被抛弃	“唉，他 / 她更喜欢别人，没办法。” “我抓不住他 / 她的心了！”
羞耻	为嫉妒感到羞耻 为变成失败者而感到羞耻	“这种情绪显得自己很卑微!” “我这样太可笑了！”

当然，我们每个人嫉妒的方式很不同，就像回答这个问题的四个人一样，而且，我们被带出的情绪可能会随着时间一个接一个产生，或混杂在一起。

这几位回答者也让我们看到，嫉妒的反应尤其取决于一个人的个性。但与此同时，我们的反应也与对手的情况有着极大的关联。

您会因何而嫉妒？

我们再来回顾一下刚才的实验。在一次聚会中，您发现自己的爱人和一位陌生的异性相谈正欢，看上去非常合拍，彼此都有好感。

为了让您对这样的情景有更清晰的概念，我们将给您看几张潜在对手的“照片”，同时附有他们的个性描述。

外貌 A：很帅，很美。

外貌 B：外表一般。

个性 A：很有个性，不会拖泥带水，有决断力，对身边处境的领悟性强。

个性 B：普通平淡，自我怀疑，决断力弱。

以上的形容一共有四种组合，请您选出最可能激起您嫉妒心的那位对手：

女士们，谁更会让您心怀嫉妒？

外貌 A，个性 A： 您的对手是个美丽而个性鲜明果决的女孩	外貌 B，个性 A： 您的对手是个长相一般但个性鲜明果决的女孩
外貌 A，个性 B： 您的对手是个美丽但个性普通平淡的女孩	外貌 B，个性 B： 您的对手长相一般，且个性普通平淡

男士们，谁更会让您心怀嫉妒？

外貌A，个性A： 您的对手是个英俊而个性鲜明果决的男生	外貌B，个性A： 您的对手是个长相一般但个性鲜明果决的男生
外貌A，个性B： 您的对手是个英俊但个性普通平淡的男生	外貌B，个性B： 您的对手长相一般，且个性普通平淡

您的对手的个性及最坏的局面

以上实验是由荷兰专家们开展的，实验结果可能没有太大惊喜：

- 对男性而言，对手的个性是否突出、果决，将影响他们的嫉妒心（最有决断力的那一类型最让他们不安），而外貌的重要性最弱。
- 对女性而言，对手的外貌是最有可能激起她们嫉妒心的（最美的一个肯定最让她们不安），而有“决断力”与否影响不大。

这一结果证明了两性的嫉妒心恰好印证了双方最主要的欲望：从我们的祖先开始，女人都会被果断、有领导气质的男性吸引，而男性都会被美女吸引（我们就不提那些既英俊又有领袖风范的男士了）。

对于进化论学者来说，两性各自关注的首要方面解释了为何大多数男性将精力放在了提升地位、追逐代表地位的物质标志（如此多的豪华名车说明了一切），而女性则每年花费几十亿元购买让自己变美的化妆品。

的确，随着我们社会中两性的差别越来越模糊，男性也开始关注自己的外表，而女性也愈发重视事业，但这些都没有改变两性对异性首要的需求：男士化妆或靠植发掩盖秃顶，或女士事业上野心勃勃都还不是理想的魅力所在（您可以听听女士们对化妆的男人的评价，或听听男士对女强人的看法）。

如何弱化对手的优势

男性和女性是如何弱化潜在情敌在爱人心中的优势的呢？一些学者进行了深入的研究。您会怎么打消另一半对其他异性的兴趣？结论很简单：如果您是女士，您可以把另一半的目光吸引到情敌的外表缺陷上（“你看到她的腿了吗？”）；如果您是男士，您可以否定情敌的才干（“他看起来根本保不住那份工作！”）。

27 岁的维克图瓦就曾经历过这种策略：

我新交的男友和我一起去度假。我们去了一座风景美得无与伦比的岛上，一起度假的还有一些认识的人和他们的朋友。这些人当中，有一个超模，长得和杂志封面、电视真人秀上一样美。我立刻就感觉到她对我男朋友感兴趣，她甚至都没怎么掩饰她的想法。一天，我和男友躺在沙滩上，左右各有一个游泳区。这时，她出现了，身上穿着一套尽可能暴露的泳衣，而且那套泳衣太配她了。我们开始聊了起来。突然，她说道："噢，维克图瓦，你的身材真好啊！"然后转向我的男友问道："她长得超美，不是吗？"我感觉自己简直脸要红到耳根了。她太有手段了：凭借所谓的赞美，她把我男友的注意力吸引到了她自己的优势上。我知道我穿上泳衣后也不赖，但和她是完全不能比的……我们回去以后，她果真把我男友给抢了。

说到底，在这些热带的大海上，最可怕的鲨鱼有时不在水里，而在地上……

回溯式的嫉妒

嫉妒不仅仅针对即将发生的事，它也可能关于过去。回溯式嫉妒指的是我们在偶尔了解到自己的另一半和前任曾经历的美好时心中所感受到的痛苦。爱侣之间的相处有一条不成文的规矩，就是不要提及过去，但是若对方已经知道了您的过去，那就以谨慎低调的方式描述它，或者更好的办法是，把它看作为了最终的成功而付出的教训。

这是因为，我们绝不能低估回溯式嫉妒的危害。普鲁斯特的《追忆逝水年华》第一部《在斯万家那边》就描写了一个这样的人物——斯万。他不惜一切地想要挖出深爱的妻子奥黛特·德·克雷西过去的情史。

由于听到了流言，虽然不是很相信，但斯万还是质问奥黛特是不是跟别的人有过什么关系。奥黛特气恼地否认了。但斯万还是继续追问，一边保证就算是真的，他也会大度地接受（其实只是暂时的说辞）。可是让他伤心的是，他发现奥黛特没有说实话，这就证明她不明白斯万究竟有多爱她、能理解她到什么程度。奥黛特感到被严重地冒犯了，她愤怒地叫道："我压根儿也不知道，也许很久很久以前，连我自己也莫名其妙呢，可能有这么两三回。"

普鲁斯特告诉我们："'两三回'这几个字确实像是一把尖刀在我们的心上画了一个十字。"

普鲁斯特也不无震惊地写道，这几个字对我们的心理竟产生了难以想象的影响："'两三回'这几个字，单单是这几个字，在我们身体之外发出的这几个字，居然能跟当真触到我们的心一样，把它撕碎，居然能跟吃的毒药一样使我们病倒，真是一件怪事！"普鲁斯特在这里所说的与认知派心理学家正好相通：我们的情绪源自思想。在某些时候，它更接近于威廉·詹姆士所说的：就是那一举一动之间，玛德琳蛋糕的味道，那不平整的石子路唤起了一种情绪，继而又唤醒了与之相关的记忆（外婆家的下午茶或威尼斯的假期）。

说到底，请记住，不要尝试挖掘您的爱人不愿意说出的往事。

嫉妒的作用

我们已经了解到，嫉妒是一种普遍情绪，因此人类天生的嫉妒能力是存在于基因里的，也是遗传性的。那么，既然如进化论派专家所说，我们的情绪被祖先——狩猎采集者用来适应环境，那么嫉妒的作用究竟是什么呢？

三大误读和几项注意

当我们提到进化论派关于嫉妒的理论时，人们可能会表示震惊，甚至会指责这一观点的“大男子主义”，或是更糟。通过研究，我们发现这样的看法源于三种误读。

第一种误读：“对进化论派而言，我们所有的行为都是被天生编排在基因里的。”情况并非如此。即使是这一派系最严谨的专家也会承认，我们的行为源自先天的倾向。它确实存在于基因中，也有普遍性，但会随着教育和所属社会群体的改变而不断发展，并表现为诸多形式。和愤怒、悲伤一样，根据人们对它们的理解、重视程度和克制办法，嫉妒在每个文化背景，甚至在每个家庭中的表现方式都是不同的。进化论派的专家只是在针对文化主义理论时作出了比较明显的回应。文化主义以玛格丽特·米德为代表，企图创造一个人类形象，称其所有心理现象全部都是从文化背景下产生的，同时声称人类的嫉妒与羞耻是西方文明的人为产物。

第二种误读："对进化论派而言，所有属于自然的元素均是美好的、道德的。"事实并非如此。进化论派专家早已告诉您，最初的自然选择——即适者生存——并不是道德的，不比火山喷发和衰老道德多少。达尔文和弗洛伊德都认为，人类的生理冲动都是动物性的，是不道德的，但他们不仅建议当代人，更是以身作则地用道德的方式度过了一生。罗伯特·赖特（Robert Wright）的著作《道德动物》(*Animal moral*) 也支持了这一观点。人类文明是建立在人类对自身与生俱来的动物性所进行的控制与调整之上的。这些动物性包括对陌生人的暴力攻击、多配偶制等。调控之后，人类才得以建立更大、暴力程度更低、更平等的社群（人们常常忘记，一夫多妻制的后果之一，即社会地位较低的男性无法拥有配偶，而社会地位较高者则可以拥有数位，于是造成了紧张的关系和暴力的发生，对民主价值观极为不利）。这就解释了为什么在较为平等的（所有人必须参与寻找食物，保证集体的生存）狩猎采集部落中，一夫多妻虽然常见，但妻子的数量一般不会多于两个，而且许多男性都只有一个妻子。后期，由于农业和畜牧业的出现，人类得以积蓄资源和财富，于是，社会地位高的贵族当中才出现了“后宫三千”的现象。

第三种误读：“所有属于自然的元素不一定是道德的，但都让人更为幸福。”真相并非如此。罗伯特·赖特告诉我们，我们基因的形成并不是为了让我们幸福，而是要我们繁衍众多。对于男性而言，即便是一夫多妻制也只能产生更多的子嗣，而不能保证人的幸福：为了维持女人之间的秩序，或让竞争对手知难而退，您不得不在高压之下生活，才能像所有掌握权势的男性一样保住地位。

现在，我们一起来梳理进化论派对于嫉妒的解释：

- 嫉妒如同基石一样与生俱来，但您的教育背景和生活经历使您以自己的方式表达这种情绪；
- 嫉妒的机制虽然是自然发生的，但并非道德的；
- 我们将看到，嫉妒的机制是无意识的。

嫉妒的作用

首先，第一个作用显而易见：嫉妒维护了我们在两性关系中对彼此的独一性。但为何如此？为什么男性和女性没有进化成性关系完全开放、各人任其配偶与他人交配的互动模式？（您可以想象一下之前提到的度假场景。）

回答很简单：孩子。

从人类的起源直到如今，一切性交都很有可能在数月之后迎来新生命的诞生。若您现在在读着这本书，那就意味着您本身就是人类进化过程中奇迹般的一大成功。我们无数的祖先都在重复着这样的过程：吸引配偶的注意——与其发生性关系——诞下婴孩——抚养并教育孩子直至他／她长大成人。这种重复无数次的循环中只要出了一点差错，您就可能不在这儿了。您的身上继承了所有祖先的基因。

请想象一下，在原始社会，我们的祖先在极其艰苦的环境下，以狩猎采集的方式整整生活了八百万年。当时，自然资源贫瘠且不稳定，身边危险重重（农业在距今一万年左右才出现，且发展缓慢）。

作为男性，怎样才能有更多的后代？鉴于您有着不计其数的精子，最有成效的办法就是尽可能地将它们传播出去，即与不同的女性发生尽可能多的性关系。我们每个人都是那些见异思迁的男性的后代，这也从一个角度解释了男性为何会与只有一面之缘的女性发生关系，也解释了一夫多妻制长期主导的局面。（据人类学家统计，在从古至今共1180个人类群体中，有954个群体奉行一夫多妻制，而所有的狩猎采集社会均为一夫多妻制。）

作为女性，情况是完全不同的。您能够诞下的孩子数量非常有限。为了使您的基因得以传承，您不仅要有生育能力，还要尽力使您的孩子依靠您在数年中的努力存活下来。所以，在选择伴侣的时候，很重要的标准是看对方是否有持续照顾您的热情，是否有足够高的地位和足够多的精力为您和孩子带来温饱、提供保护。这也就是为什么全世界的女性在进入一段性关系之前，通常都会非常谨慎（我们将看到，这种迟疑中也存在一些特殊情况）。

请不要忘记，我们的祖先曾依靠狩猎采集生活，而这种生存方式受到食肉动物的威胁，食物也较为稀少，因此人类的寿命甚为短暂。

在这种情况下，男士们，如果您任由自己的妻子与部落的其他男性调笑，会发生什么呢？您很可能会发现，自己冒着生命危险、耗尽精力获取的食物，养活的却可能是别人的孩子。这样一来，您繁衍后代、传承基因的概率就大大降低了。

女士们，若您任由丈夫和所谓的好闺蜜交流内心，会发生什么呢？有一天，您可能会发现，别的女人和她们的孩子居然和您一起分享丈夫的猎物，由此，您该得的那一份数量就会减少，您的孩子的存活概率也会随之降低。不幸的是，由于您没有那么强壮，也不善于使用暴力，您会一直忍受这种危机，甚至忍受几千年。（在极度崇尚一夫多妻的社会中，对您而言唯一的好处是，您丈夫的地位一定很高，因为地位低的无法拥有配偶。)

所以，进化论派专家告诉我们，嫉妒这一情绪在驱使我们掌控、辖制配偶的同时，保证了我们可以尽可能成功地繁衍后代，无论我们是什么性别。正是因为嫉妒，我们的祖先才能够将基因传承至我们，让今天的您阅读这本书。

嫉妒是无意识的

对于进化论派的心理学家而言，嫉妒并不是人类有意识选择的策略。它在人类还不知道性交与怀孕之间的关系时就已经存在了(况且大多数灵长类动物都有嫉妒情绪)。我们的祖先并没有自忖："我要管住我的配偶，因为不然的话我可能会减少后代的数量，也没法把我优秀的染色体传下去了。"原理很简单，嫉妒心不够强烈的人的后代数量较少，因此，嫉妒心才得以一代代延续，直到如今。

这一事实说明，虽然如今的我们可以依靠避孕手段减少后代的出生，我们的可分配资源更加丰富，社会也让单亲妈妈得以单独抚养孩子，但嫉妒——我们以狩猎采集为生的祖先留给我们的遗产——仍然在继续带给我们痛苦。

女性的嫉妒和男性的嫉妒：最糟糕的情形

为了更好地理解进化论派的理论，一个方法就是根据对双方的"后代繁衍"进行最大程度的威胁，从而了解男性和女性嫉妒的差别。

想象一下，您的现任配偶刚刚与他 / 她的前任之一重逢。但请注意，我们要让您想象两种可能性：

- "性"：您的配偶和他 / 她的前任再次碰撞出了激情，但除了发生关系以外并无其他牵扯。
- "感情"：您的配偶和他 / 她的前任再次碰撞出了爱的火花，只是没有发生性关系。

不论是男性还是女性，当他们想象这两种情形时，觉得都很受打击。但是，令人惊讶的是，大多数男性都表示更加憎恶"性"的场景，而大多数女性则更难以接受"感情"的场景。这并不是单纯的意见调查而已，(受访者被问到的是：对您而言，这两种情形哪一种更难以原谅？)，它同时也旨在观察人们的身体变化：男性与女性在想到这两种场景时各自的心律及肌肉紧张度变化。与进化论派的说法相吻合的是，对于男性而言，最大的威胁是从外部到来的受孕情形，即与他人发生性关系；而对女性来说，最大的威胁是资源的分配，这种情形在感情发生时最容易产生。(不过，先生们，请不要以为这么安慰妻子就万事大吉了："别担心，亲爱的，我跟她只是纯粹的性关系。"因为女性很清楚地知道，肉体关系也会让男人产生情感。)这一调查在许多国家(美国、荷兰、瑞典、中国、韩国、日本)都曾进行，得到了类似的结果，进一步证明了男性和女性对于最糟糕的嫉妒情形有着普遍的区别。

在您被自己内在的动物性弄得情绪低落之前，我们还要告诉您进化论揭露的最后一项事实。在电影《魂断日内瓦》(*Belle du Seigneur*) 中，男主角索拉尔在向他的美人描述爱的法则时说道：“猩猩，像猩猩一样！”

女人之所以偏爱那些意志坚定、果决的领袖型男人，原因就在于他们能够为女人和将来可能出生的孩子提供更好的资源保障。

而男人之所以偏爱年轻的女人，就是因为她们更容易生养。(这比女人的需求更加初级！)

人类的进化史并非我们唯一的历史

当然，这些与生俱来的因素影响着我们，但它们并非造就我们的决定因素。我们的教育背景、父母的相处模式、早先的感情经历和我们的价值观都决定了我们对伴侣的选择。而我们与伴侣之间培养的依恋之情——我们将在后文谈到——更使我们的伴侣显得独一无二。一个女人会因此而忠于她温柔的丈夫，无论同时追求她的是多么自信、多么高贵的男性；一个男人也会因此而忠诚不二，无论看上他的女性是否比他的妻子更加年轻漂亮。(最明智的做法当然是不要接近试探。达尔文认为，若要保持忠贞，最好的办法就是生活在穷乡僻壤！)

为何引起他人的嫉妒?

嫉妒有许多的负面影响，但同时也有它的益处：它会吸引您的伴侣对您专注，并能让您了解（或者说您觉得可以借此了解）他／她对你们的关系愿意付出多少，同时还可以让他明白，您对其他人也有吸引力。这就是为什么三分之一的夫妇／情侣会尝试故意引起伴侣的嫉妒。而在这中间，女性比男性更常使用这种手法。

小说《生命不能承受之轻》就为我们展现了一个贴切的例子。

托马斯深爱特丽莎，两人同居了，但托马斯常常有肉体出轨的行为（虽然他尽力掩饰），因此特丽莎非常痛苦。不过，曾经有两次，当两人参加同事间的派对时，托马斯都嫉妒得快疯了，因为他看到特丽莎在和别的男人跳舞。当然，他知道特丽莎是忠于他的。特丽莎发现托马斯脸色阴沉，于是追问他为什么，他最后好不容易承认，自己看到她和别人跳舞时很嫉妒。"'我真的让你嫉妒了吗?'特丽莎重复着这句话，重复了不下十遍，就好像他刚刚宣布她获了诺贝尔奖，而她表示难以置信一样。她一把环绕住他的腰，在房间里翩翩起舞……"

两部电影中挑起嫉妒的场景

《意大利之旅》

由罗贝托·罗西里尼导演的电影《意大利之旅》(1953年)中，有一条非常精彩的故事线，讲述了夫妇之间不断升级的嫉妒。在那不勒斯的一家饭店里，凯瑟琳（由英格丽·褒曼饰演）看到丈夫亚历克斯（由乔治·桑德斯饰演）握着身边金发美女的手不放，于是感受到了“嫉妒心突闪”，同时也意识到，这个美女很可能是丈夫曾经的情人。回到家后，她尝试着激起丈夫的妒忌，便提起了结婚前曾经对她十分着迷的查尔斯——那是个既年轻又浪漫的英国诗人。亚历克斯装出无所谓的样子，嘲讽地回了几句（他们的谈话被窗外一对小夫妻的吵架声打断了，他们正在为嫉妒的问题大吵大闹）。后来，凯瑟琳把挑起嫉妒的等级升高了：在利波利伯爵家的鸡尾酒会上，她被一群殷勤的意大利人围着，享受着他们对她美貌的奉承，乐得哈哈大笑。亚历克斯虽然有着英国人的自控能力，但也不禁沉下脸来。第二天一早，他立刻进行了报复，在凯瑟琳还没起床时就离开了家，只留下一行字，说他要“好好享受在那不勒斯的时光”。我们不再多透露情节了，想必您一定会喜爱这部电影的。

《大开眼戒》(*Eyes Wide Shut*)

在斯坦利·库布里克生前导演的最后一部电影中，妮可·基德曼演绎了嫉妒的主题。

妮可·基德曼和汤姆·克鲁斯在片中饰演一对夫妇。夫妇俩穿着内衣，躺在床上，评论着前晚纽约上流社会的聚会。“汤姆”问“妮可”，和她跳舞的绅士是谁。“妮可”笑着说，那是舞会主办人的朋友，那人当时很想把她带到一楼的卧室里亲热一番。“汤姆”幽默地回应道：“这可以理解，你那么漂亮。”“妮可”对他的平静很不满意，于是开始了一场关于嫉妒和出轨的激烈讨论，还让丈夫想象，万一他的女病人（“汤姆”扮演内科医生）想和他上床，他会怎么办。为了让讨论不再被激化，“汤姆”还是平静地回答：女人不是那样的，她们和男人相反，渴望的先是亲密的关系，然后才是性。“妮可”不同意他的这种有关男女区别的进化论派观点，觉得“汤姆”很幼稚。气氛缓和些以后，“汤姆”说，她就是想让他嫉妒。“对啊，但你难道不会嫉妒吗？嗯？”“妮可”用有点讽刺的语气问道。丈夫很肯定地回答，他不是那种善妒的人，因为他很信任她。听了这话，“妮可”笑弯了腰。笑了半天后，“妮可”定了定神，告诉了他一件过去的事：他们在鳕鱼角度假时，有一个海军军官坐在他们邻桌用餐。她瞄了他一眼后，忽然全身都像瘫痪了一样，几乎准备当场抛弃“汤姆”和他们的幸福未来，投入军官的怀抱。第二天早上，“汤姆”一边和她做爱一边谈论着女儿的情况，但“妮可”的脑海里全是那个军官的身影。

这个场景恰恰表现了男女之间对嫉妒的误读。

当“妮可·基德曼”第一次想挑起“汤姆·克鲁斯”的嫉妒心时，“汤姆”表现得很平静。这一举止惹怒了“妮可”，于是她开始用其他事情继续进攻。而当他告诉妻子自己并不嫉妒时，她立刻以一段爆炸性的话回击：她要让他知道，她曾经非常想要和陌生人在一起。很显然，两人之间存有误解：对“汤姆”来说，不表现自己的嫉妒，是他信任妻子、爱妻子的证明；但“妮可”却因此心怀不满，认为他对她缺乏热情，也缺乏男子气概。

从此以后，善良的“汤姆”脑中不断出现一幅男性在嫉妒时想象出来的经典画面：“妮可”热切地脱去自己的内裤，而那个潇洒的军官则吻遍她的全身。

由于他被这幅画面折磨得实在难以忍受，“汤姆”独自到纽约大街小巷散步。就在那里，他被一个美若天仙的妓女搭上了。(他可是“汤姆·克鲁斯”啊！)

妮可·基德曼在片中塑造了一个想法脱离实际的女性形象。她明明与汤姆婚姻幸福，却会对陌生人产生性幻想。但她攻击进化论派所认为的女性比男性更忠贞，究竟有无道理呢？我们只能说，她把进化论派针对忠贞的理论看得过于简单了。

女性为何会出轨？

很少有不对她们的正派生活感到厌烦的正派女子。

——拉罗什富科

无论是否合乎法律或道德，每一个爱情故事都是特殊的，都有着难以一语道清的背景作为支撑，对于每一个经历着它的人来说都是独一无二的。

但从进化论派的角度来说，既然女性如此渴望守住孩子的父亲对她的爱、如此希望他在严酷的环境中出于爱而保护他们并提供给他们食物，那么她为何还会以这样的安稳为代价，去追随看不到希望的外遇呢？

或许她们的回答会有些无情，但进化论派的心理专家还是会告诉您，这是因为不忠有助于女性未来的繁育。

事实上，每位女性心中都一直上演着两种欲求：第一种，被可能成为孩子父亲的人所吸引，准备与其进入一段长期的关系；第二种，被强壮、优质的“英俊男子”吸引，期待通过他的上佳基因诞下子嗣。然而，事实表明，这两种特质并不总是会集中在一个人身上，或者说它们并不一定真的像看上去那样好。在前文提到的电影《大开眼戒》中，妮可·基德曼饰演的人物和许多女性一样，都身处这样的两难境地：一边是给她安全感、深爱她、条件稳定的男人，一边却会时不时为具有征服力、拥有“好”基因的男人倾倒。这部电影中，对“妮可·基德曼”而言，年轻的海军军官就是这样的人：他身着镶有饰带的制服，浑身上下散发着勇士般征服者的气息，似乎召唤着她开始一段外遇。

当然，这位军官在现实的两性关系中可能比“汤姆”更内向、更多愁善感，但出轨这件事总是从某种程度的幻想开始的。对一个女人来说，某个男人已经完全被她把握住了，但对另一个女人来说，这个男人可能就是最有魅力的外遇对象。《魂断日内瓦》中，男主角索拉尔断言：“这可怜的丈夫，他是做不成诗人的了。他不可能每天二十四小时都为她弄出些花招来。她成天看着他，他只能表现真我，所以就变得可悲了。男人独处的时候都是可悲的，不可悲的样子都是给那些傻女人看的！人人都是可悲的，而我是最可悲的那个！”

类似的情景在《大开眼戒》中也有描写：在纽约的高级聚会中，“汤姆”成了两位尤物眼中极具魅力的男性。

针对女性“天生”的外遇倾向，进化论派还有一大论据：数千年来，如果女性从来都忠贞不渝，那么，男性的嫉妒就没有了存在的意义，也就不会在进化中被自然选择出来。男人之所以会嫉妒，是因为女性也会出轨，即使女性的出轨概率低于男性……

不过，若我们只是简单地问出轨的女性为何她们会有外遇，那么她们通常会告诉您两个理由：第一，增强自尊感；第二，追求更美好的性爱。事实上，这两个理由是互相关联的，因为它们都证明，当女性感到被需要、被男人渴望时，她们的自我形象就会提升。

嫉妒与个性

某些个性是否比其他个性更有嫉妒的趋势？很显然，确实如此。那么，这个现象与个性的其他方面是否有关？有可能，但这不是个简单的问题。善妒者的自尊通常都有问题，但研究也显示，自尊甚高的个性会有更强的嫉妒心。

嫉妒的研究之所以具有难度，是因为以下几个因素：

- 嫉妒是一种复杂的情绪，与其他情绪密不可分。
- 嫉妒不仅与感到嫉妒的人有关，同时也与嫉妒者的配偶和他们关系的平衡性有关。这一方面的研究主要集中在伴侣双方各自在异性眼中的魅力差别及此差别的作用。
- 个人经历非常重要，但同时也难以深究。例如，在最善妒的男性中，有些人曾亲眼目睹了母亲的出轨，从此便在心中留下了极深的创伤，认为女性都不可信任。

在两性关系中，撇开情敌的出现，您的嫉妒可能取决于以下三个因素：

- 您对这段关系的投入程度，特别是情感的依赖程度和对未来的期待。
- 您缺乏安全感，伴侣的投入程度在您眼中究竟如何？他和您一样投入吗？
- 您过于情绪化，总是具有强烈的情绪反应。

除了上述各种情形外，还有许多其他的可能性。嫉妒将一直是专家们追问的主题。

银幕上的嫉妒

路易·布努埃尔（Luis Buñuel）的电影《痛苦》（*Él*，1952年）可以说是病理性嫉妒最好的诠释，令人心碎又不安。也许您还记得电影开始时颇具意味的一幕：新郎穿着优雅的浴袍，走进了新人的卧室，他的新娘正身着纯洁的睡衣等着他（这曾是墨西哥的习俗，新婚之夜具有极其重要的意义）。丈夫俯身亲吻他的娇妻。妻子闭上了双眼，心潮澎湃。这时，新郎突然停了下来，紧张而僵硬地问道："你在想谁？"

在《痛苦》之后，克劳德·沙布罗尔（Claude Chabrol）导演的《地狱》(*L'Enfer*，1994 年)可谓另一部以嫉妒为主题的杰作。由于弗朗索瓦·克吕泽饰演的男主人公越来越难以抑制满腔的妒火，他对艾曼纽尔·贝阿饰演的妻子进行了愈发暴力、疯狂的监控与威胁。片名的意思即为嫉妒对善妒者和受害者而言都是地狱。

马丁·斯科塞斯的电影《愤怒的公牛》(*Raging Bull*)中，罗伯特·德尼罗饰演了一位拳击冠军兼患有病理性嫉妒的人。片中，他的妻子被他问了不下一百次是否和他哥哥睡过。厌烦至极的妻子回答了“是”，但事实并非如此。盛怒之下，他狠狠地殴打了妻子，之后也教训了哥哥。在这之前，妻子曾不经意间说起，丈夫的某位对手“很帅”，他立刻让她重复。恐惧不已的妻子拒绝了，可是仍招致了一顿毒打。事后，在拳击场上，他遇到了这个对手，便竭尽全力地毁掉了这张“很帅”的脸。

由山姆·曼德斯(Sam Mendes)执导的电影《美国丽人》(*American Beauty*)告诉我们，嫉妒是爱情的致命毒药。凯文·斯佩西饰演一位进入中年危机的一家之主。年届 40 的他被女儿美丽的朋友深深地迷住了。与此同时，他的妻子正和英俊的房地产大亨打得火热。当丈夫发现了妻子的私情后，妻子显得非常羞耻，也恐惧万分。她害怕自己的丈夫会用暴力来报复她，以至于她在回家面对丈夫之前配备了一把左轮手枪用以防身。不过她没想到，丈夫正心心念念地恋着别人，对他来说，她爱和谁搞外遇都无所谓。

此外，这部电影也告诉我们，人类的道德有时可以抵住进化遗传下来的冲动本能。的确，凯文·斯佩西饰演的人物被一个性感的青春期少女挑动了春心，但当他们就快发生性关系时，女孩承认自己并没有他想象的那么经验丰富。随即，他停止了下一步的动作，保住了自己作为负责任的男人的尊严。

不同文化中的嫉妒情绪

“嫉妒心突闪”无疑是人类共有的情绪，但触发这一情绪的原因，以及这一情绪带来的效果则随不同的文化背景而改变。

穆纳·阿尤布（Mouna Ayoub）在她的自传《真相》（*La Vérité*）中讲述了她和一位沙特实业家的婚姻。这位实业家是在巴黎的一间黎巴嫩餐厅里遇到当时正打零工的穆纳的。起初，她以为，丈夫虽然是沙特人，但应该能开明地接受西方的价值观（她是基督徒，但他仍娶了她）。然而，她渐渐意识到，自己想错了。就在这对夫妇刚开始请朋友吃饭时，有一天，在利雅得，出乎意料的事情发生了。穆纳正在与一名受邀的美国参议员热聊，而身边的宾客们渐渐停止了交谈。突然，丈夫命令道：“穆纳，闭嘴！”（书中后来的描写证明丈夫其实是爱她的）。这时，她明白过来，在沙特，女人公开地与丈夫以外的男子热烈交谈是伤风败俗的行为。极端的伊斯兰教教义强加给女性无数禁忌，实则是在用严厉的手段平息这个男权社会中男性的嫉妒心。这种形式与我们之前提到的西方“最善妒”人士常用的三种嫉妒方法恰恰吻合：

密切监视：禁止配偶外出或禁止其在无家人／仆人陪伴时外出；

限制接触：禁止配偶驾车，在外必须佩戴面纱；

贬低对方：迫使对方只能以妻子和母亲的角色生活。

通奸被发现后，惩罚可能是——死亡。

但即便是在最为平等、性观念最开放的国家，暴力与嫉妒也仅咫尺之遥。

在英格玛·伯格曼（Ingmar Bergman）导演的电影《婚姻场景》（*Scènes de la vie conjugale*，1973年）中，玛丽安娜——丽芙·乌曼饰演，和约翰——厄兰·约瑟夫森饰演——是一对夫妻。丈夫爱上了年轻的同事，并和对方同居，夫妻俩就此分手。然而，几个月之后，当他们为签署文件而重聚时，玛丽安娜告诉约翰，她已经走出了痛苦，等下签完字就会与新男友约会。约翰听了之后非常受挫，最终，这一幕以激烈的争吵收场。（所有男性内心深处都有着对一夫多妻的渴望，连这位瑞典出生的基督徒兼社会民主派导演也不能免俗：他不断追逐着新的女人，过去的那几位也都不放弃。在这两千多年里，女性无论是担当着妻子还是情人的角色，都在努力地遏制着男人的这种天性。）

人类历史上，女性出轨所受的惩罚足以写成一本酷刑史：乱石击毙（中东传统）、开水烫身（日本）、石板挤压（古代中国）、割鼻或割耳（北美部分印第安部落），以及稍显仁慈的烙铁刑罚。至于割阴礼，即切除女性部分生殖器官的习俗，至今仍然在非洲和阿拉伯半岛的一些地区施行，它被看作确保女性忠贞的手段之一。为了保证自己繁衍后代的资本，男性们可谓费尽了心思。

在这些疯狂的大男子主义行为中，爱斯基摩人（或者更准确的叫法是因纽特人）的习俗不失为异类——他们会主动献出自己的妻子，作为给客人的礼物。不过，这样的乐事在现实中可没有那么完美：这种习俗的针对性非常强，仅仅是为寄住的他乡过客准备的。如果来访者不知这一习俗，或访客只是从邻近部落跑来找乐子的人，那么他们一旦享受此待遇，就很可能——和世界上其他地方的情况一样——有被杀的风险。

此外，虽然女性行使暴力的权利较受限制，但她们有时也会诉诸暴力。戴维·巴斯引述了以下的例子：萨摩亚岛上的土著妇女会毫不留情地撕咬情敌的鼻子；牙买加的土著女性则会向出轨女子的面部泼酸性液体（这两种复仇都是为了毁掉女性对男人在相貌上的吸引力）。在西方社会，“嫉妒的悲剧”也日复一日地在新闻中上演，虽然女性的受害概率远远高于男性。

进化论中的谜团

唐·何塞（激动无比地）：
我的灵魂得救了吗？
不，你让我失魂落魄，
就因为你离开了我。
就在那家伙的怀中嘲笑我吧！
哦不，即使流血，也不让你去，
卡门，你要跟着我走！

卡门：
不！不！绝不！

唐·何塞：
我已经懒得威胁你了！

卡门（气愤地）：
是吗？那打我好了，否则就让我过去。

为什么男人会在女人出轨时总想要置她们于死地呢？如今，对出轨或试图分手的妻子痛下杀手是男性最常见的犯罪案件。即使以进化论派的观点来看，杀死自己孩子的或未来孩子的母亲不失为反常之举，但我们似乎由于习惯了一夫一妻而忘记了这个事实：自我们还未完成进化起，我们的心理机制便是在一夫多妻的环境中被自然选择而成的。在此情况下，杀死众多妻子中的一个虽然极端，却也是高效的行为，不但有着杀一儆百的震慑作用，也进一步优化了后代繁育的资本。另外，此举也防止了竞争对手窃取自己的财产，从而在所属群体中保住了自己作为男性不可撼动的征服者地位，同时也打消了其他人对余下的妻子们的垂涎。毛骨悚然，但的确在理。（道德上值得谴责！）

再观俄狄浦斯（恋母）情结

从弗洛伊德的理论来看，恋母情结所指的既是儿子对母亲无意识的欲望，也指他对其情敌——父亲怀有的嫉妒之心。而在进化论派的心理学家看来，儿子对母亲并没有性欲，所谓的“俄狄浦斯式”反应，指的是另外三种机制：

- 与性无关的竞争关系：父亲与儿子彼此竞争，以赢得母亲的注意。
- “半带性欲”的嫉妒：幼年时的儿子对母亲并没有性的欲求，但很难接受父亲对母亲的性欲，因为他不愿自己的母亲太早怀孕，生下另一个对手，与他瓜分母亲提供的资源和她的注意力，损害他的利益。

当儿子成人后，竞争关系即与性相关。弗洛伊德和达尔文都认为，在“最早的人类部落”中，儿子成年后，他与父亲便在征服女人上变成了敌对关系。

如何管理嫉妒情绪

承认您的嫉妒

但愿您通过前文已经明白，嫉妒是一种正常、自然的情绪，并且，虽然它饱受贬抑，但仍是健康人健全心理的一部分。

所以，请不要因曾经嫉妒而苦修心智，也不要指责自己神经过敏或自私自利，因为您同时代的人、您的祖先和史前人类都与您一样，心怀嫉妒。我们甚至可以说，如果您的男性和女性祖先未曾有过嫉妒，那您今天就不会活在这世上，取代您的会是其他的人类后代。

当然，这并不意味着您应该就此放任自己的嫉妒，随它破坏您或他人的生活，在它过度爆发时却否认它的存在。

事实上，无视自己的嫉妒是不可能的。

在本章的第一个案例中，克洛迪娜的丈夫就是在漠视自己的嫉妒情绪，坚持认为自己的行为是“正常”的。此外，他也从来不直接告诉克洛迪娜自己多么害怕遭到背叛。

阿诺的表现则是相反的。当他看到自己的女友和某个潜在对手亲密交谈时，他也会感到嫉妒，但他选择一有嫉妒心就去压制它，显得“没什么大不了的”。然而，这种做法也不可取。

这两个例子实际上是在用不同的方式否认自己的嫉妒，从而导致两人都无法正确地管理这一情绪，使各自的两性关系陷入僵局。

表达您的嫉妒

西尔维奥是阿尔贝托 · 莫拉维亚（Alberto Moravia）的小说《夫妻之爱》（*L'Amour conjugal*）的主人公。身为家业丰厚的贵族，他从小接受的教育并没有教他如何为生活去主动争取。有一位理发师定期前来为他修剪胡子。这是个很奇特的人，强壮魁梧，相貌丑陋，却隐隐地有一种吸引力。一天，西尔维奥美丽的妻子莱达羞愤地跑来告诉他，这个人在给她理发的时候暧昧地轻抚了她。西尔维奥十分不安，但他觉得若是表现出嫉妒会显得羞耻，若是就这么和经常上门的理发师搞僵又不太合适，所以他最终还是没有辞退他。然而，几个星期后，他却发现妻子和理发师成了情人。

与《大开眼戒》中的“汤姆 · 克鲁斯”一样，西尔维奥无疑认为疑心、嫉妒是低等人的标志，也是缺乏信任的表现（再加上他本来就性格消极）。但他们错了，这种冷漠的表象会让配偶觉得不被重视，并且若是男性这么做的话，妻子会认为他们缺乏男子气概。

但女性也会表现出嫉妒，如以下伊莎贝尔的事例所示：

我一直都觉得丈夫非常有魅力。这当然是一件好事，但同时也让我很痛苦。其实，他不光让女人趋之若鹜，而且他自己也对她们很友善，聊天时侃侃而谈。在各种晚宴或聚会上，我经常会看到某些女人缠着他不放，而他每次都会迎合。这一方面是出于善意，一方面是喜欢聊天，有时候也是因为被对方恭维得沾沾自喜。我一直试图说服自己，他并没有勾引那些女人、他们不是在搞暧昧，他只是应答的时候流露出了自然的魅力，等等。但我看着女人们一个个沉醉的神情，一个个想要吸引他的注意，我实在是越来越受不了了。我不敢跟他说，因为我不想显得心胸狭窄，而且我觉得（当然谁都不知道是不是真的）他是忠诚的。不过，某天的晚宴上，有两个女人缠了他很久，于是我终于爆发了。我告诉他，这种事情真的让我很痛苦，每当看着它发生的时候我都会很嫉妒，会觉得自己对他来说一文不值。我的这些话是哭着说完的，一边说一边觉得自己很可悲。他辩解说自己从没出过轨，但我说我在乎的不是这个。最后，他理解了我，而且从此变得很注意。如果某个女人和他搭讪，他就会主动终止谈话，回到我的身边。

事实上，当您向配偶坦承自己的嫉妒时，您会了解到他／她在您眼中的重要性。

表达嫉妒会帮助您：

- 告诉对方您珍爱他／她（这并非徒然，因为有时对方会有意激起您的嫉妒，试探您对他／她的真情）；
- 提醒对方什么会使您痛苦；
- 更好地掌控自己的嫉妒心，自己理清究竟是什么引发了嫉妒。

当然，这些建议仅适用于夫妇双方都想寻求关系稳定的情况。若您崇尚热情与控制欲，您可能更倾向于漠视另一方的“挑衅”，事后再进行报复——不过这种策略的风险很大。

审视您的猜忌

每个人都有嫉妒心，但如果您的嫉妒在所处的文化背景下比人们通常能接受的程度更强，那是为什么呢？

请注意，人们很容易把自己的嫉妒归咎于别人：您嫉妒是因为对方天生水性杨花、不会拒绝、爱卖弄风骚、是个花花公子，等等。

如果您发现嫉妒并不是自己习惯性、占主导地位的性情，只是对特定的某一个人产生嫉妒的话，这些当然可能是事实。就像《追忆逝水年华》里斯万面对奥黛特、司各特·菲茨杰拉德面对姗尔达一样，他们的配偶都是有意识地让他们嫉妒的。

但如果您的嫉妒已经成为了个性的一部分，无论谁与您相恋，您都会嫉妒无比，那么就请您问自己几个问题：

您是否曾受过伴侣出轨的伤害？

如果您有过这样的遭遇，请避免把伤痛带到新的关系中去。您可以自问，在之前的关系中，您什么样的行为可能促使了前任出轨。

您是否曾受过父母出轨的伤害？

若这是您的遭遇，您最好与专业的心理医生一起回溯过去的创伤记忆。

您是否觉得自己不够重要、欠缺吸引力，无法长期拴住一个人的心？

您的嫉妒可能是由自尊的问题引起的。人们大多会避免选择看上去“太好”的人做伴侣。但对某些人来说，由于自尊的不稳定性，他们无论和谁进入恋爱关系都会自卑——终日惧怕对方出轨、去找比他们更有吸引力的人。

这种自尊问题会导致更严重的分手结局。那些善妒的人不仅比一般人更易猜忌，而且也更依赖伴侣。心爱的人与自己分手的确是一件悲伤的事情，但大多数人都能够顺利地度过这一剧变，而不会整天沉浸在这一不可避免的风险当中。

您是否对异性的忠诚度普遍存在偏见？这种偏见从何而来？

您可能和德尼类似，虽然他现在已经结婚了，但他仍然很善妒。他说："我知道我为什么善妒。我以前很会勾搭女生，就连已婚女人也不在话下。我一共差不多有过几十个女朋友吧，我自己都数不过来。所以我非常清楚哪些女人面对有手段的男人时比较容易上钩（当然有时我也会失手）。总之，这就导致我现在成了善妒的人。"我们注意到，德尼的过去这么丰富多彩，他的妻子有足够的理由成为和他一样善妒的人，但她并没有这样。

这几个问题将带给您许多思考，但您的嫉妒若已对您或伴侣构成了一大困扰，我们的建议只有一个：咨询专业人士。

留给对方空间

每年，数千人在车祸中死伤。那么，您会否因此下定决心，从此开货车出门，速度绝不超过 60 公里 / 小时，从而把出事的概率降到最低？同样，每年都会有数千游客从热带国家度假回来后携带了寄生虫病或者各种病毒性疾病。如果您也要去那些地方，您是否会决定24小时戴着医用手套和口罩，用餐时只吃自带的食物？

这些做法看上去很惊人，但它们与善妒者的态度非常相似：他们想要用各种方法控制那些几乎不可能完全排除的风险。

接下来我们将看到与本章的第一个实例相反的例子，它将告诉我们，过度或病理性的嫉妒不仅仅存在于男性身上。弗朗西斯向我们讲述了他噩梦般的夫妻关系：

随着时间的推移，我妻子的嫉妒心越来越重。她一直都很嫉妒，只不过在结婚的最初几年，我觉得那说明她特别在乎我。但当她40岁之后，她的嫉妒心就变得很不正常了。

她一刻不停地想象我和公司里的女同事有不正当关系。我在一家大公司工作，大多数员工都是女的，所以不缺让她借题发挥的机会。她一口咬定我和之前的女助理有过一腿，于是我就换了个助理，没想到现在她又怀疑起了新助理。每当我们在路上走的时候，不管是去饭店，还是去度假，她都不停地盯着那些有点魅力的女性，万一我看了一眼，她立刻就会指责我；但如果我不看，她就说我心里有鬼。更糟糕的是，到了我公司附近，她就怀疑我明明认识走过去的那几个女的，却因为她在而装作不认识。(有时候这倒是真的！有时候我会看到几个公司里长得不错的女同事，我可不希望她成天想象我每天怎么和她们打照面!)最可怕的是，我实在受不了的时候就会爆发，而她就会哭成个泪人，承认自己夸大事实，说自己错了，说意识到这样我会讨厌她，但就是控制不了自己。我当然相信她所说的，但这些负罪感、羞耻感根本维持不了多久，第二天我就发现她又开始了。我鼓励她去看精神科医生，她正在慢慢接受我的意见，可是有一天她突然说："我在想，你是不是想趁我被心理医生治疗的时候把我抛弃了!"我实在没有办法讨厌她，因为我感觉得到她非常痛苦，而且我爱她，我从始至终都很爱她。但现在当别的女人在外面向我示好的时候，我确实会觉得很难把持，因为家里简直就像地狱一样。再这样下去，我妻子最害怕的事情可能真的会发生了。

很显然，弗朗西斯的妻子需要专业医生的帮助，简单的忠告已经无法恢复这对夫妇的和谐关系了。在这个例子中，他们咨询的那位心理医生将焦点放在了对抛弃的恐惧上(他了解到，这位女士在最脆弱的幼年时代遭到父母抛弃，后来是被养父母带大的)，同时搭配药物治疗。后来，这位可怜的太太的嫉妒心终于降到了可以接受的正常程度。至于弗朗西斯，出于爱和信念，他一直非常忠于自己的太太。

如果您也是一位嫉妒心过强的善妒者，这个例子可能会帮助您。请您想一想，您的另一半在您无尽的猜忌、监视和限制中过着什么样的生活。当然，智慧的夫妇也应当避免让自己暴露在外界的试探之下，不过前提是夫妇双方都是出于自愿，并且在这一点上有共同的认识。当您剥夺对方的空间时，您原本以为会降低的风险可能反而会增加。

学会管理嫉妒情绪

要	不要
承认您的嫉妒	否认嫉妒的事实，或以此为羞耻
表达嫉妒	尽力掩盖嫉妒的情绪
审视您的猜忌	指责伴侣为一切问题的唯一根源
留给对方空间	在习惯性的猜忌中渐渐消沉

第八章

恐惧

La peur

恐惧、战战兢兢临到我身，

使我百骨打战。

有灵从我面前经过，

我身上毫毛直立。

——《约伯记》第四章

让，35岁：

有一天深夜，我在巴黎的区间快线上，车厢里几乎没什么人了。某一站停车后上来了几个身材高大的少年，他们带着一条狗，那是条没套嘴套的杂交斗犬，在城郊很常见。车开了以后，这群少年开始大声说笑、推推搡搡。那条斗犬好像不太高兴，它朝其中一个人扑了过去，喉咙里发出很可怕的声音。它的主人猛地拽了一下狗链，把它拉了回来。然后这群人又开始嬉闹，但我看得出刚刚被狗攻击的那个人非常害怕，虽然他在尽力掩饰。这时，他们注意到我在看他们，于是就来问我："哎，说你呢，不满意啊？"我忽然意识到，他们一上车我就已经开始恐惧了。但我还是竭力表现得镇定而友好，我回答说："不。你们的狗很漂亮。"这么说显然很蠢，他们立刻感觉到我在刻意讨好。狗的主人冷笑一声：

“哦，是吗？你喜欢狗啊？”他拉着狗走向我。我确实喜欢狗，我也不怕狗，但这种杂交斗犬给我的感觉很不一样……狗和它的主人就站在我边上，紧紧盯着我，尤其是那条狗，特别专注地注视着我。我觉得身体里有种要站起来的冲动，想逃跑，想动手，或者两个都想，但我还是控制住了自己。就在这时，车停了，他们全都下了车。我发现，原来我一直在发抖，好一会儿我的心跳才恢复正常。我看了一眼车厢里的其他乘客，觉得他们也非常害怕。

从让的经历中，我们可以看到斗犬被人类训练出的社会功能——在不确定他人是否尊重自己的时候先引起对方的恐惧。除此之外，它也点出了恐惧的几大特征：

- 恐惧是与危险相关的情绪，或者也可以说是对危险情境的认知。让为自己肉体的安全而恐惧，因为他将这条斗犬视为一大危险（更何况它刚刚已经表现出了攻击的姿态），并将狗的主人视为不负责任的人（没有为狗套上嘴套）。
- 恐惧是一种身体反应激烈的情绪，我们的心跳加快、呼吸急促、肌肉收缩、双手颤抖。所有的这些表征都与体内被触发的交感神经系统（交感神经系统与副交感神经系统组成了自主神经系统，是独立于人类意志的神经系统）及其神经递质——即在恐惧来到时对全身机体起到作用的肾上腺素及去甲肾上腺素——有关。因此，让也应该会注意到自己的双手变得冰凉、脸色发白，但肌肉和双腿得到了更多的血液输送。恐惧也会让我们“毛发都竖起来了”，这在我们全身都还被体毛覆盖时是看不到的，但那时，我们的毛发会竖起，让我们看上去很有攻击性（猫也是如此，狗表现得较不明显，大部分有毛动物均保留了这一机能）。同样，在大多数哺乳动物身上，一旦恐惧，它们的睾丸会上移。以上的这些剧烈的器官变化与体表征兆都清楚地凸显了恐惧时各种反应的首要功用：帮助我们逃跑或减少伤害。

▸ 恐惧为身体的进一步行动做准备，尤其是逃跑这一动作。不过，让同时也意识到他想动手打人。幸运的是，面对眼前的人类和犬，他成功地保持了镇静，并将自己的攻击性控制在了最低程度。但是，恐惧激发的行动并不总能被我们的意志所控制，正如蒙田所说：“（恐惧）有时候会给我们的脚跟插上翅膀……有时候又会给我们的双脚钉上钉子，使我们动弹不得。”如今我们了解到，恐惧让人准备逃跑，却也为其他策略留出了一条捷径。这就是英美人所称的“3F”——攻击（fight）、逃跑（flight）、动弹不得（freeze）。可以说，在面对危险时，让所使用的就是某种形式的动弹不得。著名的畅销书作家迈克尔·克莱顿（Michael Crichton）——《侏罗纪公园》（*Jurassic Park*）、《升起的太阳》（*Soleil levant*）、《大曝光》（*Harcèlement*）的作者——曾经也是一位医生，还曾出品过电视剧《急诊室的春天》（*Urgences*）。他在一本书中就举过一个例子，解释了动弹不得的用处。那时，他在扎伊尔的山中观察大猩猩。一天，出于拍到精彩照片的愿望，迈克尔离某只巨大的雄性大猩猩过近了：

之后的一切在转瞬之间就发生了。我听到了一声嘶吼，就像地铁呼啸而至一般震耳欲聋。睁开眼睛，我看到一只巨大无比的雄猩猩正朝我扑来……

我呻吟着，把头埋在灌木丛中，努力让自己看上去体积小些。一只强有力的手抓住了我后背上的衬衫。这下彻底完了！这儿已经发生过猩猩攻击游客的事了，它们揪着人类的皮肤，撕咬他们，把他们当成抹布一般随意甩动，之后就是几个月的住院治疗。现在，轮到我了……

忽然，导游马克劝我不要再试图逃跑了。

“别动！”他坚定地低声说道。

我的整个脸都埋在了草丛里，心快要跳到嗓子眼了。我不敢睁开眼睛，那只猩猩就在我面前。我听到它在嗅我，然后它狠狠地跺着脚，地都被震动了。过了一会儿，我感觉到它离开了……

马克说：“它刚才这么做是为了提醒我们，它才是这里的主人。”

恐惧常常是无意识的。在之前的事例中，让两次提到他发现了自己刚才的恐惧，第一次是恐惧变得越来越强烈、狗的主人对他说话的时候；第二次是在这群年轻人离开了之后，他突然意识到心跳剧烈无比。与车祸擦身而过的人在事后也有类似的描述：事情过去以后，他们才回过神来，发现自己是那么恐惧，心跳异常激烈。而责骂孩子看都不看就跑着过马路的母亲则是用愤怒掩盖了她们的恐惧。

和其他基本情绪一样，恐惧有其标志性的面部表情，让
的例子中并没有提到这一点，因为当时周围的人都在试图控制自己的恐惧表情，包括遭狗袭击的少年和车厢里的其他乘客。但很有可能的是，若监视器恰好拍到了斗犬袭击少年的瞬间，我们就会在几秒钟的镜头里观察到恐惧的标志性面部表情——“双眼和嘴都大大张开，眉毛高高挑起”，如达尔文所言。不过，眼睛和嘴部的张开方式有别于喜悦时的表情。眼轮匝肌和前额肌肉等细微的肌肉在激烈的恐惧刺激下收缩，产生了这些面部变化，而我们自己几乎完全意识不到这些肌肉的存在。

恐惧的表情是普遍的（达尔文在他那个时代已经观察到了这一普遍性，他在锡兰（即斯里兰卡）人、阿比尼西亚（即埃塞俄比亚）人、火地群岛原住民和达雅克人身上都发现了恐惧的存在），但在人类学家保罗·艾克曼研究新几内亚人之初，他发现比起其他情绪表情，当地的巴布亚人更难识别西方人脸上的恐惧表情；他们常常将它与惊奇的表情混淆。不过这并不稀奇，因为许多恐惧情绪的第一反应不正是惊奇吗？况且，在纯粹的自然环境中，身边让人惊奇的事物，也就是突然发生的或

不寻常的事件，几乎都是潜在的危险，预示着食肉动物或敌人的逼近。所以，弄错恐惧对象总比太晚恐惧要好……另外，恐惧和愤怒一样，都是婴儿最早出现的外显情绪之一。它伴随着我们长大，永远不会消失，有时会帮助我们，有时则让我们束手无策。

恐惧、恐慌和恐怖症

恐惧 vs 恐慌

当您走在某座城市里出了名的危险街区，您肯定格外地警惕：一丝微弱的声音都可能让您吓一跳。您三步一回头，不敢直视路人的目光。这些就叫作恐慌的反应，因为您总觉得危险就要到来了。但当一个携带棒球球棒的人远远地朝您飞奔而来，一边指着您向跟班示意，您立马就会变成恐惧的反应，因为危险就在当下。

同样，当年幼的孩子目睹父母大吵时，他是恐惧的，而之后的他会因为不知父母是否会离婚而恐慌。（现代儿童最大的恐惧之一就是父母离异，而学校中不计其数的孩子都来自离异家庭。）

恐惧与恐慌的(理论性)区别

恐惧	恐慌
对眼下正在发生的危险的反应	对可能发生或想象中会发生的危险的反应
持续时间短	可以长期持续
对象明确(我知道我恐惧什么)	对象有时模糊不清(我不知道要发生的危险会是什么样的)
以身体反应为主(血压飙升、颤抖等)	以心理反应为主(焦虑、担忧等)
演变而成的精神疾病:恐怖症(对多种不同情景有无法控制的恐惧)	演变而成的精神疾病:一般性焦虑症(对日常生活有无法控制的忧虑)

您容易恐惧还是有恐怖症?

如何区分单纯的恐惧和恐怖症?想象一下,您一直恐惧蜘蛛。您实在不喜欢去地下室,但由于您想用一瓶好酒招待朋友,您就克服了自己对蜘蛛网的厌恶,还是下了楼。同样,您正打算去朋友的乡间别墅过周末,但您不会因为那里的橱窗里有几只蜘蛛而很早就开始怕得发抖。如果您真的看到一只蜘蛛,您会毫不留情地杀死它。然而,如果您对蜘蛛有恐怖症的话,您会坚定地拒绝去阁楼上找家里的旧相片,即使被胁迫也还是会拒绝。而您一想到要去一个盛产大蜘蛛的国家旅游,您就会在几个月前开始不停地担忧。如果您面对面地碰到了一只蜘蛛,您的恐惧会大到没有能力把它杀掉,甚至会有被袭击的感觉,惊恐至极,此时您的恐惧就达到了无法控制的地步。

自然的恐惧

有几种恐惧是可以被归为“普遍性”的，因为它们在各个时代、各个人类文明时期、大多数人当中都存在。流行病学研究显示，每两人中就有一个人会在人生中受到这一类恐惧中至少一种过度恐惧的折磨。

成年人的主要恐惧

恐惧类型	以该项为主要恐惧的人群占所有人口的比重（%）
动物（特别是昆虫、老鼠、蛇等）	22.2
高处（阳台、护栏、梯子、陡峭的路等）	20.4
血（见血、打针或抽血等）	13.9
密闭空间（电梯、用钥匙锁住的小房间、无窗的空间等）	11.9
水（水没过头顶、脚踩不到底的游泳池等）	9.4
暴风雨（打雷、闪电等）	8.7

电影是如何制造恐惧的?

每一个伟大的电影导演都擅长掌握影迷们的情绪，尤其是恐惧。电影史上，有两部以动物恐怖为主题的经典影片，一部是阿尔弗雷德·希区柯克的《群鸟》(*Les Oiseaux*)，另一部是斯蒂芬·斯皮尔伯格的《大白鲨》(*Les Dents de la mer*)。它们称得上是电影艺术的教科书，专门演示把观众吓出一身冷汗。在这两部电影里，人们一点一点地进入戏中，看到人类在动物面前渐渐失去了安全的阵地。最初，鸟群只攻击外部，但它们随后开始攻入房子和车子的内部；而另一边，大白鲨一开始在夜间攻击，但之后来到了白天的沙滩上，最后掀翻码头、攻击船只，再没有任何地方可以躲避它们的袭击了。观众有如身临其境，如同在看真实的事情一样，真正了解了与动物有关的危险的严重性。电影的大量镜头都是用主观镜头的手法拍摄的（用动物的眼睛看人类），人类就如同猎物一样；电影中的动物也被赋予了想象不到的能力（鲨鱼有了智慧，鸟群秩序井然）；动物攻击人类的目的性被电影再三强调（鲨鱼是为了某起攻击事件报仇，而鸟群，用电影中某个人物的说法，“它们的出现并非偶然，它们就是来了”）；人类的伤亡被直白地演绎（肢体被撕裂、眼睛被挖）；威胁已经到了极致（鲨鱼是“体型巨大的白鲨”，鸟则是“不计其数”）。用主观镜头（即以动物的双眼为主体）拍摄的画面进一步强调了人类只是猎物而已。从技术层面来看，那些让人不安的镜头为恐惧营造了真实的氛围：这些镜头很短，不至于让观众太容易适应；它们并非近镜头，可以让观众的身体有时间放松，一直放松到下一次让肾上腺素飙升的时刻——那将会是一次更大的刺激；它们也与让人不安的音效紧密相关，把观众变成标准的“巴甫洛夫的狗”（一旦音乐响起，我们的内心就开始紧张，同时搜索着银幕上究竟哪里会发生危险……）。另外，观众在恐怖场景面前完全处于被动，这样一来更加提升了他们的恐惧敏感度，所有研究都表明，恐惧产生之时却无能为力就是让恐惧增长的最佳方法。

以上的分析也同样适用于雷德利·斯科特（Ridley Scott）的电影《异形》（*Alien*）。导演在拍摄外星生物攻击人类时用了很短的镜头，观众几乎都没有时间反应。

恐惧的作用

大多数普遍的恐惧都符合——或曾经符合——以狩猎采集为生的原始人所习以为常的危险处境。这些恐惧可以说是有益的，因为它们使我们的祖先得以存活下来，并将基因遗传给了我们。比起我们更显谨慎的祖先，那些对野兽、高处、黑夜、流血之争不太恐惧的原始人显然没什么时间繁育后代。相反，过于恐惧的人错过了重要的狩猎或采集时机，也错过了战争，于是也就缺乏生育后代的机会，因为在原始时期，人们征战的目的之一常常就是为了劫持妇女。这种双重限制——恐惧不足置生命于高危之中，恐惧过度则减少了生存的概率——证明了包括安德烈·孔特·斯蓬威尔（André Comte-Sponville）在内的众多哲学家的观点：恐惧的对立面并非勇敢，而是“关于该做和不该做的事的科学”——谨慎。

不同的恐惧对人类生存的作用

恐惧对象	人类史上该恐惧对象带来的危险
动物	被攻击、撕咬、伤害（当人类还是动物的捕食目标时）
陌生人	外族人的暴力攻击
黑暗	迷路、被夜间食肉动物攻击
高处	摔下并从此残疾
血	受伤
水	被淹

文化性恐惧

这些恐惧与自然恐惧的区别在于它们随历史变迁而改变的特征。事实上，它们在人类历史的各个阶段时消时长：恐惧世界末日，害怕魔鬼、狼人，害怕违背宗教变为不洁，害怕吸血鬼、女巫和各种形式的鬼魂。然而，将它们称作“恐惧”从情绪的严格定义上来说有待商榷。它们更接近于心理的忧虑，其身体变化比真正的恐惧要弱很多。与恐慌一样，这些恐惧的对象更多是即将发生的危险，而不一定是眼下的事情，这就是为什么它们都是关于未来的（或是更高远的主题，如社会或科技的变迁）。但是，它们在现代用语中也被称为“恐惧”，其中有一部分难抵时间和现实的考验。也许您还记得，某些所谓的专家曾预言，铁路将是人类的悲剧。他们认为，人类的神经系统构造无法承受如此快的风景变化，而且人类的身体也适应不了这种高速运行产生的问题。

“反射性”恐惧

在大多数恐惧的情况下，人类几乎都会进行持续的发散性思考，这印证了一个理论：我很恐惧，因为我意识到了危险（有时甚至是因为我夸大了这个危险）。但某些时候，我们还没开始对情境进行有意识的评估前，恐惧的情绪可能早已产生了。一声巨响，或某人悄无声息地走近，然后把手默默地放在了您的肩上……这些都会引起剧烈的恐惧反应。这些恐惧无疑是最原始、最动物性的：引起它们的，是对您的安全范围构成潜在威胁、发生过程猛烈且不受控制的那些现象。需要注意的是，在较难承受恐惧的人身上会出现频率很高的“惊跳反应”，心率也会明显加快。这些突然刺激到他们的事物包括突然出现的关门声、电话铃声或门铃声、一群人听到某个先前没被注意到在现场的人突然发声……

这种恐惧完全符合威廉·詹姆士及其支持者们的理论：“我恐惧，因为我在颤抖。”

从生物的角度来看，人类感官会向丘脑发送信号，丘脑就像中央处理器一样处理感官神经冲动。面对某些危险情形，丘脑会直接把信号发送至大脑最原始的某一部分，即嗅脑，随后，嗅脑会立即触发生理反应，其间大脑皮层和意识思想部分都没有时间介入。

进化的益处是显而易见的：面对某些自然危难，最好不要浪费任何一秒，尽力抓住每一刻来思考……

文化性恐惧中，还有一部分与眼下切实存在的危险有关，比如对传染病的恐惧：从旧时的瘟疫、梅毒、结核病，到今天的艾滋病，每个时代都有让人闻之色变的疾病。而同样有着时代意义的还包括食品问题，例如21世纪具有标志性的转基因动植物、疯牛病等。

文化性恐惧的作用

可以说，文化性恐惧有着社会协调的功用。长久以来，人们都以引发恐惧为调教他人的绝佳手段：孩子对父母恐惧，才会减少犯错；仆人对主人恐惧，才会更有效率地工作；妻子对丈夫恐惧，才能安守本分，等等。理论上，它让每一个人在社会中正确地履行自己的职责：学生由于恐惧惩罚而尊师重道；信徒由于恐惧地狱而按时前往教会并尽力不犯罪……

然而，恐惧仅仅属于社会的“被支配者”，目的在于让人就范、各司其职。但对于“支配者”来说，它是不该存在的。正如古罗马诗人维吉尔（Virgile）所写：“恐惧是出生低下的标志。”这无疑是因为，在大多数国家，贵族阶级都出自战将，对他们而言，恐惧就代表着残废。

自慰：引发全社会恐惧的行为

今天的我们很难想象，19 世纪的人们对自慰有着怎样的恐惧。当时的大部分医生、伦理学家和保健医生都将其视为对个人和社会而言无比巨大的危险。

1828 年出版的《论婚姻保健与生理学》(*Traité d'hygiène et de physiologie du mariage*)中这样写道："自慰是于无声处攻击并摧残人类的一大灾祸。依我之见，瘟疫、战争、天花和其他类似的疾病，都不如自慰的习惯对人类有如此致命的毁灭性影响。它将摧毁文明社会，并将在长时间活跃的状态中蚕食一代又一代人的精神……"

另一册书则配以插图，详细地描绘了一个年轻的男子怎样在自慰中渐渐衰弱："他曾那样年轻、英俊，他是母亲的希望，然而他堕落了！他很快就尝到了这一恶习的苦果：提早衰老、背脊弯曲，他的脏腑被一股火残忍地吞食，他的胃承受着可怕的痛楚。看哪，他的双眼不久前还是那么清澈、明亮，而今却晦暗无光，周围围着一团邪火。他再也走不了了，双腿已经无法绷直。恐怖的思想搅扰着他的睡梦，他再没有睡得安稳过。他的牙齿松动、败坏，一颗颗掉下。他的胸中在灼烧，吐出的痰都带着血丝。他那漂亮的头发止不住地往下掉，和老人并无二致，头顶也过早地开始蜕皮。他的整个身体都长满了脓疱，简直不堪入目！长期的发热在消耗着日渐憔悴的他，他全身都在灼烧，全身都僵硬无比！他的四肢动不了了，他口齿不清地发着谵语，他强撑着抵抗死亡，可是死亡比他更强大。就这样，17 岁的他消亡了，在难以想象的痛苦中消亡了……”年轻的女孩也是被警告的对象，由此才有人发明了鲸骨束起的睡衣，让女孩们无法触碰那些“罪恶”的部位。若是出现特别叛逆的现象，女孩的阴蒂就会被火灼烤。这种噩梦般让人摆脱不了的恐惧在西方国家里一直持续到20世纪50年代。一位60多岁的患者告诉我们，青少年时期，有一天他突然再也不自慰了，因为他父亲在撞见村里的“低能儿”之后轻声对他说：“他就是因为自慰变得那么蠢的！”

一些文化性恐惧

与宗教和超自然现象有关的恐惧	与远方的敌人有关的恐惧	与知识和科技发明有关的恐惧
恐惧世界末日、地狱、恶魔与魔鬼 恐惧死者的亡灵（如鬼魂、亡灵、幽灵和僵尸）	恐惧野人、残暴的野蛮人、黄祸、外星人等等	恐惧火车、污染、药物、核弹、转基因动植物、疯牛病、艾滋病…… 请注意，虽被称作文化性恐惧，却不一定是不现实的！

争战的社会从来都对战争中的恐惧持决不宽容的态度，正如18世纪写就的武士道修养书（以及当代作家三岛由纪夫的著作）所写：“在有马宫殿倒塌后，第28天，城堡边出现了一个人——玄平光濑，端端正正地坐在堤坝的中央。中野经过那里，问他在那儿做什么，光濑回答：‘我腹中疼痛难忍，一步都走不了了。我派了我的人前去突袭，而我现在请您对我作出判决吧！’这件事有目击者为证。他当场被判逃兵，并被命令切腹自尽。在历史上，肚子痛被称为‘临阵脱逃的好方法’。它会

悄无声息地来临，使人无能为力。”

对于今天的军人来说，引发问题的并不是恐惧，而是无法驾驭恐惧。即使是在职业军人中，对恐惧的承受力（也可以称之为恐惧的智慧）也是最近才被重视的一项素质。面对敌人临阵脱逃（一般可以用恐惧来解释）常常是一个男人所能犯下的最严重的错误。第一次世界大战中，不计其数的男性都因是逃兵而被枪决。后人发现了当时留下的医疗记录，其中揭示，人们所指责的“脱逃”实际上是因为士兵在没有准备好的情况下（他们是新兵或已筋疲力尽）直接面对了极其暴力的战况，于是心理受到冲击，其后遗症便导致了逃离战场。可喜的是，之后的局面得到了很大的改善，军方配备了精神科医生，他们负责及时诊断出士兵是否有我们今天说的“创后心理压力紧张综合征”或“战后神经症”。第二次世界大战期间，美国的巴顿将军曾在走访一间部队医院时掌掴一名士兵，因为后者身上没有任何伤痕，住院原因是因战争的残酷场面受到心理创伤，巴顿将军以为他是在故意逃脱打仗。不过，事后，巴顿将军的上级命令他向这名士兵公开道歉。

儿童的恐惧

我儿时最深的记忆都是关于恐惧的：每天晚上，我都很害怕上床睡觉。我的房间在楼上，和我父母晚上常待的客厅隔得非常远（根据我当时的标准）；每次他们让我回房间睡觉，我一进房间就会害怕地觉得床底下藏着一只怪兽。我上床的姿势都是蹦上去的，因为我怕怪兽趁我靠近床时会一把抓住我的腿。当然，我真正闭眼睡去前都会把身体全部埋在被单下面，只留鼻孔用来呼吸。我也怕有鬼会突然出现，割我的喉咙，就像童话故事《小拇指》(*Le Petit Poucet*) 里的妖精那样（那个妖精以为杀掉了小拇指和他的六个哥哥，实际上却杀死了自己的七个女儿）。除此之外，我都不想提那个从来都关不上门的壁橱。还有，我的父母很早就打消了派我去地下室、阁楼的主意，也从不会让我做天黑后关上花园的大门之类的事。一天晚上，我从闺蜜家骑自行车回去，把我吓得够呛，我从来没在回家的路上骑得那么快。当时我脑中不停地浮现一群怪物和杀手猛追我的画面，我一慢下来他们就会扑上来，把我分尸，喝我的血。然而，我感觉到，骑得越快，我的恐惧就越强烈。直到今天，我都害怕一个人在乡间走夜路，或者一个人在没人的公路或森林里开车。这听上去很蠢，因为这些地方可比我现在住的大城市安全多了，但我就是没法控制自己，那些儿时的恐惧一直纠缠着我。我没有孩子，可我的朋友们总是对我百科全书似的童话知识惊诧不已。可这根本没什么值得骄傲的，我爷爷在我的脑子里塞满了这些故事——我承认我确实很喜欢听他讲故事——过去它们都让我瑟瑟发抖，以至于最小的细节都被深深印刻在了我的记忆里。

35 岁的波利娜的这段讲述让我们想起了儿时经常出现的恐惧，但也提醒了我们童话故事和其他故事会引发恐惧，并会让恐惧持续下去。这些故事被英国人命名为“睡前小故事”，其教育功用已经得到了无数史学家和社会学家的证实：当孩子被故事情节中环境的危险元素（例如不要跟陌生人走、不要吃陌生人给的东西、不要远离父母，等等）吸引时，这些故事就会让他们从此铭记，不再轻易冒险。童话故事的教育意义究竟多么有效仍待求证，但对某些天性焦虑的孩子来说，它们确实不易被消化。与电视节目不同，这些故事通过父母之口讲出之后可能会产生父母主观想象带来的效果，而时常被用作看小孩工具的电视节目则是以暴力或让人不安的画面直击儿童，即使在少儿节目中也会如此。

恐惧的科学研究

毫无疑问，恐惧是科学家最关注的情绪之一。如今，数据和信息量已十分庞大，无法进行简单的概括，而我们也希望借助不同的研究来回答人们经常向专家询问的几个问题。

恐惧会使人更谨慎吗?

当恐怖症患者坐在电脑屏幕前时，研究人员在他们的眼前呈现许多替换速度快到看不清楚（但被大脑下意识地“感知”到，或被意识本身捕捉到）的图片。专家发现，这一实验中，这些患者会出现某些身体表征，说明他们的恐惧情绪非常强烈。例如，社交恐惧症患者参与实验时，他们被要求回答电脑上显示的一系列问题；在问题之间，专家以快闪的方式穿插了一些饱含敌意或愤怒的人脸图片。实验结果显示，这些图片进入了患者的潜意识，引起了强烈的恐惧，使他们在回答问题时大受干扰。同样的情形也出现在对蛇恐惧的人中，爬行动物的照片间接性地快速闪现，旋即被花朵的图片覆盖，但前者还是触发了患者与恐惧相关的身体反应……正如俄罗斯谚语所说：“恐惧有双大眼睛。”我们越是害怕某个事物，就越是会在周围迅速地找出它来。

恐惧的弊端

一般来说，恐惧可以使人在看似中性的情景中感知到危险，如下例所示。研究人员请社交恐惧症患者、其他恐怖症患者和健康人对较模糊的几种情景作出描述，也就是说，给出社交（如您邀请来家里吃晚饭的朋友们比预计时间走得早、一位陌生人与您擦身而过时对您微笑）或非社交情景（如您收到一封挂号信、您的心跳得飞快)，让研究对象以完全敞开、自由的方式进行描绘。不出所料，社交恐惧症患者以负面的方式描述了社交情景(“他们走得早，意思是他们那天不高兴”)，但他们仅仅对社交情景作出了负面描述。而其他恐怖症患者则对非社交情景进行了负面描绘(“我心跳得很快，所以说我要被惊吓得晕厥了。”)。另外，与恐惧相关的过度谨慎会使人失去区别看待事物的能力，一切看来会让人恐惧的事情都会立即触发警报。比如，从此以后，不只是龇牙咧嘴的恶狗让您恐惧，而是所有的狗都让您恐惧。

这种因恐惧而失去分辨能力的情况在弗朗西斯·福特·科波拉(Francis Ford Coppola)的电影《现代启示录》(*Apocalypse Now*)中得到了很好的诠释。一小队海军士兵乘坐一艘汽艇驶上了越南的一条河流，渐渐深入到这片充满敌意的土地上。他们看到了一条居住着一家人的帆船后便慢慢靠近，想要控制那艘船上的货物。由于担心埋伏，他们愈发紧张，而害怕至极的越南人则完全任他们调查。忽然，一个小女孩的突然举动触发了一场惨剧：士兵们开始疯狂地扫射货船上所有的乘客……但他们最后才发现，这个女孩只是想把一只幼犬藏起来而已。

假想在恐惧中的作用

假想的作用非常明显：对非常恐惧蜘蛛的人来说，比起一张毛茸茸又恶心的蜘蛛图片，“蜘蛛”这个词会刺激他们产生更加剧烈的恐惧反应。伦敦科学博物馆中，有一片专门为心理学设置的区域，其中主要关注的就是情绪，而情绪中最大的重点就是恐惧。那里放置了各种互动实验设备，让参观者们进行真实体验。例如，有一个装置的周身有不少拳头大小的洞，参观者可以把自己的手伸到里面。这些洞中，有一个洞的旁边放了一块布满大“蜘蛛”的玻璃，从机器里还传出阵阵窸窣声。大多数参观者在把手伸入之前都有片刻的惧怕；我们的一位同游的女性朋友甚至拒绝尝试，她说道：“我很清楚这只是一个实验，但谁能保证里面会不会真的有一只半夜偷跑进去的大蜘蛛或大耗子呢？”

恐惧在大脑中的反应位置

神经生物学家已经告诉我们，大脑颞叶（即大脑皮层的侧面）是恐惧情绪发生反应时的基本中转点之一。因此，如果切除灵长类动物的大脑颞叶，就会引起一系列症状，其中之一就是恐惧反应几近全失：一只正常的猴子尤其会对人类和蛇表现出恐惧，而被施以手术的猴子则任由实验人员接近、抚摸，并会毫不畏惧地把玩蛇类和其他爬行动物。若被后者咬伤，它们还是会近距离地仔细观察对方。因某些疾病而导致大脑颞叶受损的人同样也会在情绪的反应上表现变弱。

通过进一步的深入研究，专家们成功地对这些与情绪感受紊乱相关的区域进行了定位，即杏仁体，位于大脑颞叶内部。若将老鼠的这一部分切除，他们就会自动接近被麻醉的猫，并轻咬对方的耳朵；同样，猞猁会变得和家猫一样温顺。相反，若是刺激这一位置，动物的恐惧反应会放大。专家还发现，杏仁体受损的兔子再也无法对电击产生恐惧。这些实验使一些专家开始关注那些在恐惧情绪上特别脆弱的人：他们的大脑中很可能有着比常人更容易受到刺激的杏仁体。

如何变得更勇敢?

即便是最有胆量的勇士也会有恐惧的时候。但他们懂得如何在无法消除恐惧的时候控制这一情绪。法国的历史人物亨利·德·蒂雷纳（Henri de Turenne）子爵以骁勇善战出名。他便是用强大的心理成功控制生理恐惧的典范。在一场激战中，他对自己说："身体啊，你颤抖吧，但当你知道我要带你去何处时，你会颤抖得更猛烈的。"这种对生理恐惧的自控能力非常重要，且此重要性已经在一项对北爱尔兰扫雷技术人员的研究中得到了证实：这些扫雷人员中，因勇气和英勇事迹而得到最多嘉奖的人正是一般心跳频率最低的人。他们的勇敢不仅仅是善于精神自控的结果，同时也与身体对恐惧的敏感度较低有关。这对我们当中没什么英雄精神的人来说无疑是个不错的借口。

“恐惧学校”：怎样习得恐惧?

“我的恐惧从何而来？”这是患者们关于恐惧最常提出的问题之一。今天的我们无法用简单的方式回答这个问题。事实上，我们知道，某些恐惧是会在心理受创或早教不力后被“习得”。但这不包括所有恐惧，并且有一些恐惧比其他恐惧要更容易被习得（您会在这一段落之后了解原委）。另外，我们当中有些人——比较不幸——是“恐惧学校”的“好学生”，似乎天生就拥有着比常人更会恐惧的脾性。

恐惧的习得

我们当中的大多数人都可能在重大或重复的创伤经历后被赋予新的恐惧。

大致上，一种恐惧可以通过三种形式的亲身经历被习得。第一种，一次性创伤经历——亲历车祸后，受害者会对驱车出行具有长期的恐惧。第二种，重复性压力片段经历，且自身无法掌控它的重复——坐过数次惊险的航班后，当事人会产生对乘坐客机的恐惧，即使再次乘坐时完全没有故障或迫降的情况。第三种，事后回顾——在某起事件发生之后，您才意识到自己与危险擦身而过，而事发时您尚无危险意识，例如一起持械抢劫事件的受害者第一时间并没有觉得很危险，但在事发之后了解到，就在那个下午，匪徒杀死了另一个人。

除此之外，还有一些习得恐惧的方法，其中，儿童会因为看到亲近的成人对某件事物恐惧而变得同样恐惧。埃洛迪是我们的一位患者，她对狗有恐怖症。她告诉我们，自幼她就看到母亲一见到狗就浑身发抖。当一条狗接近时，母亲会把她一把拉入怀中，严实地保护起来，并且会在她想去抚摸小狗时惊慌失措。

进化赋予人类的恐惧：天性与习得的调和

狮子和羊将睡在一个被窝里，
但羊应该不怎么睡得着。

——伍迪·艾伦

某些动物的恐惧并非习得的，而是天性使然。老鼠即使从没见过猫，仍会在第一次看到时恐惧万分。同样出于天性，老鼠也不喜欢攀爬高处，或袒露在光亮处。这些显然源自于它们的基因：作为它们的祖先，小型啮齿类动物主要在夜间出没，贴地爬行。相反，人类却容易在黑暗处而非光明处产生恐惧，但多数大型食肉动物都会在夜间捕食猎物。

雏鸭即便从未见过成年鸟类，却还是会不由自主地害怕食肉猛禽，而不怕候鸟。

鸟类天生的恐惧

如果我们让上图形状的物体飞过雏鸭的头上，那么只有当物体朝 A 方向飞时（形状类似猛禽的形体）才会引起鸭群的恐惧（它们会站立不动）；朝 B 方向飞时（形状类似鸭或鹅的形体）不会引起恐惧

天生的恐惧也表现在婴儿身上，所有的婴幼儿都会在某个时刻开始显露出他们越来越多的恐惧，而这些恐惧会因为教育和社会生活而被逐渐减弱或得到控制。例如，他们只会在移动的环境下表现出对空旷和陌生的恐惧。当置身于装有玻璃的空旷空间时，八岁以下的孩子完全没有惧怕的迹象，而仅仅在幼儿“需要”恐惧时，恐惧才会出现，以让他避免直面太大的风险。接下来，父母对他的教育将使他克服这些恐惧的绝对特性，从而形成他自己面对恐惧时的反应，比如只在空旷或无依靠的境况达到一定的严重程度时才开始恐惧，又比如，只在家人都不出现的情况下才对陌生成人产生畏惧，等等。

幼儿的正常恐惧

年龄	恐惧
小于6个月	失去依赖、嘈杂的声音
7个月至1岁	陌生的脸、突然出现的物品
1岁至2岁	与父母分离、洗澡、陌生人
2岁至4岁	动物、黑暗、面具、夜间的声响
5岁至8岁	超自然生物、打雷、“坏人”、身体受伤
9岁至12岁	媒体播报的大事件、死亡

至于人类本身，进化论派的心理学家们作出了一个假设，认为自然选择对恐惧的存在和持续具有影响：对于我们的祖先来说，大多数恐惧都是针对显然意味着危险的事物或情景的，如动物、黑暗、高处和水。这些危险在当今的高科技环境中已经几乎不存在了，因为自然界基本是被人类掌控的。不过，我们仍在生物性的潜意识里保留着对某些危险的记忆。

因此，人类的恐惧很有可能是出自“基因库”，这些恐惧可能通过提醒人类避开危险情境（至少是在某些时期）而帮助了人类的生存。我们称这些恐惧为“（被进化）预备的恐惧”“先科技性恐惧”，或“系统发育性（即与物种的发展有关）恐惧”。这些恐惧在大部分人中都很容易被触发，并且一旦出现就不会随着物种的发展而灭绝。

与之相对应的恐惧就如电源插头或武器一样，被称为“非预备性恐惧”“科技性恐惧”或“个体发育性（即与个体发展有关的）恐惧”。它们通常都是（通过创伤经历）习得的，并且比前一种恐惧易变。在这些科技性恐惧中，只有极少数是许多人共有的，它们都与自然恐惧有着间接的关联，如对乘坐飞机的恐惧同时结合了对空旷和对密闭的恐惧。

这种进化论派的理论较难用实验证明，但一系列动物研究似乎都证明了它。例如，在实验室中长大的猴子原本一直不怕蛇，但在接触了成长于野外的猴子后便开始惧怕蛇，因为它们观察到，同类始终坚定地拒绝接近放置在蛇身旁的食物，于是它们自己就发展出了对蛇越发强烈且持久的恐惧。请注意，这种对恐惧的社会习得行为并非适用于所有事物！专家曾通过放映其他猴子受爬行动物惊吓的录像，教会了实验室中长大的猴子对蛇的恐惧。然而，当专家在某个录像中把蛇换成花朵，放映猴子害怕花朵的影像时，猴子也不会发展出对花的恐惧。

容易恐惧的气质

德尔菲娜的讲述：

我有三个儿子，老大和老三很好斗，横冲直撞的，浑身都是刺，随时随地都能打起架来。不过，我二儿子的脾气则完全不同。他比他们敏感许多，也很容易害怕。只要有很大的声响，他就会吓得跳起来，而且他睡眠很浅，还常常做噩梦。然而，这三个孩子接受的是几乎一模一样的教育。我丈夫曾带他们三个一起去看橄榄球比赛，也带他们报了街区的柔道班，但只有老大和老三表示要继续学。老二总是一副很不情愿的样子，最后终于向他父亲承认，他更喜欢待在家里看书。

是否确实有人比其他人更容易感到害怕呢？应该是有的。美国哈佛大学的心理学家杰罗姆·卡冈（Jerome Kagan）的研究中有一个重要的项目，就是观察那些早年曾被他悉心研究过的幼儿在多年之后的情况。他曾在每个幼儿身上都近距离地研究过他们的心理特质。他发现，自孩子四岁起，即教育与社会生存还对他们产生不了影响的时候，有些人就已经显露出了对新的或未知的事物比其他人更大的恐惧。这些孩子的比例不容小视，每五个当中就有一个如此。之后，卡冈的研究表明，这种脆弱敏感的气质与大脑杏仁体的过度活跃有关，同时也与其他生理表征有关，比如较快但不会因环境而发生明显变动的一般心率。他随后也发现，在三岁时特别敏感的孩子常常会在成年后变得焦虑。目前的情况告诉人们，不能再将孩子所有的恐惧理所当然地看作正常、温和、是某个年龄必经的了。事实上，将近23%的恐惧都掩盖了一种焦虑病症，且这些病症最好尽早治疗，因为，与我们一贯认为的恰恰相反，父母经常会低估孩子们的恐惧，忽视他们白天的恐惧和表现为噩梦等形式的夜间恐惧。

我的孩子很恐惧：我应该担忧吗？

正常恐惧	非正常恐惧
同龄儿童都有类似恐惧（可以询问孩子朋友的家长）	这些恐惧与孩子的年龄不符（例如在 12 岁时害怕怪兽，或在 2 岁时害怕死亡）
这些恐惧仅在有触发事件时才会发生	孩子即使在令人担忧的情景之外仍然提及或思索这些恐惧
孩子在安心、被帮助或被陪伴时可以自己直面这些恐惧	不论任何人、任何事都无法让孩子安心
平静时，孩子承认自己的恐惧是不理智或过度的	孩子坚信他的恐惧源自真实存在的危险

四大关于情绪的理论流派如何理解恐惧？

理论流派	对恐惧的观点
进化论派（我们的情绪与生俱来）	恐惧是一种有用的情绪，由进化遗传而来，目的是为了让我们对所有威胁生存、威胁身体安全的危险产生惧怕
生理学派（我们的情绪源自身体的反应）	恐惧的身体反应是我们无法控制的，它代表着一种警报信号，为了引起我们自己的注意
认知派（我们的情绪源自思想）	为了寻求更多的安全感，我们常常提前感受并夸大恐惧，远远超过了它立时可见且可被感知的程度
文化主义（我们的情绪源自文化）	我们被灌输了许多恐惧意识，目的就是让我们的行为在我们个人所处的文化环境中显得恰如其分

恐惧的病症

恐怖症：过度恐惧

恐怖症是一种非常常见的心理疾病（大约占总人口的12%），主要表现为突然出现特别强烈的恐惧，发生情景通常被同一文化背景下的其他个人视作无重大危险，并且迫使恐惧者避开触发恐惧的事物。最常见的恐怖症有三大类别：特殊恐怖症（动物及自然界其他元素）、社交恐惧症和广场恐怖症。对于非患者而言，某些恐怖症看来并未使人失去行动力，有些则让人精神萎靡。

事实上，若恐怖症与动物或现代生活中鲜少遇到的情景（蛇、昆虫、黑暗等）相关，那么它就不算一种致人于无力的严重病症。但是，三种恐怖症中的另两种——社交恐惧症和广场恐怖症，则是潜在严重性很大的疾病。

恐怖症的主要类型

恐怖症类型	定义	恐惧的情景
特殊恐怖症	强烈的恐惧，但仅限于某些特定情景或特定动物	动物、空旷、黑暗、血、暴风雨、水……
社交恐惧症	对他人眼光和评价的强烈恐惧；害怕成为笑柄或表现得不合时宜	当众讲话、结识陌生人、不得不与人交心、被观察时……
广场恐怖症及恐慌症	对突如其来的恐慌危机，尤其是身处备感封闭的空间却离救援甚远时，会产生强烈的恐惧	电梯、公路、飞机、排队、拥挤且过热的商店、电影院一排排座位的中间、礼节性餐会……

对恐惧本身的恐惧：广场恐怖症及恐慌症

拉谢尔，31 岁：

我清楚地记得恐慌第一次袭来的场景：那是六月一个周六的早晨，我在超市的收银台等候，突然之间我觉得不舒服起来，真的感到我快要死了。人们立刻打电话叫来了急救人员，把我送进了医院。我心想，这次肯定是要查出我有什么疑难杂症了，也许我得了心肌梗死，也可能是脑出血。但是，医生们告诉我什么问题都没有，只是有点痉挛。我把身体检查一项一项都做遍了，但结果都是阴性：我什么问题都没有。但我非常肯定自己有事，因为我曾发生过两三次这样的情况。而从这时起，我再也不敢一个人出门了，就算母亲或丈夫陪着我，我也很害怕。一旦我觉得自己有什么不对劲，心跳快了点或有点头晕气短，我就觉得要死了。为了让自己不那么恐惧，我拼命地服用镇静剂，平时也一直随身带着。

拉谢尔的病症就是人们所说的“恐慌及广场恐怖症”。

一开始，她表现出了恐慌：极为强烈、突然、无法控制的恐惧，伴有无数身体症状，以至于让她以为自己要死了，或者出现现实感的丧失，让她觉得自己要疯了。这些恐慌非常惊人，使人很害怕它会复发，因而是“对恐惧本身的恐惧”：只消一丝与恐惧相关的身体征兆，就会被当作一场巨大恐慌的前兆，从而自己就激发出了恐惧。这一现象被称作“螺旋式恐慌”，因为它会不断升级、不断放大，直到引发一场新的恐慌。按照逻辑来说，对恐慌的感受产生的恐惧会促使人们避开恐慌最容易发生的地方，即人群密集、过热、缺乏空间感的地方，等等。这就是广场恐怖症的由来（该词的词源意为“对公共场所的过度恐惧”）。

长久以来，心理专家都致力于探索针对这种恐怖症的精神分析，直到认知行为疗法的出现。事实上，这种疗法在治疗广场恐怖症时非常有效，因此在今天已经成为了最受推崇的治疗方法。而在恐慌症出现时，经常需要配以药物的治疗。

对他人的恐惧：社交恐惧症

弗雷德里克，47 岁：

我小时候是个很害羞的孩子，但我适应能力挺好的。到了青春期，一切都变得越来越坏，我开始对高中、对集体生活产生很夸张的恐惧，变得对人很过敏，只有在一个人待着的时候才放松下来。在班级里，我再也没法当众讲话了，上黑板前答题更是让我噩梦连连；然而，更糟的是课余时间。我很多时候都把自己关在厕所里，或是窝在休息室的角落里装作看书。在其他场所，我也是一样。渐渐地，我开始拒绝去商店购物，因为我一想到商家要和我说话就恐慌无比，因为我根本不知道回答什么。在路上，我一直低头走路，生怕与人有眼神交流，因为我觉得自己会有绝望的疯子般的眼神。每一天，我都生活在恐惧里：恐惧被注视、被评判、被攻击、被嘲笑。我的父母曾带我去看熟悉的家庭医生，那位老医生想安慰他们，也想劝我，就说我只是胆怯、害羞而已。可我很清楚这不是害羞，我知道害羞的学生是什么样的：他们会在熟悉到某个程度以后和其他人成为朋友，或可以在小组中公开发言。我也知道这根本不是胆怯，让我上黑板答题时，我并不是内心里有什么东西在打鼓，而是被恐惧彻底吞噬了。

弗雷德里克的病症其实是严重的社交恐惧症，重点表现为对他人眼中可笑或不合适的行为有无法摆脱且非常强烈的恐惧。这种恐怖症直到近年来才被定义。对该病症的患者而言，所有的社交情景都成了评估性（认为对方在观察、评判我们）和威胁性（害怕对方嘲笑我们或对我们施以口头攻击）的。另一种基本情绪——即因感到自己既可笑又不合时宜而引发的羞耻——会使整个人的情绪变得更加复杂。

社交恐惧症也需要有针对性地治疗。最好的治疗效果均出自认知行为疗法，在病症严重时需同时配合药物治疗。

恐惧的无尽重现：创伤后心理压力综合征

西尔维，42 岁：

那一年，我还在上大学。一天晚上，我参加完一个亲友聚会后返回家中。男友不想参加，所以没有去，而我结束后是被好友开车送回来的。我在一条单行道上下了车，只需走几米就能到家。走到我家楼下的大门时，我开始掏钥匙准备开门，可就在这时，我突然被人猛地一推，然后被按到了墙上：一个眼睛很亮的男人用刀抵住我的喉咙，威胁我。他的脸离我只有几厘米，我能感觉到他的呼吸、气味，甚至看得到他皮肤上的所有细节。他一把扯下我的包，开始把手放在我的胸部和大腿上，然后要掀我的衣服。我被吓得目瞪口呆，一个字都说不出来，也完全没办法喊叫求救。我的脑中一片空白，虽然对整个情景的每一个细节都有意识，但一点思考和反应的能力都没有了。我感觉到了死亡、强奸、毁容的威胁，但我的恐惧大到已经不是正常的恐惧了，我已经石化了。我不知道这样究竟持续了多久。忽然，那个人拿刀划了我的下巴几下（我当时根本就没意识到），拿着我的包跑了，因为有一辆车开进了那条街找停车位，微弱的车灯照到了这里。过了好几秒，我才反应过来刚才发生的一切，然后我把自己紧紧锁在房间里，像疯了似的洗澡（我觉得像被他强奸了一样，我被玷污了）。很快，我就打电话给我父母：我怕那人再次出现。

自那天起，我就开始做噩梦，常常在梦中断断续续地重现这件事情。而每当夜幕降临，我都会想起那次侵犯时的情景：无论我在哪里，当时的画面都会侵入我的思想中。但最严重的是，那次被侵犯以后，我晚上再也不敢一个人出门了。一到楼下的大门前，恐惧就会条件反射般地袭来，让我直冒冷汗、浑身发抖。我太害怕了，就算上了双保险仍然很害怕，所以我还是搬出了这套我很喜欢的房子。有一天，在公交车上，一位男士上了车，站在我旁边。这时，我的心突然跳得很快，整个人就像一片树叶一样瑟瑟发抖，并开始出冷汗。过了好一会儿，我才明白过来，这个人身上用的香水和那天的歹徒是一样的……一直这么恐惧让我觉得很羞耻，但让我和亲近的人说这些也会让我羞耻；而且，之后，我过了好多年才去咨询心理医生，让他帮助我最终走出了这个阴影。

西尔维遭受的就是"创后压力"，或称"外伤性神经症"。在经历了某起让人感到具有死亡或重伤威胁的事件后，受创者就会感到极其强烈的恐惧，并在事件过去之后继续在别处长期存在。患有此症的人包括士兵、自然灾害幸存者、被营救的人质、侵害案件受害者、强奸案受害者、事故幸存者等。这些创后心理压力表现为多种恐怖症：受创者再也无法面对会让他／她回忆起事发场面的情景。除此之外，还有其他症状：反复做噩梦、重新经历过去，以及"闪回"，人们称这些症状为"反复症状"。借助各种不同的日常生活片段，创伤会定期重新折磨受创者。在弗朗西斯·福特·科波拉的电影《现代启示录》的片头，有一段文字可谓是电影界关于此主题的一个经典例子。一位在电风扇下睡着的美国军官被梦中越南丛林里的熊熊大火惊醒了。他正上方旋转着的风扇让他想起了在森林上方执行任务的美国直升机的旋翼……受创者的恐惧已经深深地植根在了他的人格中，而这种禁锢创伤的状态实际上比想象的更为常见。人们总是建议受创者"忘记这一切"，但今天，人们终于明白，受创者更应该在事后尽快地在他能接受并安全感十足（例如咨询心理医生）的环境中说出事实。并非所有的人都会在遭遇创伤性事件后留下后遗症，但一般来说，那些在经历创伤时有过精神解离（即感到大脑一片空白，如西尔维经历的一样）的人出现这些症状的可能性更大。

创后精神障碍的治疗必须由接受过特别训练的护理人员协助完成。治疗的一般原则是重新唤起创伤场景，但这样的场景重现需要把握恰当，应该由经验丰富的人来完成，因为它可能会激起精神障碍的复发。至于会否在悲剧事件后留下创伤性的压力，这个问题取决于以下几个因素：

- 是否准备好面对这一事件。训练有素的成熟战士比刚刚入伍的年轻士兵出现精神障碍的可能性弱许多。饱受折磨的政治家也比"无辜"的受害者所承受的后遗症要少。
- 行动的可能性。在自然灾害中，营救人员和不断以行动谋求存活的人比消极等候的受害者遭受创伤的概率小。

▸ 创伤的客观激烈性。地震后，事发地离震中的距离越近，创后心理压力的发生概率越大；同样，交通事故中，受伤情况越严重，创后压力发生的概率越大。

▸ 个人的创伤经历。这些经历会加大创后心理压力的发生概率。

追逐恐惧

“高卢人，来吓我们啊！”

在漫画《高卢英雄历险记：阿斯泰利克斯与诺曼底人》（*Astérix et les Normands*）中，让人闻风丧胆的维京人渐渐逼近高卢，想要发现一个他们从来没听说过的东西：恐惧。他们听说这种东西让人“如同插上翅膀一般”，而他们只会航海，所以急不可耐地想要体验一把它到底是什么新鲜玩意儿。漫画中描绘了一些滑稽的场景——身材高大壮硕的北欧人命令瘦弱的高卢人：“来吓我吧！”随后，奥贝利克斯就承担起了这个重任，负责让他们体验这种几乎不存在于维京人文化中的感觉。

那么，是否真的有人不知恐惧为何物？那些被称为“精神病患者”的人在某种程度上属于这一情况。精神病个性就是极难适应社会准则，对他人造成损害后较为冷漠（道德感缺乏），冲动气质明显，对自身和他人的安全严重无视。实验中，这些患者在看到暴力画面时发生的身体反应非常有限。正因为缺乏恐惧感，而恐惧感又与其他心理特质相关（例如吸毒的频繁程度），这些患者的死亡率才会高得惊人。

从恐怖症到追逐恐惧

近来，许多研究都纷纷聚焦“寻找感觉者”（sensation seekers）。这些人通过不断进行高危运动、高速驾驶大型机车等活动来寻求极端的刺激感。这些追求刺激的人也可以被看作与恐怖症患者相反的一类人，他们总是努力靠近那些同时代的人尽量避开的环境或动物（养狼蛛、蛇，热爱洞穴探险或蹦极）。

坦白地说，谁不曾在体验了节庆时的游乐设施后感到其乐无穷？谁没有看过恐怖片？事实上，大部分文化背景中的人都会在一定条件下追求这种恐惧（“来吓我吧！”）。诸如万圣节之类的节日便是人类想要把自己暴露于恐惧中的一大范例，似乎就是为了告诉自己，他/她可以掌握自己的恐惧。这种现象存在于所有年龄层的人群中，即使是年幼的儿童也喜欢玩惊吓的游戏。

但是，这样的追求不能过于现实化，否则便会使人真的感到恐惧，就像让·吕克如下的分享：

我很喜欢和女儿埃洛迪一起玩扮演狮子的游戏。我们两个都趴在客厅的地毯上，对着学狮子吼，模拟两只狮子打架的样子。到了某个时候，我完全忘了她只有两岁，而我太入戏了：我皱起鼻子和额头，眼神很可怕，然后发出巨大的吼叫声。我看到她的脸色一下子变了，立刻示意我停下游戏，然后躲进了我的怀里。显然，我做得太像了。我妻子目睹了全过程，然后通知我，以后女儿只要做噩梦就得我负责哄她。

如何理解恐惧的吸引力这种具有时代意义的现象呢？也许，这些在人们掌控范围内的恐惧经历在用小小的刺激提醒我们，让我们保留自己感受恐惧的能力。事实上，我们感受到的大多是焦虑，极少会如我们的祖先那样感受到很大的恐惧。

如何管理恐惧情绪

承认您的恐惧

塞德里克的讲述：

有很长一段时间，我都不敢承认我的恐惧。我以前是个很敏感的男孩，别人有时候拿我当胆小鬼，所以我干脆不说话了。如果我坐别人的车，那人开得太快，那我就算再难受也什么都不说。更糟的是，当司机问我："你不怕吗？"我就会回答："不，一切都好。"每次公开讲话，我都绝对不会承认自己怯场。一天，我和一群朋友去度假，我们打算穿越峡谷，也就是穿着连体防水衣徒步穿过一大片峡谷，途中会经过冰冷的激流，还会有无数次深潭跳水、滑绳索，等等。当然，理论上那不会有什么危险，但不管怎样，还是很惊险。和往常一样，朋友们想到要去玩的时候我没敢出声。他们问我："塞德里克，你一起来吗？"我也像往常一样回答："来，来。"其实，前一晚别提我睡得有多差了。第二天的徒步，一开始就像噩梦一样恐怖，经过每一个险坡的时候，我都在防水衣里面瑟瑟发抖；当然，我都解释成我冷得发抖。不过，我后来被一个朋友救了。到了某个地方，我们看到一段非常险峻的路。他很平静地对向导说："不行，这个地方实在太危险了，我很害怕。我觉得就这么走的话一点意思都没有。您有别的建议吗？"向导并没有不高兴，而是指给他另一条步行下去的路。我毫不迟疑地跟了上去。我能感觉到，我们当中好几个人看着我们安全地往旁边走的时候，都有些羡慕。

在面对恐惧的时候，我们有两项重要的建议：不要感到羞耻，也不要想方设法把恐惧完全排除。

如果您感到恐惧，这没什么值得羞耻的。就连经常要直面危险的专业人士都会毫无异议地接纳恐惧。比如，法国的国家宪兵特勤队专门负责处理人质事件等最危险的案件。如果在两次任务之间，团队中的一个成员声称自己“觉得无法继续了”，没有人会因此苛责他，他可以有尊严地离开。正常的恐惧起到的是预警作用，警告我们有危险，或提醒我们看到自己的脆弱。所以，在行动之前，请倾听您的恐惧。

另外，我们知道要完全消除恐惧是不现实的。真正有意义的是将恐惧进行调整，然后带着它开始行动。我们在治疗恐怖症患者时，会事先向他们解释，治疗的目的并不是根除他们恐慌的情绪，而是在一点一点减轻它的激烈程度，从而让恐慌重新回到某个水平上，适应正常和自主的生活。所以，我们应该学习当眼前的危险被评估为中等时，如何在恐惧适中的情况下作出行动。

学习掌控恐惧

大多数人坐飞机旅行时的恐惧大大高于驱车旅行，这一现象该如何解释？然而，飞机是迄今为止最安全的交通工具，每年的伤亡人数远低于车祸。在汽车中，我们的恐惧之所以较小，是因为我们感觉自己对状况有更大的掌控力：我们自己决定路线、速度、停车或不停车，等等。事实上，我们的恐惧常常与无法控制眼前的情况有关。

为了加强我们对可能引起恐惧的事物的掌控，有一个很好的方法，就是掌握信息。如果您害怕乘坐飞机，那么可以让空姐或飞行员介绍飞机是如何运行的，并让他们带您参观飞行控制室，询问有时我们在机舱里听到的指示音是什么意思，那些诸如“PNC（即乘务员）就位”等讯息又是在说什么。如果您害怕某些动物，您可以查询它们的习性。大多数时候，您都会发现自己对它们的恐惧是没有依据的。如果您觉得被关在出故障的电梯里会让您窒息的话，您可以向医生朋友询问人体对氧气的需求具体是怎样的。

其他掌控恐惧的方法包括：学习一种自我放松的方式，当恐惧来临时用到它。

最后，面对恐惧，请采取一种积极的态度，这将是最有效的应对方法之一。我们来听听法布里斯的分享。他曾在加利福尼亚州的洛杉矶读了三年大学：

我在那里读书的时候，曾遇到好几次地震，那里是地震高发区。第一次发生的时候是在半夜，我被一种无法言喻的焦虑感惊醒了。过了好一会儿，我才意识到，整个地都在晃动。我像疯子一样从床上跃起，跑到走廊里，直到与我同住一栋楼的朋友让我跟着他们去楼群中间的大草坪上站着。他们开始向我解释，在类似情况发生时应该怎么做：若振幅不大，就出门走去草坪上坐着，或者待在门框下面，因为如果来不及出门的话，门框是地震当中最不容易被天花板压塌的。他们还教给了我一个小窍门，可以帮助我在一有震感的时候就醒来——用空的易拉罐搭一座金字塔。一开始摇晃，它们就会倒下，这样就能及时迅速地逃出来。这些听上去都很微不足道，但从此以后，我再也不怕地震了，因为我感觉到，我再也不是束手无策的受害者了。

与恐惧对峙

然而，若要永久地摆脱某种恐惧的侵扰，最好的方法就是与它对峙。这样做需要遵循一些行为治疗专家熟知的规则。

以下就是四项基本规则：

1. 与恐惧的对峙必须由您自己掌控。只有当您确实想要或必须要克服恐惧的时候，它才会有效。强迫一个自己感觉没有需要的人来面对恐惧是毫无意义的。任何人若是被强行按入水中或关进鸡笼里都不会真正从被淹或对鸡的恐惧中恢复过来。

2. 以渐进的方式与恐惧对峙，从程度最轻的开始。若您害怕鸡，您可以先从看照片开始，然后可以看动物录像，再参观养鸡场，最后才自己去农场挑选无公害的鸡。

3. 将对峙的时间延长。若要让您对某事物的焦虑程度减半，您需要在引起这种焦虑的环境中待比较长的时间。下面的曲线图将告诉您，您的恐惧的激烈程度会在迅速上升后趋于稳定，然后再逐步减弱。

焦虑程度变化图

根据一场延长治疗得出

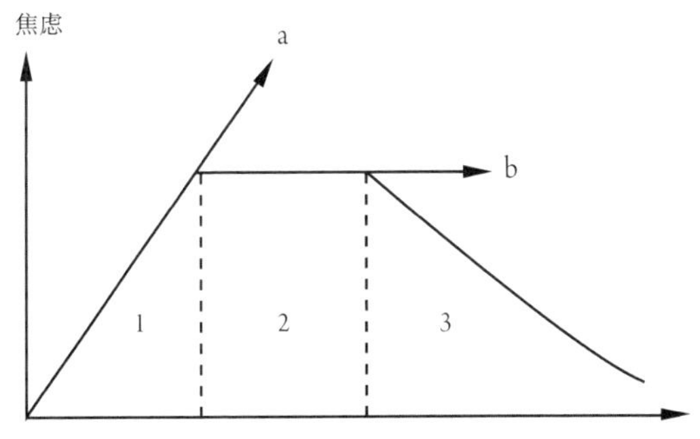

阶段 1：焦虑程度增加

阶段 2：焦虑程度稳定

阶段 3：焦虑程度减弱

a. 预计焦虑将无限期加重（灾难性局面）

b. 预计焦虑将无限期保持在其最高程度

4. 定期面对引起恐惧的情境。考虑到大多数恐惧都具有很深的渊源，一次性面对一般是不够的。另外，您可能在某些恐惧上非常脆弱，那么就像有些人越来越丰腴、必须开始注意改变生活方式（节食、运动）一样，您也必须要定期有规律地让自己有能力直面恐惧。我们刚才曾说到寻求刺激感的人们，也许他们在无意识之中真正寻求的就是这个，即心理学家所说的一种“反恐怖症”的态度。

克莱尔是我们的一个朋友，她一直对空旷和高处有特别的恐惧。当她还在读大学时，她来寻求我们的帮助，而我们那时还在一个精神病院供职。她说，自己从儿时起就对空旷和高处有强烈的恐惧，最害怕爬梯子，靠近阳台边、窗边，走陡峭的山路等。她并没有到恐怖症的地步（她还是可以直面这些情境的），但这种恐惧还是给她带来了困扰，因为一旦再次出现恐惧，她会变得很紧张。这一次，克莱尔刚刚交了一个可能会成为丈夫的男友。他们两个在所有方面都很般配，除了一个细节——这位男生热爱徒步、登山，他刚刚向克莱尔提出夏天的时候一起去爬山，要在那里待 15 天。为此，克莱尔来向我们咨询。于是，我们向她推荐了一个渐进式的疗程。首先，每天都爬一次梯子，爬到顶端，一点点形成在最高处站起来的习惯，渐渐把紧抓的双手放开，试着往下看；然后，有规律地靠着阳台（她还未曾走到阳台上）的扶手向外倾身，每次至少 5 分钟至 10 分钟。同时，开始形成在步行桥的栏杆边走路的习惯，眼睛尽量远眺高塔和高楼的最高层（她说这么做会头晕，所以没有照做），等等。几周以后，她觉得自己准备好了。最后，15 天的旅程如梦如幻。值得一提的是，正如我们向她建议的那样，她提前告诉了男友自己有晕眩的问题，而男友出于甜蜜的爱意，全程都很照顾她，没有行进得过快。

让布鲁斯·威利斯帮您克服对鬼魂的恐惧

在电影《灵异第六感》（*Le Sixième Sens*）中，布鲁斯·威利斯饰演一名儿童心理医生。他负责治疗一个会看到恐怖画面的男孩：无论这个男孩走到哪里，他都会看到在那个地方惨死的人的鬼魂，孩子非常痛苦，尤其是因为他不敢向任何人吐露他的秘密。善良的威利斯医生成功地让孩子开口了，并想到了一个解决办法：他带孩子来到一间壮丽的教堂里，在教堂的中殿，他说服了男孩不再逃避鬼魂的出现，而选择直视它们。过了一会儿，又有一个恐怖的场景出现了（一个被毒死的小女孩），男孩非常害怕。一开始，他本能地逃跑，但他忽然想起了心理医生的建议，就改变了主意，走向鬼魂，跟她说话。自此，电影的情节开始慢慢转变：小男孩渐渐不再受到鬼魂的惊吓了，但布鲁斯·威利斯却遇到了越来越多的麻烦，直到最后令人震惊的一幕发生时，一切便真相大白了；不过这与之前的治疗没有直接关系。

电影传达出的“心理治疗”的讯息（但未停留在此）非常清楚：逃避恐惧永远不会让恐惧消失，只会适得其反。而不管困难有多大，依然选择面对才是制服恐惧的唯一方法。

审视您的恐惧

每天清晨，我们要用默想来迎接太阳升起，思索生命的最后一刻会以怎样的方式来到：箭射、炮弹、剑削、水淹、火烧、雷劈、地震、坠崖、疾病、猝死。每一天都以思考死亡开始。正如一位老者所云：“家门以外，便是死亡之国了。”

这些忠告是写给日本武士的，在您受到过度恐惧的折磨时也许会有益处。诸多研究均指向一个普遍的现象：我们都倾向于在遇到恐惧时转身躲避让我们不安的思想。当您感到自己被恐惧纠缠的时候，这难道不是您的第一反应吗？请仔细地想一想：您是否曾与自己的恐惧抗争到底？您有否让“灾难性的局面”一直进行到最后？以下是安妮的讲述，她正在进行对鸽子恐怖症的治疗：

我一直都极其害怕鸽子，害怕到了恐怖症的程度：我会出现恐慌，而且几乎不可能去面对它。我搬了家后，没想到新的街区居然被这些可恶的东西占领了，所以我不得不去咨询心理医生。医生告诉了我许多种克服恐惧的技巧，其中主要包括一步一步面对在地上走的鸽子。不过，除此以外，心理医生还教我要尽量让恐惧发生到底。我知道，每当我看到一只鸽子，我就会闭起双眼，转向别处，然后拔腿就跑。心理医生说，其实我思想里也在做着同样的事情：一旦我想到这些讨厌的鸟，我心里的不适感——包括恐惧和恶心——就会越来越强烈，以至于打断我脑中的图像和思路，把它们赶出我的思想。但是，他向我解释道，我在这么做的同时，就是在让我的恐惧维持在它原有的状态，毫发无损。他说：“我明白您的反应，但是，您到底在害怕什么呢？”一听到这句话，我哑口无言了。过了一会儿，我才回答道：“我怕它们朝我飞过来，碰到我的身体。”接着，医生问了我许多越来越细致的问题，问鸽子万一真的碰到我，又会怎样？可是，我从来没有想到过这一层。

我发现，自己只是有一些非常模糊的恐惧，像是它们会啄我的眼睛、让我染上传染病之类的，毕竟它们老是在地上踱着步子走来走去。但当我说出这些的时候，连我自己都意识到，这些都不现实。医生建议去找做兽医的朋友谈谈我的恐惧，看看鸽子究竟有没有我预想的危险。这还是第一次有人鼓励我审视自己的恐惧，而非让我不要去想、不要把它当回事。这一切都使接下来的治疗越来越顺利，最终让我痊愈了。现在，我还是不喜欢鸽子，但我不怕它们了。而且，我现在已经学会了如何控制自己的其他恐惧。我觉得自己越来越坚强、健康了。

从精神分析的角度来看，可以说这种鸽子恐怖症只是潜意识冲突带来的症状，若不深究真正的病因，单把它独立地进行治疗，会像堵住一只压力已经过大的热水壶一样，造成其他地方发生新的泄漏，意即症状的转移。这种假设运用了热力学的比喻，但尚未得到证实。近年来，一系列研究始终在观察接受行为诊疗的恐怖症患者，而他们并没有出现“替换症状”。至今，用精神分析的方法参与治疗某些心理问题，这一做法并未被质疑。但要注意的是，对于大多数恐怖症来说，简短干脆的治疗方法更为合宜。

为了更好地了解两种治疗方法的相似点和不同点，请参考如下表格。表格中概括了精神分析师和行为主义专家对焦虑问题的不同立场。

精神分析师和行为主义专家对焦虑问题的不同看法

	精神分析师	行为主义专家
焦虑问题是从过去的经历中“习得”的	是	是
焦虑具有先天的生理因素	是	是
患者目前身处的环境会加重其心理疾病或反过来帮助其康复	是	是
心理疾病意味着潜意识冲突，其根源常常与性有关	是	否
治疗的主要目标是解决此冲突，康复会随之自然到来	是	否
治疗的主要目标是让心理疾病消失	否	是
有效的治疗需要通过有规律且循序渐进的方式让患者直接面对让他/她焦虑的情景或思想	有帮助， 但并不重要	是 非常重要
有效的治疗需要通过患者与诊疗师之间的互动	是 非常重要	有帮助， 但并不重要
治疗是否有效由患者和精神分析师评估；心理治疗的有效性是无法通过科学方式评估的	是	否
通过对大量患有同样心理疾病的患者进行结果分析，各种心理治疗的有效性都可以得到评估（与其他医学领域的方法类似）	否	是

学会管理恐惧情绪

要	不要
承认您的恐惧	为恐惧而羞耻，或否认恐惧
学习掌控恐惧的方式（掌握信息、放松、采取积极的态度……）	认为面对恐惧无计可施
学习承受一定程度的恐惧	不想有一丝恐惧感
遵循有效的方式与恐惧对峙（渐进式、时间延长、定期面对……）	通过条件反射式的逃跑、躲避，使恐惧加重或维持原有程度
审视您的恐惧：真正的危机究竟是什么？	从不审视自己的恐惧，因其让人不安

爱情?

它是血的疯狂，征得了灵魂的赞赏 。

——威廉 · 莎士比亚（William Shakespeare）

最雄心勃勃的作家也会在如此大的主题面前望而却步。即使是弗洛伊德，他在描写爱的时候，也使用了“爱情心理学”这样的标题，以表示自己无法描绘这一主题的全貌。

面对这样的难题，在本章里，我们曾考虑以其他方式作答，因为既然我们已经谈论了嫉妒、愤怒、恐惧和悲伤，而它们又都是爱的主要组成部分，那么我们还有什么可以讲述的呢？但有人会说，爱也会带来喜悦，甚至是最大的喜悦。无论如何，这样的感觉不能被简单地当成另一个基本情绪来看待。

因此，我们决定谈一谈爱。但爱是一种情绪吗？人们很想以肯定作答，甚至认为它是最强烈的一种情绪。不过，心理学家们会告诉您，如果它是一种情绪，就应该有标志性的面部表情。

爱的表情

我看到他，脸红了，他看过来，我又变得苍白；

我的心七上八下，乱作一团；

我的眼睛再也看不见了，我也说不出话来；

全身麻木，如火灼烧。

——让·拉辛（Jean Racine）《费德尔》（*Phèdre*）

在电影《赌城风云》（*Casino*）中，罗伯特·德尼罗饰演拉斯维加斯一间大型赌场的老板。一天，他在监视器里看到了光彩照人的莎朗·斯通，后者正在一局轮盘赌中出千。罗伯特·德尼罗的目光停住了，他的脸就像突然感到了一阵疼痛般倏地绷紧，而他的双眼继续极其专注地盯着这位陌生美人的一举一动。看过电影的人都知道，他在这一刹那爱上了莎朗·斯通，剧情是如此设定的，但如果您仅凭罗伯特的表情进行判断，您可能会认为他是遭遇了突如其来的痛苦，或者他猛地想起来自己忘了交预付税了。

心理学家至今尚未发现爱——或者说热恋期的爱情——专有的面部表情。如果有人让您模仿生气或恐惧时的表情，您会毫不费力地做到，但模仿陷入爱情时的表情实为难事！当专家请心理系大学生协助实验，模仿爱情的表情时，同学们都会觉得看上去很滑稽。不过，这些并不证明爱情没有独特的面部表情，只能说，很难故意地假装出来。

达尔文曾提及爱情的表情，但他是为了比较其与宗教敬拜时表情的相似处。他这样描写表达爱情的姿势：谦恭地跪下、双手相合、双眼心醉神迷地抬向高处——这既是圣人祷告时的姿势，又是浪漫的求爱者在美人脚前的姿势。不过，这种爱的表情似乎并不普遍，并且在今天已经很少见了（但我们也可以考虑让它重新流行起来）。

然而，我们成功地找到了一种似乎很普遍的表情，那就是人在面对幼儿时温柔的表情：轻轻地微笑，其他面部肌肉全部放松，配以注视着孩子的低垂的目光，有时头还会偏向一边。但是，对着我们心爱的成年人，这个表情就会弱化许多。（有人甚至提到了爱到浓烈时的情人会出现"翻白眼"的表情。也许我们也可以朝这个方向研究？）

还有一些学者试图区分人在表达情欲和温情时的声音，发现表达温情时，我们的声音与对孩子说话时的声音是近似的。许多情侣都有过与成年伴侣"像对孩子说话一样"表达的经历。

不过，我们有时似乎也可以简单地通过观察眼神来判断某人爱上了另一个人，就像托尔斯泰在《安娜·卡列尼娜》中描写的那样。列文是一个情感丰富的男子，他深爱着贵族家的千金凯蒂，想向她求婚。但是，在一次宴会上，他看到了凯蒂望着军官渥伦斯基时的眼神："单凭她那情不自禁地大放光彩的眼睛的这一瞥，列文就明白了，她爱的是这个人，清清楚楚，明明白白，就像她亲口对他说的一样。”

然而，没过多久，同样心痛的情景也发生在了凯蒂身上。在舞会上，她亲眼目睹了渥伦斯基与美丽的安娜·卡列尼娜邂逅的场面：

“每一次他和安娜说话，安娜的眼睛里就迸射出喜悦的光芒，那朱唇上也浮起幸福的微笑。她好像是在竭力克制自己，尽量不露出喜悦的神气，可是那神气自然就出现在她的脸上。‘可是他又怎样呢？’凯蒂朝他看了看，大吃一惊。她清清楚楚地在安娜脸上看到的东西，在他身上也看到了。”

这些片段印证了美国心理学家卡罗尔·伊泽德（Carroll Izard）的假设。他认为，爱情可能是两种基本情绪——兴奋与冲动的结合。这与斯宾诺莎（Spinoza）对爱情的定义不谋而合：“爱情是同时伴有外因的喜悦。”

但是，凯蒂之所以能看出两位主角之间的爱意，与其说是因为两人各自的表情，不如说是两人的眼神和举止之间的互动。也许，某些眼神的交流比单独的面部表情要更具特点。

鉴于难以为爱找到特有的面部表情，同时其持续时间也波动较大，我们无法将爱归入基本情绪。不过，爱没有这个名号，并不代表它的重要性不高，而是为了突出它较愤怒、悲伤、喜悦、恐惧等基本情绪复杂得多。爱不是一种情绪，但它是多种情绪的综合体，外加特殊的思想，以及想要靠近被爱之人的愿望。

最后，伊泽德以“感情－认知性的导向”来定义爱。这个定义虽然正确，但对于如此美妙或伤痛的经历，它未免有些生硬。许多文豪都注意到，随着爱来到的，还有一些思想。这些思想会过高地评价对方，并竭力为对方着想，将一切好处全都献给对方。司汤达（Stendhal）将这种一连串的思想和情绪称作“结晶”——“这是心灵的运作，它从眼前所见的一切当中不断地发现所爱对象新的完美之处。”

当爱情消失时，则会出现相反的情况。安娜爱上渥伦斯基后，有一天，她和高贵而严肃的丈夫——高级顾问卡列宁照面，第一次不悦地发现他竟然长着那么尖的耳朵！

但是否存在多种不同的爱呢？母亲对孩子的爱、刚刚相恋的情人之间的爱、80多岁老夫妇的爱——这三种爱有什么共同点呢？

我们就从爱的初体验谈起。这份爱可能会为之后其他的爱的体验带来影响。

哭喊与吮吸：依恋

我们可以观察一下几个月大的婴儿在母亲身边的模样：他

微笑着，咿呀着，随意地做着手势。如果一切正常，母亲会回应他的叫唤，称呼他“宝贝”，对他微笑、主动搂他在怀中。想象一下，现在母亲离开了房间。这时，婴儿开始喊叫，无休止地哭泣，眼神不停地寻找着母亲，甚至朝母亲离开的方向爬，并当别人想要抚慰他时竭力地哭喊（表示抗议）。如果这样的分离持续较久，比如婴儿需要住院数天，那么他就会渐渐平静下来，但是他会变得沮丧、静默，漠视身边围绕的人，拒绝一切玩具和食物（绝望）。经过精心照料，婴儿在冷漠中恢复了健康，然而，在母亲重新现身时，他会出现惊人的反应——由于惊奇，婴儿会有如下几种表现：或完全漠视母亲的示意、呼唤，不理不睬；或显出愤怒的情绪，拍打母亲；或感情迸发，但同时伴有数下踢打。这时母亲则会向医生抱怨，说孩子“不一样”了，对她的回应变少了（去依恋）。

这项儿童心理学学生人人皆知的观察结果看似简单，却直到 20 世纪 50 年代才引起儿科界的重视。当时，儿科专家、贵族出身的约翰·鲍尔比（John Bolwby）与社工、苏格兰工人之子詹姆斯·罗伯逊（James Robertson）合作，在英国皇家药学会放映了一部由罗伯逊拍摄的纪录片。在这部名为《两岁小女孩去看病》（*Une petite de deux ans va à l'hôpital*）的片子中，可爱的小女孩劳拉经历了几个阶段：抗议、绝望、去依恋，最终与父母重聚。

该片引起了儿科医生和护士们的强烈不满，因为他们认为片子在指责他们虐待儿童。事实上，当年父母对孩子的探视权非常有限，医院普遍认为父母的探视有碍正常治疗。

除了以上的实例以外，还有数十个案例都标志着依恋这一人类情感发展的基本机制得以显露，为世人所重视。而“依恋”一词正是出自该学界之父——约翰·鲍尔比。

依恋机制研究大事记

1936年，时为负责犯罪儿童事务的儿科专家兼心理学家约翰·鲍尔比发现，犯罪儿童与任何人都没有依恋关系。他认为，这一特质源自这些儿童早期就医时的经历。

1940年，伦敦遭轰炸期间，鲍尔比公开反对将伦敦市内的婴儿从父母身边带走、送往乡下。

1947年，移民美国的心理分析专家勒内·施皮茨(René Spitz)在纽约州拍摄了一部影片，记录了孩子与母亲分离后的惨状(这些母亲都是女囚):沮丧、冷漠，其中的一些迅速瘦下来。“依赖性抑郁症”(hospitalisme)一词出现，专指因住院而与父母分离的儿童产生的生理及心理疾病。

1958年，威斯康星大学研究员哈里·哈洛(Harry Harlow)专门对年幼猕猴进行分离体验实验。那些成长过程中未曾见过母猴的猕猴出现了诸多问题，其中，哈洛发现了与施皮茨实验中的孩子们类似的绝望和恶病质。若在这些年幼猕猴面前放置两个假的“母猴”——一个用铁丝做成，有奶瓶，另一个没有奶瓶，但用长毛绒做成——小猕猴对长毛绒做的“母亲”产生了强烈的依恋，其生理和心理状态也大有改观。

1954 年至 1956 年，鲍尔比的学生玛丽·安斯沃思（Mary Ainsworth）与丈夫前往乌干达。她在坎帕拉观察了婴儿的成长和他们与双亲的互动，然后又在巴尔的摩开展了同样的实验。为了测试依恋现象，她采用了一套基本实验步骤，名为“陌生情景”。具体步骤如下：婴儿独自与母亲和玩具共处一室——一位陌生人来到室内——母亲离开房间——母亲回房间——陌生人离开房间——母亲再次离开房间，留下婴儿与玩具——母亲回房间——快乐大结局（其实没有那么完美，一些婴儿会拍打他们的母亲）。

1970 年至 1990 年，明尼苏达大学教授史路夫（Sroufe）及其团队开展了一项实验。该实验证明，十岁儿童的社会行为与他们在婴儿时与父母的依恋关系有直接的延续性。

1985 年，辛迪·海兹曼（Cyndy Hazman）和菲利普·谢弗（Philip Shaver）得出结论，承认在他们的亲密关系中有三种依恋类型（安全型、焦虑型、双重型），与玛丽·安斯沃思在婴儿中观察到的结果相似。

纵观 50 年来的研究成果，依恋是一种与生俱来的机制，在婴儿与母亲之间成为了联结。它的表现形式包括眼神交流、手势及形体交流、爱抚和吮吸。依恋的模式与效果对婴儿的成长发育都有重要的影响。

值得一提的是，依恋模式与效果会影响婴儿探索周围环境的能力，也会在某种程度上决定他会与其他儿童建立何种关系。如下是三种专家经常引述的母婴依恋模式，其中所指婴儿年龄约为一岁。

安全型依恋

婴儿自主地探索新环境，一旦出现顾虑，立刻注意母亲是否在场，母亲对他而言是“安全感的基础”。他对母亲较顺服，主动寻求与母亲的肢体接触，主动要求被拥抱，但一旦被放下，也能够承受。

在陌生情景实验中，他因母亲的消失而哭泣，但当母亲回来之后，他能够很容易地接受安抚。

回避型依恋

婴儿不主动寻求与母亲的肢体接触，且会在预料不到的情况下对母亲发怒。他看来并不喜欢被拥抱，但一旦被放下却会大声喊叫。在陌生情景实验中，母亲的消失会让他有一小段时间的反应，但很快就会专注于玩具上。母亲回来后，他表现出半漠视的态度（但并不会踢打母亲）。

双重型依恋

婴儿黏在母亲身上，不主动探索新环境，忍受不了片刻分离，并经常发怒、尖叫。在陌生情景实验中，母亲消失后，他完全无法接受安抚。母亲回来后，他如饥似渴地要与母亲接触，同时对其发怒。

读到这里，想必您会想到母亲的行为与婴儿的行为之间的关系。为研究这一主题，心理学家们已进行了大量实验。与安全型依恋相关的母亲最为理想，这一类母亲对婴儿态度热情、专注，能够理解并适应婴儿的反应，并会很快地回应婴儿的哭喊。与回避型依恋相关的母亲则有拒绝他人的倾向，经常没有空闲，且难以忍受婴儿的需求，希望他自行解决。与双重型依恋相关的母亲可能经常表现得非常专注而焦虑，但无法配合婴儿的期望，也不会解读婴儿的反应。

请注意，这些研究结果需要被谨慎看待，因为：

- 儿童的幼年时期，即使在母亲不变的情况下，他的依恋也很有可能从强度上和类型上发生变化。
- 母亲的依恋模式与孩子的依恋模式并没有清楚的关联。
- 母亲与孩子之间的关系问题也可能源自他们内在的困境调节气质的差别。
- 父亲也可以成为被依恋对象，从而减少母亲的影响力。

如今，仍有许多专家在探究母婴两人依恋模式之间的关系，同时也在研究婴儿的行为与他们长大成人后行为的关系。

一切源自母亲

我们在长大成人后感受到的爱，从广义上来说，很大一部分都源自我们幼时对母亲（和父亲）发展出的依恋。

我们再来听一下曾在“悲伤”一章中提到的被旧爱抛弃的韦罗妮克如何讲述她的分手经历：

一开始的那几周，我一直在哭。我的脑中全是他，经常一想到他就怒火中烧。我知道这么做毫无意义，但我还是打给他好多通电话，想把他约出来。我甚至去了他每天必经的地方，想“偶遇”他。

随后，我经历了一段可怕的低落期。就算我和朋友们在一起，我都不见起色。一切都变得一点意思都没有了。在工作中，我无法集中注意力，闲暇时，也对别人提出的活动不感兴趣：什么都引不起我的兴趣了。一个闺蜜想把我“摇醒”，对我说，如果我再这样下去的话，谁都不想再看到我了。

慢慢地，我觉得生活的趣味回来了。我又开始过上了正常的生活：正常工作，正常会友。我有一次偶然遇到了他，但我已经像麻木了一样，一点感觉都没有了。幸好和他相遇的时间很短，因为事后我想，要是他再跟我聊久一点，说不定我就醒了。另一方面，目前我觉得自己还没有办法和另一个男人建立亲密关系。

细心的读者们，在这段描述中，不知您有没有发现，这些被抛弃的恋人和前文所说的婴儿的依恋有着相同的三大阶段：抗议（韦罗妮克既愤怒又焦虑，她想尽办法和前男友再见面）、绝望（她变得非常懒散，退缩）、去依恋（她不再爱那个人了，同时也无法与别人建立关系）。

当然，这些阶段的持续时间和所包含的具体内容并不是一成不变的：每个悲惨的恋人都会有不同的反应，而他们的反应既由曾经那段感情的深度和长度决定，也由当时的依恋模式决定。那么，您的模式是哪种呢？

您的依恋模式

您可以在以下三句话中选出最符合您的描述：

1.“我觉得相对来说，我挺容易和别人建立关系的，让我依靠他们或者他们依靠我，都没有什么关系。我不太担忧会不会被抛弃，也不在乎别人是不是和我走得太近。”

这句话显示此人既享受亲密关系，同时又会在恋爱关系中保持一定的独立性。

2.“我挺难接受和人建立亲密关系的，我觉得很难完全信任他们。一旦有人显得和我很亲近，我会变得紧张起来，而且，我的那些恋人都曾经希望和我有更多的亲密关系，可是我不想这样。”

说这段话的人非常喜欢独立，过分亲密或亲近的关系会让他们不悦。他人可能会认为这是冷漠和故意保持距离感的表现。

3.“我觉得别人都比较抵触和我亲密，不会像我希望的那样亲近我。我经常会担忧我的伴侣是不是真的爱我，是不是真的想和我在一起。我想和恋人融为一体，这种想法经常占据我的心。”

这是一则反例，此人希望有最大程度的亲密度，对方一旦有独立的信号，就会引起此人极大的担忧。如果对方不是善良的人，他很可能把您归类为“黏人”的人。

如果您 1985 年时曾在科罗拉多州的丹佛市住过，您就可以在当地的《落基山新闻报》(*Rocky Mountain News*) 上看到以上的三句话测试。如果您回答这些问题，您便是参与了辛迪 · 海兹曼和菲利普 · 谢弗的实验。如果研究人员希望听到您更多的分享，您就将接受较长时间的采访，他们会问您关于童年、父母的情绪风格等话题，也会询问您最刻骨铭心的一段恋情。

研究显示，测试结果接近于安全型依恋 (1) 的人总的来说更加幸福，最少出现离婚。他们信任配偶，就算对方有缺点仍接受他们，同时自己的职场生活也较成功。与这一类型的婴儿一样，他们也同时具有依赖他人与自主自立的能力。

潜意识中更接近于回避型依恋（2）的人常常在职场上非常出色，但看来并不以此为乐。他们的注意力集中在工作上，人格孤独，认为爱的需求是多余的，结果只会是失望。他们很自立，但很难与人建立互相联结的关系。

至于隶属双重型依恋（3）的人，他们的感情生活坎坷跌宕，其中包括了热烈的激情和深深的失望。他们害怕被抛弃，很难集中精力专注于事业。

自问属于何种依恋模式会得到答案，但也会让我们看到更多的问题。不过，我们也可以领悟到，我们目前的恋爱关系是从最初那让我们扑向母亲的冲动本能慢慢建立起来的。

然而，有些学者认为婴儿时期的依恋模式决定了其长大成人后的依恋模式，但也有学者认为并不存在这种延续性（某些反对者甚至提出了“依恋之谜”的说法）。依恋并不是既定的教条，它至今仍是科研人员关注的一大辩论主题，而这场辩论是建立在针对婴儿或成人的最新科研结果之上的，而不是根据鲍尔比的理论作出的文字分析。

弗洛伊德怎么说？

弗洛伊德和他在儿童心理学上的追随者，如他的女儿安娜和梅兰妮·克莱恩（Melanie Klein），都曾假设儿时的依恋情结与成年时的爱情有着延续的关系。但在他们看来，新生儿首先对母亲的乳房产生依恋。乳房带给婴儿近乎色情的强烈的愉悦感，从这个愉悦感才发展出他对母亲的爱。对母亲，婴儿抱有极大的幻想，根本无法怀疑这些幻想的真实性。鲍尔比的立场则与这一传统的精神分析观点完全不同，其中的区别主要在两个根本点上：

- **依恋与母亲的乳房并无关联。**

与弗洛伊德的观点（婴儿在依恋乳房后才发现乳房来自母亲）相反，依恋是一种与情感需求相关的机制，与果腹需求并无关系。哈洛实验中的幼年猕猴依恋的是长毛绒制成的母猴，而非握有奶瓶的铁丝母猴。鲍里斯·西吕尼克（Boris Cyrulnik）的书《情感食粮》（*Les Nourritures affectives*）就是这一观点最好的概括。

- **鲍尔比认为，母亲的实际行为比婴儿所能幻想的要重要得多。他甚至在诊疗时同时接待婴儿与母亲，而梅兰妮·克莱恩曾极力反对这一方式。**

鲍尔比虽然是一名精神分析学家，但他视自己为进化论派的支持者：对他而言，依恋是一种本能，也就是与生俱来的天性，是哺乳动物通过自然选择而具有的特质。因为哺乳动物的幼崽在独立之前需要母亲长时间的陪伴。依恋可以让孩子与母亲之间建立更紧密的联系，以此增加孩子的存活概率。鲍尔比对进化论的重视出现在他的最后一部作品中，这部著作是对达尔文的心理学分析，即达尔文的心理传记。在书中，他还提出了一个假设，认为达尔文一生中遭受的许多精神与身体的疾病都与他幼年时期情感缺乏的经历有关。

所以，总的来说，依恋既是婴儿与生俱来的心理机制，也是我们在成长过程中建立自己爱的方式的一大基石。

爱与情欲

在《追忆逝水年华》中，主人公受邀参加20世纪初在巴黎举办的一场盛大的晚宴。在晚宴上，他遇到了在上流社会交际的、有学问的朋友斯万。不多时，有人向他们介绍德·絮希夫人，她是盖尔芒特公爵的情妇，美艳无比。除了其他魅力以外，这位女士还有着傲人的胸部。“斯万与侯爵夫人握手时贴得极近，从上往下看到了她的酥胸，便无所顾忌地向紧身胸衣深处投去专心、严肃、全神贯注且又焦躁不安的目光，被女性的芬芳所陶醉的鼻孔抽动起来，宛若一只粉蝶刚发现一朵鲜花，正准备飞落上去。突然，他猛地从一时心醉神迷的状态中挣脱出来，而德·絮希夫人虽然感到尴尬，但欲望的感染力有时极为强烈，她也一时屏住了深深的呼吸。”

在谈论爱的时候，我们不可避免地会提到情欲。它在社交生活中有时会产生尴尬的情形，正如上面的例子所提到的。

我们已经提到，爱并不符合情绪的严格定义，但相比之下，情欲却更为接近：它通常是突然发生的，相关的身体反应有时会让我们欲盖弥彰。不过，要找出情欲独有的面部表情确实是一件难事。

但是，在德克斯·埃弗里（Tex Avery）导演的动画片中，我们看到了一系列有趣的表情。一头穿着西装的狼去夜总会消遣。当他发现了舞台上光彩照人的女舞者后，这头拟人化的狼就表现出了我们都能识别的举动，流露出他的满腔情欲：双眼瞪得快要弹出一般，舌头伸出，跳上凳子，全然无视周围的环境（他不小心吞下了盘子和香烟），最后给了自己一拳，好让自己平静下来。这幽默的一幕是否有一部分真实性呢？不管怎么说，这头狼以夸张的方式表达了喜悦、兴奋和情欲，活脱脱就是见到安娜·卡列尼娜时渥伦斯基的样子。

情欲的作用

在谈论嫉妒时，我们已经用了很大的篇幅来解释情欲，所以在此我们将重提进化论派的心理学家们几条让人清醒的理论：

无论男性还是女性，我们都会对更有利于传承基因的人产生欲望（当然，我们并不会意识到这种与繁殖后代有关的冲动）。

所以，女性的情欲一方面会被优秀的基因赋予者的吸引力挑起（有支配力、俊美、强壮的，也可以是流氓），同时也会倾向于能成为好父亲、保持持久关系的男人（专注、适应社会生活、可信的）。总之，作为男士，如果您在外可以叱咤风云、呼风唤雨，在家是温柔可亲的好父亲，那么您一定很容易找到另一半。

文学及影视作品中的女性情欲

强壮、英俊、败坏、下流——他深得我心。

——利维娅，卢基诺·维斯孔蒂（Luchino Visconti）

《战国妖姬》（*Senso*）女主人公

进化论派专家们对女性情欲的双面理论可以在大量文学作品中得到证实。

在大部分以女性为目标读者的言情小说中，如全球知名的言情小说出版商禾林出版公司（Harlequin）的作品，女主角吸引的都是“霸道”的男人，通常是集团总裁、贵族、冒险家，有时是公认的“白马王子”，独立坚毅。这些男人最终都因为女主角而变得“温柔”起来，并以她为心头时刻牵挂的唯一爱人。

历史上伟大的作家也不遗余力地在作品中描写着女性的情欲：他们的女主角已经有了“沉稳可靠”的丈夫，之后却为“不安分的冒险家”神魂颠倒，谱写了另一场恋曲。这样的例子包括爱玛·包法利（Emma Bovary）和鲁道夫（Rodolphe）、安娜·卡列尼娜和渥伦斯基、德·都尔范勒夫人和德·范尔蒙子爵、摩莉·布卢姆（Molly Bloom）和博伊兰（Boylan）、伯爵夫人利维娅和中尉雷米希奥（Remigio）、阿里亚娜·多姆（Ariane Deume）和索拉尔（Solal），以及其他小说中无数痛苦着却同时抱着希望的女主角。

所以，最理想的是在千挑万选之后，找到一个结合这两种特质于一身的男人。这种情形在电影中甚是常见，并且，让人惊讶的是，这些电影都取得了优秀的票房成绩。

在《马语者》（*The Horse Whisperer*）中，罗伯特·雷德福（Robert Redford）自导自演了一个粗犷而果决，同时怀有怜悯心和幽默感的驯马师。

而在《廊桥遗梦》中，克林特·伊斯特伍德（Clint Eastwood）饰演一名四海为家的《国家地理杂志》摄影师，与《马语者》的雷德福一样兼具成熟和温柔。这两部电影中的男主角都完美地结合了两种特质——他们具有冒险性和独立性的职业赋予了他们刚毅勇敢的一面，但他们同时也有着成为好父亲的潜质（虽然年龄有点大）：亲切温柔、善解人意、富有幽默感。由此我们便可以理解女主角们为何会暂时忘记自己的丈夫，倾心于他们了。

女性的情欲中所显露出的对力量和男性独立性的敏感在诸多文学名作中也有体现。

在《生命不能承受之轻》中，米兰·昆德拉描写了一个人物，名叫弗朗茨。虽然弗朗茨是一名智慧、亲切的大学教授，但他天生就有一副强健的身材，肌肉发达。一天，他与情人萨宾娜在说笑时，用一条腿钩住一把很重的橡木椅子，轻轻地把它挑到空中。萨宾娜说："知道你这么强壮，真好。"萨宾娜这么说是真心的。但是，一个悲伤的念头很快占据了她的心：弗朗茨确实强壮，也对她很好，但他有这么多的人要爱，她只是其中一个。他是那么脆弱，比起之前的情人托马斯，他带给她的刺激远远不够。托马斯不仅在生活中更具掌控力，在性爱上也更有情趣。（之后，书中写到，托马斯曾有过大约200位性伴侣。）萨宾娜继续想道："若是碰上一个要对我发号施令的男人会怎样？一个想控制我的男人，我能忍受多久？五分钟都不行！"于是她得出结论：没有一个男人适合她，强弱都不行。

如果弗洛伊德看到这段文字，他无疑会非常欣赏，因为他在毕生的研究之中，始终没能明白女人究竟要的是什么。

阿尔贝托·莫拉维亚的小说《轻蔑》（*Le Mépris*）描写了年轻的剧作家里卡尔多踌躇满志，和美丽单纯的娇妻埃米莉亚过着幸福的生活。然而，在为新片做介绍时，埃米莉亚目睹了丈夫在年轻有为的制作人巴蒂斯塔面前点头哈腰的样子。里卡尔多这一行为上的缺陷在之后发展到了让妻子难以忍受的地步。一天，制作人邀请埃米莉亚坐上他的两座跑车去兜兜风，却让她的丈夫叫一辆出租车在后面跟着。埃米莉亚非常反感这一提议，但里卡尔多完全没有顾及自己是否会因此被妻子看不起，他在一旁反而鼓动妻子接受邀请，说反正只是短途兜风，他也会在后面跟着。事后，他意识到，妻子已经不再爱他了。当他问出这个问题时，妻子悲伤地看着他说："我不爱你了，因为你不是个男人。"

类似的情景也发生在阿德里安·多姆的身上，他是美人阿里亚娜的丈夫。作为野心勃勃的外交官，他在年轻的妻子面前表现出太多次对权贵奉承不成的苦恼和溜须拍马的态度。一天，妻子离开了他，投入了索拉尔的怀抱。索拉尔是一个不愿遵守规则却凡事游刃有余、性格不羁的人。

后来，阿德里安身着睡衣，在厨房里思考自己为何落到如此下场："有些人确实运气不错，一直很优秀，不需要努力，轻轻松松就能成功。但另外的一些人，他被人威胁，怕不能取悦别人，边微笑边听上司说话，难道错了吗？"

之后，索拉尔见女人总是被炫耀力量的男人吸引，自己不得不耍手段去博得她们的欢心，因而绝望、愤怒地大吼起来："那些勾引女人的人满口蠢话，但他们只要用坚定的语气、男人富有磁性的低沉嗓音说出来，女人就会睁大眼睛，眼泪汪汪地看着他，就好像这个男人刚刚提出了更加广义的相对论一样……除此之外，为了取悦女人，我还得去控制、羞辱她的丈夫，其实我为此很羞耻，而且我也是有同情心的。”

在电影中，我们还注意到，如果影片主角是警察或军人，他们都会在上级面前表现叛逆、决不服从。对于汉弗莱·博加特、哈里森·福特、梅尔·吉布森、尼古拉斯·凯奇和乔治·克鲁尼经常演绎的角色来说，“给上司留下好印象”这种普遍被接受的合理考量却完全成了耳边风。这毫无疑问是因为任何在上级面前驯服的表现都会使他们在女性影迷面前失去魅力（并在男性影迷面前失去威望）。

男性的情欲

男人对女人产生欲望时，究竟爱她吗？这个问题从古至今一直困扰着女人们，并引起了无数关于爱情的讨论，有时听来甚为酸楚。

事实上，男人并没有想象的那样如动物般低级。以达尔文的眼光来看，男性也是由两种潜意识里的欲望组成的，目的是为了优化“后代的繁衍”：

- 第一，当然是通过使性伴侣数量最大化来增加诞育后代的机会。如果男性地位很高，这一欲求就会轻易地得到满足。

迄今为止，世界上子女数量最多的人仍是摩洛哥沙里夫王朝的君主穆莱·伊斯美尔（Mulay Ismail）。他生前后宫管理得当，一共为他诞下 342 个女孩和 525 个男孩。不过，据称印加古国的国王和祖鲁的族长都比他更“多产”。

第二，男人也必须保证后代的生存，由此便决定了他必须要与一位忠贞的女性结合，这位女性将成为他孩子们的母亲，而他也必须帮助、保护她。这就是进化论派人士所说的“长期交配策略”，最终迫使男人寻找一位稳定的配偶（在一夫多妻制社会中可能为两位以上）。

在一项关于爱情的研究中，受访的男性都揭示了这样的双重吸引力：当他们被问到对女性的欣赏标准时，按照建立的关系的不同（仅仅是一次浪漫邂逅，还是以结婚为目的的交往），他们的这些标准有很大区别。若是为了短暂的邂逅，他们更看重女性在性方面的开放程度和随意度；若是以婚姻为目的，他们则恰好相反，会被在性方面更保守、更羞怯的女性所吸引。这无疑是因为这样的态度在男性的潜意识里成为了忠贞的保证。

不过，依恋和情欲的结合并不能完全解释我们平日里在爱上某人时的感受。此外，爱情也可能与人的决定相随，即对长期关系的承诺。

如何留住男人的心：听奶奶的话

根据进化论派的专家所说，听奶奶的话准没错！男人更倾向于和他们认为（即便是潜意识中认为）在性方面较保守的女人在一起，因为这在某种程度上保障了女人之后的忠贞。

为了长期留住一个心仪的男生，您最好在接受与他发生性关系之前让他等候、“煎熬”一段时间，并且请不要与他谈论您过往的性经历，也不要一上来就显得特别有经验。有些女性受 20 世纪 70 年代思想的影响，觉得以开放的方式对待性是一件正确的事，然而实际上她们的做法适得其反。

爱的三角

这里我们所说的不是著名的丈夫——妻子——情人的三角关系，那属于另一个范畴。我们要谈论的是爱的三个组成部分。从旧时至今日，好几位作者均提及这三大要素。

无论是诗人还是心理学家，一直以来，他们都将激情之爱与伴侣之爱进行区别。激情之爱是带有情欲的激烈情绪，而伴侣之爱则是由温柔和情感构成的。

这两种形式的爱有着不同的根源：

- 激情之爱是从婴儿对母亲的依恋发展而成的，两者有着一些共同点：婴儿和恋人都强烈希望对方在自己身边，无法忍受对方的远离，并且对竞争者怀有强烈的嫉妒。

▸ 伴侣之爱则与父母对孩子的依恋相类似：希望有温柔的表达，并愿意为对方的幸福付出一切。

这一区别正是笛卡尔在《论灵魂的激情》(*Traité des passions de l'âme*) 中所引用、由圣托马斯 · 阿奎那 (Thomas Aquinas) 提出的色欲之爱与仁爱之间的区别。

▸ 最后，三角形的第三要素便是承诺：即一种维持长期关系、无论有任何障碍或外部试探都尽其所能保护关系的决定。

爱的三角

激情之爱——色欲	伴侣之爱	承诺
强烈的情绪，伴有激烈的身体反应。一种类似于婴儿对母亲的依恋，以其成人形式与性欲相结合	情绪较平静，温柔，为对方着想 与父母对孩子的依恋类似	与对方相守并共度未来的决定

实例分析

根据这一普遍模式，我们可以分析各种形式的爱，而分析的依据就是三大要素中缺少的那一个 (“三大要素不一定共存”是一种委婉的说法)。为了更好地解释这种分析方法，我们将用伍迪 · 艾伦既风趣又沉重的电影《丈夫、太太与情人》(*Maris et femmes*) 作为范例。

若您还没有看过这部电影，那么我们来为您简单介绍一下。电影从两对生活在纽约的夫妇的聚餐开始。由伍迪·艾伦和米亚·法罗饰演的夫妻接待了杰克——由西德尼·波拉克饰演和萨莉——由朱迪·戴维斯饰演的夫妇。杰克和萨莉宣布了一个让盖布（伍迪·艾伦的角色）和朱迪（米亚·法罗的角色）震惊又伤心的消息：在20年的风雨共度之后，他们协议分居。

	激情之爱	亲密关系感情	承诺	伍迪·艾伦《丈夫、太太与情人》中的人物
理想的爱情 幸福的蜜月期	+	+	+	新婚伊始的盖布（伍迪·艾伦）与朱迪（米亚·法罗），毫无疑问
人生伴侣	–	+	+	杰克（西德尼·波拉克）和萨莉（朱迪·戴维斯）在影片结束时重归于好，虽然曾企图分手
激起承诺愿望的激情之爱	+	–	+	杰克（西德尼·波拉克）刚遇到性感的健身教练萨姆之时
单纯的激情关系（其中一方无法与对方结婚）	+	+	–	盖布（伍迪·艾伦）与小30岁的美女大学生雷恩（朱丽叶特·路易斯） 迈克尔（连姆·尼森）对萨莉（朱迪·戴维斯）的爱，但萨莉对他并没有同样的感情
无爱（两人为了孩子或因为害怕孤单而在一起）	–	–	+	电影开始时盖布（伍迪·艾伦）与朱迪（米亚·法罗）名存实亡但看似稳定的关系
片面之爱（两人没有共同话题，但互相满足肉体欲望）	+	–	–	杰克（西德尼·波拉克）和萨姆交往一段时间后的关系。杰克发现两人之间的差异实在太大

这一巨变随后引起了其他的关系变化，同时也催生了好几段数人共享的激情之爱，最终则归于平静。

西德尼 · 波拉克扮演的杰克开始了与女健身教练萨姆的恋情（"至少和她做爱的时候她会叫出声"），而朱迪（米亚 · 法罗）则提醒盖布（伍迪 · 艾伦），他们已经不再相爱了。朱迪对气质忧郁的单身同事迈克尔（连姆 · 尼森饰演）产生了强烈的好感，但后者却爱上了萨莉（朱迪 · 戴维斯），即杰克（西德尼 · 波拉克）名义上的妻子。迈克尔和萨莉保持着肉体关系，但萨莉并没有真正爱上他。和她分居的丈夫杰克在发现妻子已经有了别人时非常痛苦；同时他也意识到，除了肉体的激情以外，他和漂亮的萨姆并没有什么共同话题。与此同时，盖布（伍迪 · 艾伦）与爱慕他的女大学生雷恩（由朱丽叶特 · 路易斯扮演）越走越近，雷恩 20 岁生日那天他们二人在雷恩父母家的厨房里发生了关系。最后，杰克（西德尼 · 波拉克）和萨莉（朱迪 · 戴维斯）重归于好。

在这些分分合合的关系中，嫉妒扮演着重要的角色。虽然杰克（西德尼 · 波拉克）为健身教练抛弃了妻子，但当他发现英俊的迈克尔（连姆 · 尼森）和妻子在一起时，心中的妒火瞬间爆发。（瞧！这就是我们提过的一夫多妻心理……）

儿童也会坠入爱河

据调查，绝大多数儿童在三岁至八岁期间就已经有过属于激情之爱的依恋，这中间并不包含情欲。

我们来听听一位父亲的讲述，他的女儿克拉拉今年五岁：

当我们成年之后，我们经常会忘记年幼时那些青涩的感情。我的二女儿克拉拉的经历让我不禁大开眼界。自打她两岁上托儿所开始，她就和一个同龄的小男孩保罗建立起了很深的情感。他们两个当中，只要其中一个到了托儿所，就会马上问另一个有没有来，还会站在窗前等对方出现。他们一直手牵着手，永远都紧挨着坐，一起玩游戏，彼此都有无法克制的需要。他们升到幼儿园后，进了同一个班级，这下两人的联结就更紧密了：整个学校都把他们看成“小情侣”。起初，他们还是比较低调的，但之后，他们的感情成了众人皆知的事。他们会对所有人说长大了要跟对方结婚，有时候还会笨拙地接吻。可是有一天，保罗的父亲由于工作需要（他是地理学家）携全家搬去了海外。这对克拉拉来说简直就是灾难（但我不知道这对保罗有什么影响）。她非常伤心，就像成年人失恋一样，消沉了下来。她经常对我们说起他，想给他写信、打电话，甚至想去见他（可他现在住在南美洲）。这样的情形持续了整一年，直到现在，她仍然会不时提起这位儿时的真心爱人——保罗。自从保罗走后，她再也没有找过“新恋人”。

有一部电影叫《禁忌的游戏》(*Jeux interdits*)，它讲述了在战争、逃难的背景下一个小女孩和一个小男孩的爱情故事，主角是波莱特和米歇尔。不幸的是，这两个孩子在墓地的高墙下建造的小小乐园没能抵挡住成年人制式化的意愿。电影最终以令人心碎的分离结束，让许多观众都难以忘怀。

在小说《洛丽塔》(*Lolita*) 中，作者弗拉基米尔·纳博科夫 (Vladimir Nabokov) 描绘了 40 多岁的亨伯特·亨伯特对 13 岁的性感少女洛丽塔炽热的爱。(“我的生命之光，我的欲念之火，我的罪恶，我的灵魂。”) 不过，他这种为世人所不齿的爱恋实际上只是一种投射，是他此生唯一一次最深最热烈的激情之爱的重现：那时，他正年少，爱上了同龄的安娜贝尔，但后者在希腊科孚死于伤寒。当洛丽塔出现时，他看到安娜贝尔在这个女孩身上重生了，为此，他已经等候了太久。

爱是一种疾病吗？

耶路撒冷的众女子啊，我嘱咐你们，
若遇见我的良人，
要告诉他，
我因思爱成病。

——《雅歌》

与疾病的研究类似，一些专家也分析了激情之爱所存在的危机。以下几大因素最可能让您在这样的情感冒险中遭遇危险：

危机因素

自尊较低

这种低自尊会通过不同的机制显露出来：它使我们将自己与对方进行比较，然后把我们自认为缺乏的优点加在对方身上，以此认为对方对我们具有强烈的吸引力。同时，它也使我们一心通过吸引别人的爱与亲近来补足自身的缺点，而我们想要吸引的人都看似出类拔萃、可信可靠。实验证明，当故意降低年轻女性的自尊时（告知她们在某场测试中失败了），这些女性接下来会更容易接受前来献殷勤的魅力男子。这种机制对某些情场高手来说几乎如同天生的直觉一样。一开始，他们会故意让他们的“猎物”觉得有自卑感，然后在“猎物”感到难过时迫不及待地前来安慰她们。请记住，正如《魂断日内瓦》中男主角的手段一样，“提前轻视”是情场高手的第一步策略，但请注意，这种轻视绝不能以直接的方式表达。

依赖他人、缺乏安全感

当您觉得自己无法坚强到能够独自面对世界，您就更倾向于被强烈而持久的依恋吸引，并且希望从中获得安慰和保护。

焦虑

诸多研究都表明，无论是短暂的焦虑还是个性中固有的焦虑，一个焦虑的人更容易进入激情之爱。例如，在动荡的战争和革命时期，这样的激情之爱常常出现。

在青春期的“勾搭”中，少男们常常会使用这一方式（也许是无心之举）：他们会带女孩去看恐怖片，以便电影结束后更容易获得她的吻。

此外，这一方式也很好地阐释了威廉·詹姆士的理论：“我们的情绪源自身体的反应。”在一项著名的心理学实验中，一群参与实验的学生被要求到一处惊险的山林吊桥的中央去见一位非常漂亮的女子。实验之前，学生们被告知是为了去填写问卷，了解风景对创造力的影响。测试过后，研究人员向学生们一一提问，而这位女子对前往吊桥的学生的吸引力远远大于她对在办公室内填写的学生的吸引力。经恐惧刺激后的生理冲动竟可以转化成如此强烈的正面情绪。

在威廉·詹姆士之前，许多情场高手就已经注意到了这一方式。古罗马诗人奥维德（Ovide）在《爱的艺术》(*L'art d'aimer*）中就建议男士们趁斗士比武时去竞技场的阶梯座位上寻找心仪的姑娘：“他柔声细语地与她漫谈，他抚摸她的纤手，他询问她的赛卡，他掏出钱来为她看中的东西下注，他征询她赢取的赌注。哦，在他还没有弄明白一切是怎么一回事的时候，一支利箭就嗖地飞来，将他的心儿射个正着。哦，在这块战场上，没有人能够成为局外的看客。”

从这些危机因素中，我们可以看出，青少年比其他年龄层的人更倾向于产生激情之爱：在他们这个不稳定的年纪，较为脆弱的自尊和面对世界时的焦虑是他们的共性，而且在丰富的荷尔蒙的刺激下，他们的身体也更容易被激动。

综观《追忆逝水年华》一书，年轻的主人公在成长过程中先后爱上过年轻的吉尔伯特、盖尔芒特公爵夫人和阿尔贝蒂娜。这三段爱慕之情体现了以下所述的所有特征：

- 他怀疑自己的能力，自认过于懒惰，认为他做任何事都将一事无成（这也是普鲁斯特的亲友们长期以来担心的）；
- 自幼时起，他就对母亲特别依赖，正如书中写的，他一直在绝望地等母亲来吻他，否则没法睡着。他几乎不出家门，就算出门也只去近处，并且不能忍受搬到任何新的地方或去别处暂住（就连卡布尔奢华的大酒店都不行）；
- 可以说，哮喘是他焦虑情绪的身心反应，但他的焦虑也会在其他方面表现出来，包括害怕使人不悦、始终揣摩不了他人的感受、惧怕被人抛弃或背叛，和对情敌的嫉妒（他的情敌竟包括女子）。

并发症状

与一般的疾病类似，激情之爱有时会导致或轻或重的并发症：

- 对社会和家庭义务漠不关心。激情之爱可能会使人忽视自己的学业、朋友，甚至是配偶，或是职业。就像伍迪·艾伦的台词："我是那样地深陷爱河，以至于在计程车上都忘了看计价器。"
- 当对方没有以我们期待的方式回应我们的欲求时，我们便会被诸如恐惧、嫉妒等负面情绪笼罩。此状态类似于吸毒者有瘾却无法吸食时的痛苦。
- 自尊受损，感到自卑、有压力，甚至产生抑郁情绪，免疫力也随之下降。
- 自杀。大部分我们援引的爱情小说均以伴侣中一方或双方的死亡结尾，有的是自杀，有的是相思成病。现实生活并没有那么悲剧性，但我们还是需要了解，如今青年人的自杀起因中，情伤的比例非常高。令人痛心的是，因情伤而自杀的青年人几乎与交通事故中死亡的数量相同。
- 让人意想不到的最后一种并发症：贪污。根据经济分析专家的调查，全世界各地官员的贪污案件中，有一个鲜被提及但十分多见的犯罪动机，就是这些官员想要以支付奢侈生活的方式留住他们的情人！每年，全世界统计的贪污总额约为800亿美元。有了这么多钱，那些女人至少可以显得高兴些了吧！

用近似于医学的眼光去看待爱，肯定会带来让人沮丧的影响，也可能会让人忘记科学家们特地列出的爱的益处。爱可以让人经历激动人心，甚至心醉神迷的时刻，会让人觉得被人理解、接纳，给人以安全感。有时，爱还能够帮助人超越自己的极限，从而很好地保护自己的配偶或接纳对方的弱点。

最后，爱也有利于人体的免疫系统。丹麦的一项研究表明，恋爱中的人们得传染病的概率更小，并且根据体检结果显示，他们的免疫反应优于其他人。

爱是文化的产物吗？

试问，如今西方国家中我们所认知的爱是否就像德尼·德·鲁热蒙（Denis de Rougemont）所说的那样，是中世纪的行吟诗人和纯洁派教徒的发明？或者如另一种观点所言，人类历史上从古至今，所有男人和女人都感受过爱？

如果我们同意第一种观点，那么我们便只能去寻找今天人们的爱与罗马人、萨摩亚人那时的爱有什么分别了。

相反，第二种观点相当于肯定了所有时期、所有人类文明都有着永恒且相似的爱的行为。支持这一观点的人还会告诉我们，在人类的所有文明中，都可以找到爱的诗篇或赞歌，而它们的主题都惊人地相似：寻找爱人的渴望、为美貌或其他品格倾倒的兴奋感、情人分离的痛苦，或被抛弃的苦楚。

所以，毋庸置疑的是，若激情之爱是依恋和情欲的结合，那么它只能是普遍的，因为这两大要素都对人类的生存至关重要，并且都是与生俱来的。

即便是声称萨摩亚人不知我们西方过度的爱与嫉妒为何物，玛格丽特·米德依然写到了我们已经提过的嫉妒的男性，并且也描绘了被抛弃或面对情敌时反应暴力的青春期少女。若还是有人怀疑某些情绪的普遍性，那就请他们读一读玛格丽特·米德记录的一番场景。这段话讲述了与我们相隔甚远的文化背景中，人们从幼年成长到青少年的过程："女孩们不再冷漠。她们嬉笑、脸红、争吵、逃跑。男孩们则变得笨拙、局促、寡言，白天和满月的夜晚都躲着女孩们。"

即使爱的基础是天生且普遍的，人类社会的每个文明也都会给予它不同的价值。有些文明将它视为扰乱秩序的危险因素，有些则认为是值得付出任何代价的最美妙的体验，可以通过因爱结合的婚姻更真切地体会——这也是 20 世纪西方人的理想之一。同时，各个文明在爱的表达上有着一定的规矩，每个时代都告诉人们什么是合乎规范的，什么又是不合规范的：在玛格丽特·米德描绘的萨摩亚青少年中，恋爱中的男方通常不会自己去向未婚妻求爱，而是让双方共同的一位男性朋友代劳（有时朋友会趁机背叛男方）；然而，16 世纪年轻的高卢男子则会更直接地向所爱的美人坦白心迹，不过他们求爱的方式很特别：在恋人的裙子上撒尿。

简单来讲，我们可以说，除了近几个世纪的西方文化以外，激情之爱几乎在所有文化中都被视为特别可疑的情感，因为它很可能会导致地位相差悬殊的婚姻、婚外生子、不忠，以及可能产生的激烈冲突。对男性而言，因激情之爱怀有依恋是一种缺乏男子气概的现象（从古罗马至维多利亚时代的英国都是如此）；对女性而言，这象征着道德的败坏。在基督教文化中，肉体情欲被认为会导致人远离神的爱，即使是在婚姻关系中也是如此。正如圣哲罗姆（Siant Jérôme）所说：“男子若是对妻子有过于热烈的肉体欲望，便是犯了奸淫了。”但反过来说，我们也了解到，这些神学家、先人和现代的性学家都认同：男人应当照顾妻子的感受，使她与自己同时达到愉悦的状态（为了保证后代繁衍的质量，这句话在情在理）。他们同时也对因爱结合的自由婚姻表示认同。自由婚姻自 18 世纪起逐渐被接受，直到 20 世纪时完全普及，甚至被写在了倾听告解的神甫的手册里。

古罗马人与中国人

奥维德的《爱的艺术》可谓是一本花花公子手册，因为诗人通篇都在描写如何吸引异性、获取爱情带来的最大愉悦，但从来都未曾提及承诺或忠贞。这部著作的第一卷和第二卷完全是为男女写就的恋爱指导，但在第三卷《爱药》（Les remèdes à l'amour）中则描写了至今仍然存在的爱的痛楚——为心上人“坠入爱河”的男男女女成了最脆弱的人。于是，奥维德列出了一张“药方”：“不断回想情人的缺点……装出冷淡的样子……如果做不到，就在厌烦中让爱终结……回想所有痛苦的时光，才能尽快忘了她……避开任何会重燃爱火的东西……把她与其他更美的女人相比……”如果接下来便是分手，那么，“避开一切引起回忆的东西……不要再去读你们以前的情书，因为即使是最坚定的人也会在读了那些以后不能自持。把那些全都扔进火堆吧！”

在读这段文字的时候，我们便不会再认为激情之爱是人类最近的发明或是与犹太教和基督教有关的产物。就在那与我们相距甚远的古罗马文化，在公元前一世纪，年轻的男子对他热爱的美人还怀有强烈的情欲和依恋。当然，他的文化背景影响了他对自己所处状态的评价。他认为自己是浪漫的。他为他激烈的爱而兴奋，同时，作为罗马人，他也怀疑这份爱。

而在这位罗马人写就诗篇的10个世纪之前，在离我们更遥远的中国，一位年轻女孩写下了这样的诗歌：

遵大路兮，掺执子之祛兮！
无我恶兮，不寁故也！

对于西方社会旧时的爱和性，我们的了解也甚为片面，并且由于我们的文化偏见而有一定偏差。《性与西方社会》(*Le Sexe et l'Occident*)一书告诉我们，在法国的旺代省或香槟地区，那里的村庄有一些古老的地方习俗，例如，在婚礼之前，准新郎可以随意进行色情活动。这一习俗自16世纪起就被制止了。除此之外，历史学家发现，旧时的私生子和未婚先孕的比例非常高——这不禁使我们怀疑古时的道德究竟是否有人们想象的那么高尚。

走过漫长而复杂的爱的历史，如今我们身处的社会无疑比任何时候都更加推崇激情之爱，认为它是正面、值得一试、几乎完全符合道德的体验。当人们遇到夫妻关系危机或事业滑铁卢时，它甚至成为了人们继续谋求爱慕和宽容的方式。

我们曾考虑以一系列建议来总结这一章，但是，单纯地提供一般的爱的忠告反而会显得自以为是、过于简单，因为爱的主题存在于不计其数的特定情境中：热恋开始时、已婚夫妇之间、爱侣争吵中、分手时、共同生活里，还有性的交流。若要全部提及，恐怕一本书的篇幅都不足以写完。您也可以参考其他著作，更深地了解这一主题。

我们的阐释是否已经面面俱到？爱的议题在您眼中是否已经无比透彻？想必还远远没有，因为：

在爱中，一切皆是奥秘：
它的利箭、它的箭袋、它的火把、它的诞生，
一日之际能读完的书籍
是无法解释这门学问的。

——拉方丹（La Fontaine）

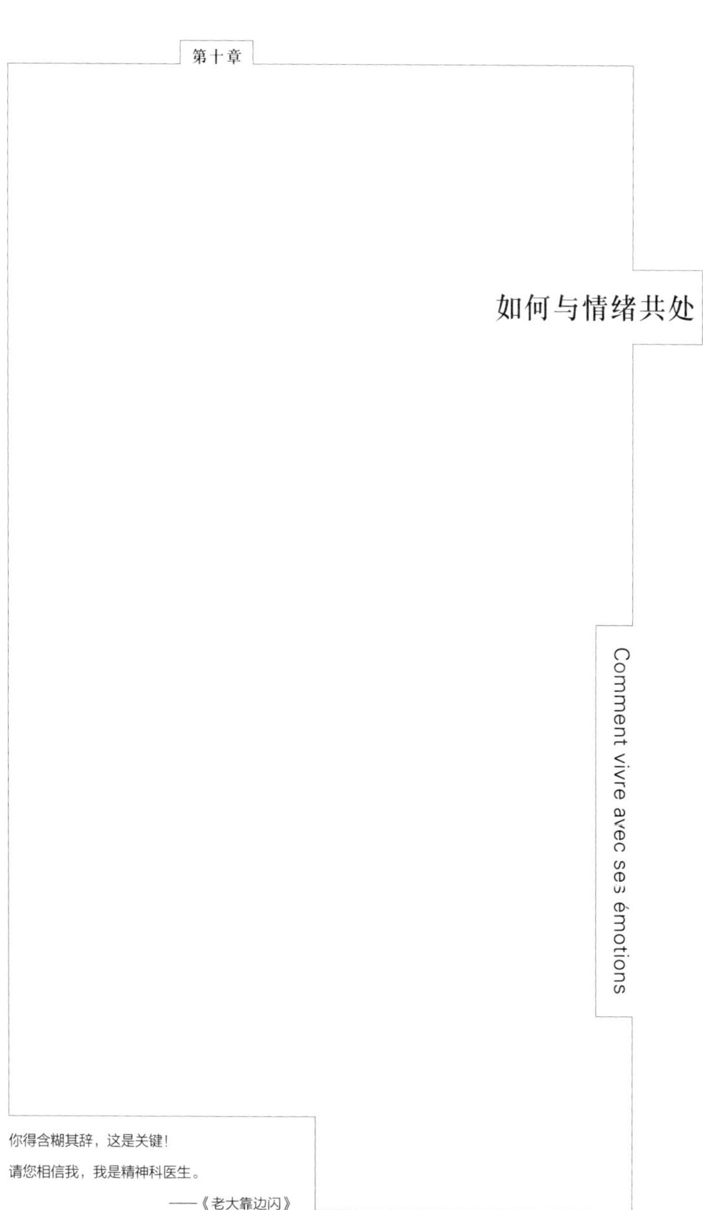

第十章

如何与情绪共处

Comment vivre avec ses émotions

你得含糊其辞，这是关键！

请您相信我，我是精神科医生。

——《老大靠边闪》

在电影《老大靠边闪》中，罗伯特·德尼罗饰演纽约某黑帮家族的领袖，人人闻风丧胆。他胁迫比利·克里斯特尔饰演的精神科医生帮他解决一些心理问题。在某次治疗中，罗伯特·德尼罗告诉医生他快要被生意伙伴的愚蠢和可恶气疯了（后者刚刚尝试暗杀他）。看到病人因愤怒变得那么紧张，比利·克里斯特尔建议他冲着沙发靠垫发泄负面情绪。他告诉罗伯特："我一生气就会拼命捅靠垫，捅完了我就会好很多。您也试试吧！去捅个靠垫！"一边说，他一边向罗伯特示意靠垫的位置。

在给出这个建议的时候，比利·克里斯特尔运用了心理学的传统原则：我们可以通过尽可能大声、大动作的敲打、叫喊和哭泣排解负面的情绪，借此达到立刻舒缓的目的。这一原则在20世纪70年代产生的诸多治疗方法中都得到了运用。那时，参与者们穿着袜子，有些人边大吼边猛击软垫，把积蓄许久的愤怒排解出去；有些人拼命地哭泣，平复儿时所受的伤害。参与者们在释放情绪时，现场有许多人在善意地注视着。

在电影里，听了医生的建议后，黑帮老大一个转身，迅速拔出自己的手枪，朝着沙发连射数枪。过后，他对着目瞪口呆的医生说，他感觉好多了，心理治疗真是个好东西。与此同时，漫天飞舞的羽毛慢慢落在了地毯上。

您可能无法隔三差五地毁掉一些家具，但您仍然可以明白，当我们怀有某种情绪，尤其是愤怒或悲伤的情绪时，最好的办法就是用强烈的方式立刻把它表达出来。不过，由于我们所受的教育限制我们就地释放压力，更合理的方式便是参与以上所说的释放治疗。在治疗中，其他参与者会与您一起释放长久以来积蓄在心头的情绪，您可以和他们一起嘶吼，或一起号啕大哭。

然而，这一心理治疗原则——即完全不受限制地立即释放情绪、尽情发泄——似乎仍是个谜。

表达情绪：“情绪倒空”之谜

事实上，心理学家们已经对彻底释放情绪的效果进行了科学的研究，但研究结果令人甚为惊讶。

愤怒具有自我补给功能

当专家要求研究对象尽可能激烈地表达自己的愤怒时，他们却在发泄之后变得更加易怒，一遇到挫折便会更快地用愤怒进行回应。表达愤怒似乎非但没有让他们平静下来，反而使他们习惯于愤怒，发怒的频率比原先更高。

研究对象被要求带着愤怒讲述一起让人沮丧的事件时，他们在讲述结束后的血压和心率均比未被特别要求用愤怒讲述的人更高、更杂乱。

当专家要求他们再次回忆这起讲过的事件时，他们变得比实验前更为愤怒。

（这一切并不能说明20世纪70年代的“发泄疗法”毫无用处。这一疗法确实使某些参与者得到了帮助，但它产生的益处更多的是源于其他因素，包括在一个团体中的归属感、在友善的气氛下进行的自我彰显、心理治疗师身负的角色，等等。）

总之，若您在愤怒的时候在家猛击靠垫或摔坏东西（这些物品并不能为您的愤怒负责），若您在高速公路上猛按喇叭或出言侮辱其他司机（您客观上根本不可能与这些人解决冲突），您的行为将只会使您的愤怒更加严重，您的血压将会飙升而非下降，而且，更糟的是，您会形成习惯，越来越频繁地以愤怒回应眼前的沮丧情形。

眼泪只会让您更加悲伤

专家的研究结果同样不建议您过于放任自己的眼泪。哭泣会让悲伤的感觉进一步加深，也会使心率变快、血压上升。然而，每个人都曾经历过“号啕大哭之后”感觉变好的情况。事实上，专家指出，哭泣的释放作用是要当它吸引了另一个颇具善意的人前来表达同情和劝慰之后才发挥出来的。若非如此，一个人独自哭泣，或哭泣时面对几位显得尴尬或有敌意的人士，那么您就会在悲伤里越陷越深。

青少年暴力与媒体的影响力

根据情感宣泄理论，观察他人的暴力行为可以排解自己的暴力倾向。人们长期以为，观看暴力场面（体育节目、电影等）或参与其中，会让人释放“攻击的冲动”。事实上，所有研究都指向了完全相反的结论。

1998 年，美国精神医学学会公布了一份超长的研究通报，聚焦媒体对少年儿童暴力的影响。这份通报的简介部分有一句话：“争论已经结束。”作者认为，争论之所以结束，是因为数百项以人或动物为主体的实验均一致表明：观看暴力情景会在观看之后的几小时内增加儿童和青少年的侵犯行为，这样的作用也会是长期的。1995 年，美国儿童医学学会在大量严谨的实验后也得出了同样的结论。这两份通报的末尾都为父母、政界人士和媒体工作者提供了建议。

在这样的结果面前，我们却惊讶地看到，媒体始终在否认其暴力内容对青少年的影响，而他们的托辞是“让他们暴力的不是电视或电影，而是整个暴力的社会；媒体只是负责把社会真实地反映出来”。当然，青少年暴力是一个复杂的现象，不可能找出它“真正”的成因。但是，事实上，经常观看暴力的情节对观众确实形成了一种危机因素，虽然这并不是决定因素，但它会与各人的社会教育背景相叠加，也会与他们的人格和各自对“帮派”概念的理解叠加。专家认为，观看暴力情节的同时会启动几个机制：通过无意识的模仿把暴力人物当成榜样（这样的学习见效很快）；对暴力（一旦仔细观看就会降低其严重性）和价值观的扭曲习以为常、不再敏感：暴力被表现为益处甚多的解决方法，但它的负面后果（受害者的痛苦、残废、死亡）很少被提及。如今，图像和声效越做越真实的格斗游戏使这一现象达到顶峰：游戏中，玩家要让对方流血，或要将对方敲打多下直至死亡，才能赢得更多的点数。所有研究都一致表明，在玩过这些游戏之后，人们会对突如其来的沮丧事件（即使事件的严重性非常小）更加难以承受。

但是，虽然这些研究结果已经将事实摆在了面前，但它们却几乎没有在公众和政要中引起任何反响。我们确实需要考虑到，类似的情况也曾发生过：自从研究专家发现烟草和肺癌之间的关联后，整整过去了二十多年，包含这一信息的禁烟广告才得以出现在公众的眼中。类似的长时间反馈也出现在安全带的作用研究和它的强制性配置上。经过拉尔夫·纳德（Ralph Nader）的推动，20 世纪 60 年代的美国汽车制造商们终于在轿车中统一装上了安全带（制造商起初拒绝安装的原因是他们不愿让公众把汽车的形象与时刻可能发生的车祸联系起来)。

也许您还是不认为媒体对我们的行为具有影响，那么最后我们来问您一个问题：如果电视对我们的行为没有影响，那么全球的电视广告预算为何每年会达到数十亿美元呢？

哭还是不哭?

我们继续回到电影《老大靠边闪》。罗伯特·德尼罗还为我们展现了不同情境下各种眼泪的效果：

- 我们曾在前文提到过这一幕：当他独自一人坐在电视机前时，他看到了一个广告(这则广告唤起了他痛苦的回忆——父亲的死)，瞬间泪流满面。这个孤独时刻的经历对他的影响非常大，以至于他无法参加黑帮会议，虽然这次会议对他而言有着重大的意义。
- 我们能够理解他的谨慎，因为在电影的另一幕中，他坦承，如果自己在黑帮同伙面前流露出一丁点情绪，这些人就会以此为他脆弱的信号，从而就会想要立即与他了结关系。当然，比起黑帮，其他社会组成部分并不会如此冷酷无情，但是，请记住，在冲突或竞争的背景下，表达悲伤会被视为脆弱的标志，尤其当表达者为男士时。
- 不过，在电影的另一个情节中，比利·克里斯特尔回忆起了自己父亲的死，他意识到自己一直对这事压抑着内心的负罪感（当他还是孩子的时候，小罗伯特正在对父亲发火，而就在这一时刻，他眼睁睁地看着父亲被人杀死）。在这些回忆的作用下，罗伯特·德尼罗号啕大哭起来，不过这一次他是倒在比利的怀中哭的，比利则在一旁安慰他，直到他停止哭泣。这一经历对罗伯特而言具有很好的医治功效。但是可能有些过火了，因为以过于情绪化的方式唤起患者的记忆——这种诊疗方式有很强的电影色彩，而今已经变成了电影镜头中精神科医生们常用的治疗手法［包括电影《艳贼》（*Pas de printemps pour Marnie*）、《美人计》（*Enchaînés*）、《凡夫俗子》（*Ordinary People*）和《潮浪王子》（*Le Prince des marées*）］。美国心理医生格伦·加巴尔（Glen Gabard）就注意到了这一点，他说："我不明白为什么，这种治疗后康复的病例在我的诊所永远都不会发生，也许是因为旁边没有小提琴配乐吧。"

结论：不发泄、不压抑

情绪以"发泄"的方式激烈地表达会同时在以下几方面产生负面的后果：

- 您的心情。发泄使原本您想要平息的情绪反而增强。
- 您的健康。发泄会加剧您的生理反应。

- 您与他人的关系。(若您过于开放地表达喜悦，完全不顾及周围的状况，可能会激起他人的羡慕或嫉妒。)

我们不鼓励“情绪倒空”，同时也不推荐您在任何情境中都“咬紧牙关、不露声色”，正如我们最喜欢的一则故事中的英国探险家：

在热带丛林里，一位探险家掉进了陷阱里，而这陷阱是当地凶残的土著设下的。同行的人立刻冲过去营救，发现他平躺着，全身多处被箭刺穿。他们惊叫道：“天哪，詹姆斯，你很疼吧？”他面无表情地回答道：“笑的时候是很疼。”

在否定了“发泄”方式以后，我们必须承认，眼泪确实有平息悲伤的作用，但条件是它可以让您理清并开放地表达自己悲伤的原因。通常，当亲友在身边时，他／她向您表现出的同理心——即理解并尊重您的情绪——可以帮助您做到这点。

在颇具善意的人面前表达“悲伤的情绪”正是各类心理治疗的共同机制。

同样地，表达您的愤怒也会平息您的愤怒情绪，但必须遵从以下三个条件：

- 您的愤怒应当指向对事件的发生负有责任的人。
- 事件责任人未以愤怒或攻击性举动、言语反击您。因为若他／她进行这样的反击，双方的情绪将会升级，以至于混乱到无法控制。

▶ 愤怒最终指向的结果应是以道歉或协商来解决冲突。另外，若愤怒没有以羞辱他人的方式表达出来，那么冲突就更有机会得到解决。

我们看到，这里所说的并不属于“宣泄”，因为宣泄是完全不考虑他人的反应。我们说的也不是“压抑”，将负面情绪掩饰起来对您也不会有丝毫帮助。

情绪与健康

支持任意宣泄情绪的人会以保持身体的健康作为理由。因为根据人体“水循环”的原理，过分抑制情绪将会导致不适，甚至引起疾病。心身医学甚至进行了假设，认为每当一种情绪被压抑，就会导致一种身体疾病（如分离的焦虑引起的哮喘、压抑愤怒引起的腹部疾病等）。这一假设恰好呼应了一项大众认同的共识：当我们生病时，我们都倾向于将突如其来的病症与压力甚大的事件或我们的“忧虑”相联系。

疾病是由情绪引起的吗?

到目前为止，专家的研究并没有证实人们的这一猜测。事实上，所有的医生都知道，大部分疾病都有着复杂的多重病因，也就是说某类疾病是由不同的因素引起的。例如，如果您有哮喘病，那么您的病症是由父母遗传的先天基因、您过去和现在接触到的过敏原，以及很有可能让您的疾病复发多次的焦虑情绪（此处的因果关系较为复杂，因为哮喘的复发也可能反过来让您的焦虑持续很久）引起的。然而，焦虑并不是哮喘的原因。同样，恐慌症通常都是由某起引发焦虑或悲伤情绪的事件激发的（例如搬家、新工作、分离、亲友死亡等），但它只会在原本就具有身体“基础”的人身上发作。

目前的研究已不再聚焦情绪是否是疾病的原因了，它们更倾向于关注情绪对某些疾病的发作和演变究竟起到什么样的作用。在美国公布的精神疾病分类中，“心身疾病”一项已被“对身体疾病具有影响的心理因素”所取代。

这是一个非常活跃的研究领域，每年都会有几百个新的研究成果出现，其中大部分都非常复杂，需要仔细研读，甚至会产生互相矛盾的情况。这些科学研究使情绪对身体健康产生的影响为世人所知，但情绪的影响比心身医学原先的设想要复杂得多、有限得多。

情绪与癌症的关系

目前，心理因素、情绪表达和癌症发病概率之间的关系还在研究当中，尚未取得明显进展，并没有任何有说服力的成果。每当一项研究找到了某些心理因素和癌症发病之间的一项联系，这一研究立刻就会引起传媒的热烈回响。但当更多的研究找不到这种联系时，它们就基本不会在医学杂志以外的媒体上被提及。迄今，有一项研究发现，某些表象讨喜、内心经常克制负面情绪的人格（即C类人格）具有较高的癌症发病率。

不过，最近其他更为严谨的研究并未证实这一联系。

例如，专家对1000位前来诊断自己是否确实患有乳腺疾病的女性进行了心理测评，结果并未发现存在压抑情绪倾向的女性比善于表达的女性有更高的患癌率。

此外，有五项研究都发现，在45岁以下的女性中，人生中遇到的重大事件（如亲友过世、分离）与她们患乳腺癌的概率有一定联系。不过，还有15项同样的研究并没有发现这一关联。

在乳腺癌这一疾病中，还有一些初级研究显示，采取积极诊治态度的患者比其他人的生存概率明显高很多。然而，近日在方法上更为严谨的其他研究并没有发现这种联系，仅仅发现绝望的态度会（程度很小地）减少存活概率。

如今，虽然数十项研究正在紧锣密鼓地进行中，但是尚未有确切的科学依据可以证明心理因素对癌症发病的影响。这就说明：

- 即便这一影响存在，它也可能并不占据主要地位，更值得注意的应是真正具有决定性影响的几大习惯，避免众所周知的癌症诱因（如吸烟，酗酒，食用过于油腻、不含纤维的食品等）。若自己属于高发人群，应当定期进行身体检查。

- 若医生责怪病人，称其心理问题或拒绝解决心理问题导致他们“自己为癌症制造了机会”，那么这样的说法是值得谴责的。这种态度不仅有违伦理，而且会使情绪已经非常低落的患者背负内疚感。同时，这一言论也是毫无科学依据的。

- 不过，在医治癌症病人的同时，还要关怀他们的生活，因此患者的亲友及医生应当尽力通过情感支持、抗抑郁药物和心理治疗使他们避免进入抑郁状态。

情绪与心血管系统

这一领域的研究具有更大的确定性，大量科研成果都肯定了以下几大联系：

- 愤怒（包括压制的愤怒和表达出来的愤怒）与心血管疾病的关系。而对您的心脏产生最大威胁的态度是敌意。怀有这一态度的人，其思想被针对他人的敌意充满，间歇性出现愤怒，性情极为易怒（A类敌意）。

- 同样，在心血管领域，心肌梗死后若出现抑郁状况，将在梗死之后的一年内成倍增加并发症的发病率和猝死的概率，因此需要格外关注病人的精神状况。

▸ 精神压力或对周围环境的无力感会增加高血压的发生概率。此外，年轻男性若患有抑郁，也将增加他患高血压的风险。

情绪与免疫系统

“悲痛”的情绪（如悲伤）和焦虑会影响我们身体免疫系统的运作，且该影响可能是长期的。它可能会在看了某部悲伤的电影之后持续数分钟，也可能在我们失去亲人后持续几个月。刚刚丧夫或丧妻的人更容易患病，特别是传染病。此外，专家也发现，精神压力大的人在受压期间的结疤能力明显衰退。

这样的机能运作非常复杂，同时也是双向的：当情绪发生时，神经递质和荷尔蒙被释放，对免疫细胞产生作用，由此便可解释高压事件对免疫系统疾病的发病和复发的重要影响。这些疾病包括：带状疱疹、类风湿性多发性关节炎、哮喘、银屑病等。

反过来，免疫细胞释放的物质，如胞嘧啶，会对我们的神经系统产生作用。（由此可以解释发烧时的嗜睡现象。）

正面情绪对免疫系统的运作具有益处，有时是暂时的，有时则是长期的。其中，社会支持对艾滋病血清检验呈阳性的人来说将改善他们的免疫系统。

结论：学会管理情绪与健康

一系列研究结果促使我们更好地管理自己的情绪，尤其需要注意的是：

- 对于某些人来说，应当以不同的方式思考自己与他人的关系，从而控制愤怒的倾向。
- 对于另一些人来说，应当更及时、开放地表达自己的不快，以便减少愤怒或怨恨的机会。
- 找到善意且具有同理心的倾听者，向他／她诉说自己的“苦恼情绪”，寻求他／她的支持。
- 主动激发、丰富、保护自己的正面情绪，如喜悦、快乐。不要白白错失喜悦！它将帮助您的机体抵挡外部的疾病。

情绪与他人

在这本书中，我们希望能够清楚地阐明，我们的每一种情绪：

- 都会影响我们的判断力、记忆力，以及我们对外部事件的态度；
- 都在我们与他人的交流中起到至关重要的作用。

情绪的这一重要性得到了普遍的认同，于是就有了情商（字面直译为“情绪智能”，intelligence émotionnelle）的概念。这一概念是由萨洛维（Salovoy）和迈耶（Mayer）提出的，并由丹尼尔·戈尔曼（Daniel Goleman）借其畅销书《情商》（*L'Intelligence émotionnelle*）推而广之。

我们更倾向于将此概念称为情绪能力，因为从词源学上来看，“智能”一词仅仅指代理解能力，而“情绪智能”这一名称的缔造者同时希望指代表达和行动的能力。

我们总结了情绪能力的几个主要组成部分：

- 能够承认自己的情绪，可以识别它们，并将它们区分。
- 能够通过表达这些情绪达到改善交流的目的，而非破坏与他人之间的交流。
- 能够辨识他人的情绪，作出与其相应的恰当反应。

在每一种情绪的忠告中，我们已经提到了这些能力，但我们仍然希望回顾两个要点，以便让您有更全面的思考。

承认并识别自己的情绪

在论述每一种情绪时，我们首先建议您承认那种情绪，以便更好地掌控或运用它。然而，有时要承认一些情绪状况由不得自己，如下面的例子所示：

- “羡慕”一章中的人物菲利普并没有意识到自己在看到朋友奢华的帆船时怀有敌对情绪。他的情绪一直到后来讨论政治问题时才显露出来，表现为不合宜的挑衅言论。
- 在“愤怒”一章中，我们提到了年轻的公证处职员让·马克的例子。就算是被不怀好意的同事嘲笑或打击，他也没法愤怒起来。如果我们在有人冒犯他时对让·马克进行心率测算的话，我们一定会捕捉到心率的变化。然而，这个情绪在他意识到之前就已经被封闭住了，是一种“孤立”的现象，也就是说，情绪确实出现了，而让·马克虽然明白自己被人冒犯，也知道应该表现愤怒，却完全感知不到愤怒的情绪，就这么度过了这一场景，直到事后才因愤怒而痛苦。
- “嫉妒”一章中的阿诺看到自己的女友与魅力十足的异性亲切交谈时确实感受到了嫉妒，但很快自行消除了这种情绪，也禁止自己再产生嫉妒。
- “嫉妒”一章里还提到了伊莎贝尔，她在看到自己富有魅力的丈夫被几个竞争者霸占的时候非常嫉妒，但她长久以来一直不允许自己表达出来。

由此，我们可以归纳出四个“情感封闭”的步骤：

- 对自己的情绪完全没有意识。（例如，当羡慕之情开始冲击心灵时，菲利普的思想和话语都是：“好漂亮的船！”）
- 部分意识到自己的情绪（这是认知部分：“这事值得我发

怒。”），但生理层面被封闭，所以让·马克才感受不到愤怒。

- 意识到自己的情绪，但主观上想要让它消失。（“我觉得很嫉妒，但我不能继续，这是不对的。”）
- 意识到自己的情绪，但主观上不想表达出来。（“我确实很嫉妒，我也知道为什么，但如果我表达出来的话会有不好的结果。”）

所有的这些情景可能都有几个共同点：这几位讲述者的教育背景或儿时的经历让他们纷纷认为，怀有某种情绪是不道德的，或是会产生严重后果的。在所有的情绪中，羡慕情绪是当事人最难承认、最“深”的情绪，而它也常常被看作所有情绪里最让人难以启齿、最使人痛苦的一种。但这些例子也可以运用在喜悦和快乐上，也许，您从小接受的教育不鼓励您有这两种情绪，或一旦您喜悦就会被人指责。

承认自己的情绪意味着要关注自己内在的反应，尤其是要接受这样的事实——面对一些难以言说的情绪反应，我们是可能被它们“俘虏”的。接下来，我们的责任就是承认这些情绪，并很好地管理它们。

鲜少表达的个性——述情障碍

工程师雅克的女友刚刚离开了他，但他完全没有表现出任何特别的情绪。但是，当心怀怜悯的朋友们来问他时，他说自己“很累”。他已经无法专心工作了，睡眠也越来越差，所以他决定去咨询心理医生。他的医生鼓励他说出自己的感受，但雅克只知道不断重复一句话："这段时间不太顺利。"同时，他对自己的疲劳和睡眠障碍还能比较主动地述说，说完以后就要求开药。认识雅克的人一直觉得他少言寡语，业余时间非常活跃（他为自己和朋友们经常修修补补，甚至还会造船），但始终像是只有一种心情。当他描述一部电影或一次旅行时，他很注重描绘细节，有时就会显得很无聊，但他从来不描述自己的感受和情绪。如果有人问及，他只会很简单地回答："那挺有意思的。"有一天，在外出旅行时，他的朋友们被他的所为惊呆了，因为有一个暴躁的司机一直在辱骂他开车的朋友，而雅克一下子就把那人打翻在地。

雅克身上集中了述情障碍的几大主要特征：（"述情障碍"（alexythimie）词源解析：希腊语 a = 无，lexos = 词语，thymos = 情绪。）

- 存在表达和识别情绪的巨大困难；
- 思想集中在具体的事情和细节上（操作型思路）；
- 更倾向于以行动而非话语表达情绪。

患有述情障碍的人能够感受到情绪，但他看来缺失了用语言翻译情绪的能力。专家提到，这是因为大脑边缘系统（即"原始"的大脑部分，负责产生情绪）和前额叶皮质（即"进化"后的大脑部分，使情绪被辨认、管理）的断连。这些人同时也难以识别他人的情绪。这些问题加上他们的沉默寡言，使得他们的社交生活非常艰难。

在患有各种疾病的病人中间，有几种疾病的患者有着最高的述情障碍，这些疾病分别是心身疾病、食物行为紊乱、长期身痛等等。

专家另外还发现，创伤受害者也有述情障碍的现象，但这一现象在他们身上是次级病征，也就是与某一起具体事件有关。此处的述情障碍有助于保护大脑意识不受过于痛苦的情绪的伤害，但它也会带来一些类似于之前所述的不便。

事实上，您有许多方法可以增强对情绪的意识。

首先，当您接收到更多有关情绪的信息时，您就会更加关注自己的情绪。为了做到这一点，您可以增加对这些情绪的认识，比如通过阅读与这一主题相关的书籍来改善您的情绪能力。但是，从我们的观点来看，更好的办法是阅读一些小说、看一些电影——您可以挑选那些能够帮助您增强对自身情绪意识的作品。这些名著和镜头将让您回忆起某些曾经经历过的情景和自己曾接受过或自我禁止过的情绪。

其次，您也可以更加关注您的身体反应，因为身体起到的通报效果是最好的，它将告诉您当下正经历着某种情绪。一位患者告诉我们："在开会的时候，我感觉到心跳开始越来越快，然后我意识到，有人正想让我掉入他的陷阱。"

最后，您可以咨询心理医生。目前的两大治疗流派——分析法和认知法——有一个共同的特点：它们都帮助患者更好地认识自己的情绪，并很好地控制它们。现在我们不细述，我们将主要概括它们是怎样通过不同的途径达到以上目标的：

▸ 分析法：它使您重新经历并重新阐释幼年曾经历过的情绪反应。整个过程由心理治疗师发起，他将临时扮演再现场景中父母的角色，至少在您的想象中如此扮演（即“迁移”法）。

▸ 认知法：它使您探究如今伴随您情绪的内在想法和声音。原本您对这些内在想法并没有清楚的意识。这一治疗法也有可能唤回您儿时的记忆，想起当时如何形成了自己对他人和对自身情绪的“思考方法”。

至于某些所谓的身体治疗法，它会帮助您拆分情绪对应的身体反应，从而使您尽早找出每一个身体细节，并更好地利用它们。

写日记！

在一次实验中，我们要求参加的学生在15分钟内写下一个最计他们痛苦的经历。我们让研究对象在四天中进行同样的测试。

大部分学生都写了某位亲友的故去、儿时受到的虐待或羞辱，或父母之间激烈的冲突。这时，我们要求另一组学生在同样的时间内随意写下一件经历过的事。笔试结束后，写下痛苦经历的学生普遍心情都变得伤心低落，他们的血压也比别人高。这些都是意料之中的。但在四个月后，这些写下痛苦经历的人竟比其他人的健康状况更好，看心理医生的次数也更少。

这一研究带来了让人惊讶的结果，随后，有数十次同样的实验都肯定了书写痛苦事件对心情、自尊、行为和健康带来的正面影响。

专家们对这一改善进行了讨论，尝试解释背后的机制。最主要的机制（同时也是治疗时的主要机制）便是以延长的方式（15 分钟）重新暴露于痛苦的回忆之下，但由于在进行书写，所以会有更好的控制力，语句组织和理解也更加清晰，那些显得“昙花一现”的情绪和回忆也会更完整地被记录下来。许多参与者认为对自己“有了更好的理解”，或“得以排解了一些负面的情绪”。

我们从这些研究中得出一条建议：若您想要同时改善您的情绪意识，又不愿意处理过多的负面情绪，那么，请保持写日记的习惯（不一定每天都要写）。

您可以向实验中得到最大改善的学生们学习经验：他们不单记录发生的事实，同时也写下了事情引起的情绪，以及情绪和事件之间的关系。那些用到“因为”“由于”等逻辑关系词的学生的改善情况最为正面、持久。

请注意，若您的状况需要进行特别治疗，单靠写日记是不够的。您可以将这一举动作为健康的生活习惯，而不要作为对精神问题的治疗手段。

辨识他人的情绪：同理心的效应

想象一下，您现在身处一间餐馆。您在菜单上发现了一道特别喜欢的菜。在点菜时，餐馆老板生硬地告诉您："这道菜今天没了！"另一天，您计划度假，找到了一家心仪的酒店，但就在要预订时被不客气地告知："已经订满了！"然后，对方就把电话直接挂了。

这样的情景很有可能（除非您达到了我们都无法达到的超脱境界）会激怒您。而且，这不仅仅是因为对方没能提供给您喜欢的餐点或心仪的住处，同时也因为对方对您的失望表示出了冷漠的态度。

在这个事例中，利害关系并不重要，但您被激怒是客观的事实，可能会让您在将来有意识地避开这间餐馆和这家酒店。因此，对话方若在情绪能力上更为出众，他/她就会这样回答："啊，我真的很抱歉，我们今天没有这道菜了"，或"很不巧，我们客满了"。简单地加入了"很抱歉""很不巧"这样的词语之后，您的失望显然得到了理解(同理心)，同时也表示对方在告知您事实的时候采用了很照顾您感受的方式(同理心的表达)。

出租车与同理心

想象一下，您在某个热得透不过气的日子来到了出租车打车点，想从市中心去很远的机场。在车队的最前面，排着一辆窗门大开、没有空调的车，而 7 月的阳光已经把人造革的座位晒得发烫了。第二辆车是四门四座式小轿车，窗门紧闭，还贴有窗户纸，一看就是有空调的。您想到，路途会比较长，而且法律也允许顾客在最前面的三辆车里挑选自己最想要的一辆，于是您向带空调的那辆车走去。就在这时，从第一辆车里走出一位满身是汗的魁梧司机，他向您示意您必须坐他的车。

您回答他，您有权选择您想要的车。

他继续向您走来，满脸愤怒。

您坚持强调自己作为客户的合法权利，并坚决地要坐上带空调的出租车（但您发现这辆车的门锁住了）。

这时会发生什么？

您继续申明自己的权利，司机则维护着他的立场，与此同时，酷暑已经让你们两个都变得非常易怒。周围的人开始投来好奇的目光，男性固有的情绪慢慢升腾，就好像你们两人的祖先都从泥土里醒了过来，特地要看看自己的后代是否达到他们当时的水准。

不过，您也可能这时猛地想起，自己所做的这些与您给患者们的建议截然相反。

回到现实：这时，满头大汗的司机平静了下来，空调车的门打开了，我们的心理医生驶上了一段凉爽的路程。怎么会发生这样的奇迹？

很简单，您做出了一个有着上佳情绪能力的人所能做的举动，您说道："先生，请听我说。我非常抱歉，我很理解这对您来说有多么过分，您也在烈日下等候，但是，我真的不想一路上都顶着烈日……"在说这些话的时候，您同时伴以友好且抱歉的手势，不带一点儿攻击性的表情。

这里所说的仍然是同理心（理解对方的情绪状况）以及同理心的表达（告诉对方您理解他）。这么做可以立刻减轻第一位司机的紧张感，让他回到自己的车里。虽然他在低声抱怨，但他整个人明显平静了下来。

此外，从个人化、情绪化的角度表达自己的愿望（"我真的很希望……"），而不是维护某项规则（"这是我的权利"），也会让对话回到更平等的层面上来，而不会演变成一场支配权的争夺战。

这个事例并不适用于所有情况。一般来说，对话方很可能一直表现得非常气愤，并不会因您的同理心而平静下来（比如说："我很理解，我这么向您的太太／丈夫献殷勤，您肯定会生气，但她／他真的让我觉得很优秀。"）；在其他情形下，对方可能表现出完全不接纳同理心的愤怒（详见"愤怒"一章）。

然而，关于职场或家庭冲突的研究表明，同理心的表达会降低对话方的敌意，而没有同理心则会使敌意加深。

以下便是一些范例，您可以从中看到这一区别：

情景	无同理心	表达同理心
您的配偶开车过快	慢点！你开得太快啦！	我知道你喜欢开快车，但我不太舒服
您的孩子不想和您一起去他爷爷家	你必须得去！不能不去看爷爷	我知道你情愿待在家里，但我希望你能和我一起去
您的下属没有完成他许诺完成的工作	我告诉过您了，这个要得很急！很急，明白吗？	我理解您有很多工作要做，但我很生气。我真的急需这份东西
医生建议您住院接受治疗	我说的都是为了您好。我是干这一行的，我懂	当然，我明白您不想去医院，我也理解您，但我向您保证，这是对您最好的方案
您的配偶很疲劳，拒绝陪您一起去朋友家做客	来吧，我们都说好了。你还是可以努力一下的嘛	我知道你不想去，但如果你能去的话我真的会很高兴

一些不同意表达同理心的人通常会提出这样的反对意见：

- “表达同理心太浪费时间了，还要想那么多演说辞。”经验告诉我们，事实恰好相反。同理心能够节省时间。当我们缺乏同理心时，我们的时间会浪费在七嘴八舌中，彼此会无休止地争吵下去。
- “表达同理心是对别人的操纵。”绝非如此。操纵的意思是您向对方隐瞒您的真实目的，或者您用不真诚的方式对待他人的情绪。如果您非常清楚地表达了自己的要求，同时真诚地理解对方的观点，那么，同理心就不是一种操纵的表现。
- “表达同理心不能保证对方向您的观点妥协。”没错，但这仍然增加了您达到共识的把握。并且，不论如何，同理心的表达都可以使您与对方保持一种建设性的关系，使你们将来的接触变为可能。

儿童的同理心

在某位医生的候诊室里，一位母亲因为上洗手间而离开了一会儿，托另一位母亲照看一下自己的女儿。但当女孩的母亲离开后，女孩就开始哭泣。十岁的达米安认真地观察着这个女孩，然后走向她，把自己的玩具放在了女孩手里。达米安所表达的就是同理心：他注意到了女孩的忧伤，并想要去安抚她。根据霍夫曼（M.L.Hoffman）的观点，这样的举动意味着他至少跨过了成长过程中的两个标志性阶段。

- 全面的同理心。在一岁前，幼儿听到另一个孩子哭喊便会跟着一起哭喊。这是一种反射性的同理心：幼儿把所有的忧伤情绪都看作同一种情绪，并不会将自己和他人的情绪进行区分。

- 自我中心的同理心。幼儿开始区分自己和他人的情绪状态（此时他已将自己视为独立的个人），并会向他人提议接受对他自己有益处的事物。例如，当一个孩子看到另一个孩子因为母亲走远而哭泣时，他会把自己的母亲带到对方面前，而非对方的母亲。

- 对他人情绪的同理心。儿童开始意识到，在同样的情境中，他人的情绪可能和自己的不同，于是他提供的帮助会更适合于对方的需求。

到这一阶段，儿童表现同理心的情况仅限于他亲自看到了对方明显表达出来的忧伤。

- 对他人所处境遇的同理心。在青春期开始之前不久，儿童的同理心不仅仅针对他人显而易见的情绪表达，同时也针对与他人生活条件相关的感受（例如，班里的一个同学长期生活在父母激烈对抗的环境中，于是其他儿童便对他艰难的处境表示理解）。同理心开始针对一些人群表达出来，超越了个人直接的生活体验。

一个人同理心的发展对其个人和社会都非常重要。研究表明，同理心会增加人们的互助行为，在儿童和成人中皆是如此。反之，缺乏同理心将导致更多的犯罪行为。

但是，即使要表达同理心，我们还是应当尽力理解对方的观点。这对于简单的情境或关系亲密的人来说并不难，但当情形比较复杂时就会很难做到。那么，如何增加我们的同理心，也就是我们的情绪能力呢？

我们有以下两条简单的建议：

仔细观察对方的面部变化

您也许记得，我们曾提到，人的情绪会不自觉地产生相应的面部表情。有些人比其他人更善于控制自己的面部反应，如法国主教塔列朗（Talleyrand）。他的传奇之处在于，无论王朝如何更替——大革命、帝国变更、查理十世、路易·菲利普——他仍然身居高位。人们传说，他练就了无动于衷的表情，当他与人交谈时，即使有人从背后踹他一脚，您都不会察觉到任何异样。

但大多数人无法做到完全掌握自己的面部表情，尤其是在情绪来到后的最初几秒。不要错过这珍贵的片刻。

不过，当我们在交谈时，尤其是当我们在维护自己的立场时，我们很可能会专注于我们自己的说辞，而不会注意对方的反应。但是，优秀的谈判专家是不会犯这样的错误的，在与人交谈的时候，他们对对方转瞬即逝的情绪非常警惕。

这个例子也许比较实用：扑克牌高手们都会通过表情猜测对手的意图，警察也会探究嫌疑人的面部表情，从而判断他是否在说谎。

但您也可以通过观察他人的面部表情，包括您所爱的人，从而更好地了解他们，避免伤害他们，寻求与他们进行更好的交流。

练习主动倾听和复述观点

我们不会在这一练习上过多地讨论，因为今天，在许多专业培训中，这个技能都属于必授课程。不过，要理解对方的观点，最好的方法之一确实是向对方确认他所说的您已经明白了：

“如果我理解得没错的话，你觉得让你做饭很不公平，是因为你工作已经很辛苦了，对吗？”

“我觉得，你之所以不高兴，是因为我没有和你商量就做了这个决定。”

当两人对话的火药味越来越浓时，请用不同的方式复述一遍对方的观点，让对方确认您理解得没错。您会发现，对方会立刻变得不那么紧张了。

将这两个建议相结合后，您在与他人交谈时可能会停下来评估对方的情绪状况："我觉得我有点激怒你了，是吗？"

通过一系列实例，我们已经看到，同理心对于愤怒具有减轻的作用，它同时也可以对其他负面情绪产生影响，诸如悲伤和负罪感。某心理治疗学校的创办者卡尔·罗杰斯（Carl Rogers）甚至将同理心列为心理医生的三大品格之一（另两大品格为真诚及无条件地接纳患者），无论心理医生使用什么样的治疗方法。之后的研究确认了这一特质对于心理治疗的决定性意义，无论医生采用的治疗方式是哪一种。

最后的这一项建议是最重要的：在练习您的同理心时，您会与他人建立更和谐的关系，同时也会减少引起您负面情绪的因素。除此之外，当您表达不同意见时，他人也会更容易接受您的表达。

学会与情绪共处

要	不要
在顾及事实背景的情况下表达情绪	事后进行情绪"发泄"
与能够理解您的人对话	沉浸于自己的负面情绪中
注意您的身体健康 选择健康的生活方式 减少您的危机因素	认为一切都是心理问题
增加您的正面情绪表达 管理您的负面情绪	认为一切都是生理问题
承认您的情绪	重复犯同样的错误
关注他人的情绪	只关注自己的观点
复述他人的观点	重复强调自己的观点